中国水利教育协会组织编写
全国中等职业教育水利类专业规划教材

水利工程识图

主　编　尹亚坤
副主编　钟菊英　卢德友

中国水利水电出版社
www.waterpub.com.cn

内 容 提 要

本书为全国中等职业教育水利类专业规划教材，主要包括制图基本知识和技能、投影制图、专业图三部分。具体内容包括：制图的基本知识与技能、投影的基本知识、基本体的投影、轴测投影、组合体视图的画法及尺寸标注、组合体视图的识读、工程形体的表达方法、标高投影、识读水利工程图、房屋建筑图简介等。

本书可供水利类中等专业学校各专业学生使用，也可供相近专业的工程技术人员参考。

图书在版编目（CIP）数据

水利工程识图 / 尹亚坤主编. -- 北京 : 中国水利水电出版社, 2010.6(2022.9重印)
全国中等职业教育水利类专业规划教材
ISBN 978-7-5084-7565-3

Ⅰ. ①水… Ⅱ. ①尹… Ⅲ. ①水利工程－工程制图－识图法－专业学校－教材 Ⅳ. ①TV222.1

中国版本图书馆CIP数据核字(2010)第109718号

书　　名	全国中等职业教育水利类专业规划教材 **水利工程识图**
作　　者	主编　尹亚坤　副主编　钟菊英　卢德友
出版发行	中国水利水电出版社 （北京市海淀区玉渊潭南路1号D座　100038） 网址：www.waterpub.com.cn E-mail：sales@mwr.gov.cn 电话：（010）68545888（营销中心）
经　　售	北京科水图书销售有限公司 电话：（010）68545874、63202643 全国各地新华书店和相关出版物销售网点
排　　版	中国水利水电出版社微机排版中心
印　　刷	北京印匠彩色印刷有限公司
规　　格	184mm×260mm　16开本　10.5印张　249千字
版　　次	2010年6月第1版　2022年9月第7次印刷
印　　数	20001—22500册
定　　价	**35.00**元

前　言

本书是根据教育部《关于进一步深化中等职业教育教学改革的若干意见》（教职成〔2008〕8号）及全国水利中等职业教育研究会2009年7月于郑州组织的中等职业教育水利水电工程技术专业教材编写会议精神组织编写的，是全国水利中等职业教育新一轮教学改革规划教材，适用于中等职业学校水利水电类专业教学。

本书主要有以下特点：

（1）在教材体系上，以“形体”为主线，通过对基本几何体投影的分析，认识空间几何元素的投影特点。立体的投影贯穿整个教材，充分体现基础知识与工程形体之间的联系，注重对学生形象思维能力的培养。

（2）在教学内容及要求上，将“读图”作为贯穿全书的干线。在内容上重视理论基础，选择上突出重点，文字上力求简洁，概念上力求严谨。在编写过程中，针对中职教育的实际情况，有针对性地筛选内容，结合实际，通俗易懂，简单实用。

（3）编写严谨、规范，严格执行SL 73—95《水利水电工程制图标准》。

（4）注重能力的培养。在讲述方式上采用从形体的投影入手，强调投影分析，使投影原理与画图、读图更好地结合起来，以加强培养几何抽象能力和应用能力；在作业、练习中增加创造性思维类型的作业。

（5）与本书配套的有《水利工程识图习题集》，供教学使用。

本书由甘肃省水利水电学校尹亚坤任主编，江西省水利工程技师学院钟菊英、河南省郑州水利学校卢德友任副主编。参加编写工作的有甘肃省水利水电学校尹亚坤（绪论、第一章、第九章）、江西省水利工程技师学院钟菊英（第五章，与高振芬合编第七章）；河南省郑州水利学校卢德友（第二章、第三章）；北京水利水电学校高亚丹（第八章）；北京水利水电学校张颖（第十章）；宁夏水利电力工程学校黄铁霞（第四章）；河南省水利水电学校高海静（第六章）；河南省水利水电学校高振芬（与钟菊英合编第七章）。

由于编者水平有限，书中不妥及疏漏之处，敬请读者批评指正。

编　者

2010年2月

目录

绪 论

一、本课程的性质

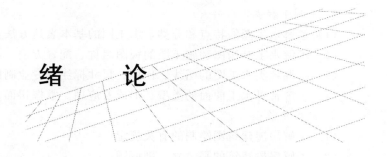

工程图学是研究工程和产品信息表达、交流与传递的学问。工程图形是工程与产品信息的载体，是工程界表达、交流的语言。

工程图形是研究工程技术的一项重要技术文件，它可以用二维图形表达，也可以用三维图形表达；可以用手工绘制，也可以由计算机生成。

本课程介绍了工程图样的图示原理、阅读和绘制图样的方法以及有关标准处理。它理论严谨，实践性强，与工程实践有密切联系，对培养学生掌握科学思维方法，增强工程创新意识有重要作用，是水利水电类专业的一门主干技术基础课程。

二、本课程的任务

（1）培养学生在应用投影的方法上通过二维平面图形表达三维空间形状的能力。

（2）培养学生对简单的空间形体的形象思维能力。

（3）培养学生创造性构型设计能力。

（4）培养学生绘制和识读专业图样的能力。

（5）培养学生工程创新意识和贯彻、执行国家标准的意识。

（6）培养学生认真负责的工作态度和严谨细致的工作作风。

三、本课程的内容与要求

本课程包括制图基本知识和技能、投影制图、专业图三部分，各部分的主要内容及要求如下。

（一）制图基本知识和技能部分

主要内容：制图工具及仪器的使用、基本制图标准、平面图形的画法等。

要求：学会正确使用制图工具和仪器，掌握基本的绘图技能；了解制图标准的一般规定，培养遵守制图标准的意识；掌握等分直线、等分圆周、圆弧连接的基本方法。

（二）投影制图部分

主要内容：研究绘制和识读基本几何体、组合体、工程形体视图及剖视图的理论和方法。

要求：通过学习，要求学生掌握视图、剖视图的画法、尺寸注法和读图方法，应重视读图能力的培养和提高。此外，应了解轴测图的基本作图方法。

（三）专业图部分

1. 标高投影图

（1）掌握点、直线、平面、圆锥面、地形面的标高投影表示方法。

（2）掌握求解开挖线、坡脚线和坡面交线的一般方法，掌握地形剖面图的作法。

2. 水利工程图

(1) 了解水工图的特点和分类，水工图的基本表达方法，常用图例符号等。

(2) 了解水工结构图和施工图的视图名称、配置方法、习惯画法和规定画法。

(3) 掌握各类水工图的图线、比例、尺寸标注等专业制图标准中的有关规定。

(4) 了解常见水工曲面的类型、形成及应用。掌握扭面、渐变面的图示方法。

3. 房屋建筑图

(1) 了解房屋建筑图绘制的有关规定。

(2) 了解房屋建筑的平、立、剖面图。

四、本课程的学习方法

(1) 对基本理论的学习应重在理解。在学习中，应注意对空间物体的分析，并将空间物体与其平面投影图形进行反复联系。应掌握由空间形体到平面图形，再由平面图形想出空间形体，即“由空间到平面，再由平面回到空间”的学习方法。模型、教具的恰当运用，对学习初期是有益的，但随着学习的深入，依赖模型和教具是有害的，应注意空间想象能力的培养和提高。

(2) 注重理论与实践相结合。作业和练习是教学的一个重要环节，必须认真对待，只有多绘、多看、多想，通过大量“由物画图”、“由图想物”的训练，才能掌握和运用好投影原理，才能逐渐具备空间想象能力。

工程图样的内容还涉及到许多专业知识。因此，学完本课程后，学生还应结合专业课程的学习和生产实践，不断充实、完善和提高自己的识图绘图能力。

第一章　制图的基本知识与技能

第一节　制图工具及其使用

各种工程图及正式的投影图，都是具有一定精度要求的图，手工作图必须使用绘图工具及仪器绘制。正确地使用绘图工具和仪器，对保证绘图质量和提高绘图速度起着重要的作用。

一、图板、丁字尺和三角板

（一）图板

图板是用作画图的垫板，要求表面平坦光洁，又因为它的左边用作导边，所以必须平直。绘图时，用胶带纸将图纸固定在图板的适当位置，如图 1－1 所示。

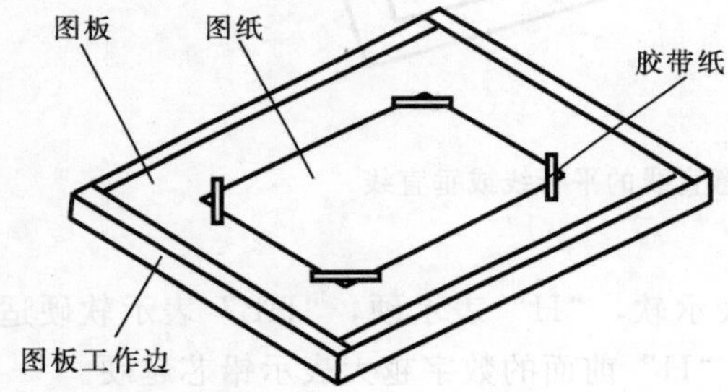

图 1－1　图板及图纸的固定

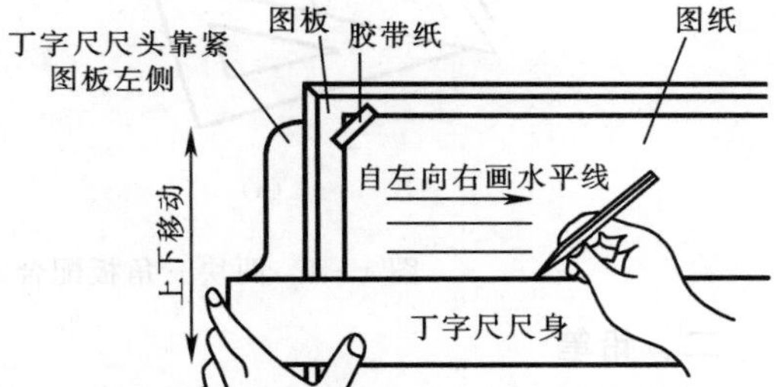

图 1－2　用丁字尺画水平线

（二）丁字尺

丁字尺由尺头和尺身两部分构成，尺头与尺身互相垂直，尺身带有刻度。尺头的内边沿和尺身的上边沿为工作边，要求平直光滑无刻痕。其长度的选择也要与图板长度相适应，一般两者等长为好。

丁字尺用于画水平线，使用时尺头始终紧靠图板左侧的导边，画水平线必须自左向右画，如图 1－2 所示。

（三）三角板

一副三角板有两块，一块为 30°、60°直角三角板，另一块为 45°等腰直角三角板，30°三角板的长直角边与 45°三角板的斜边长度即为三角板的规格。三角板主要有以下三方面的用途。

（1）与丁字尺配合画垂直线。画线时，三角板放在要画图线的右边，左手按住丁字尺和三角板，右手持铅笔，自下而上画铅垂线。

（2）与丁字尺配合画 15°角整倍数的斜线，如图 1－3 所示。

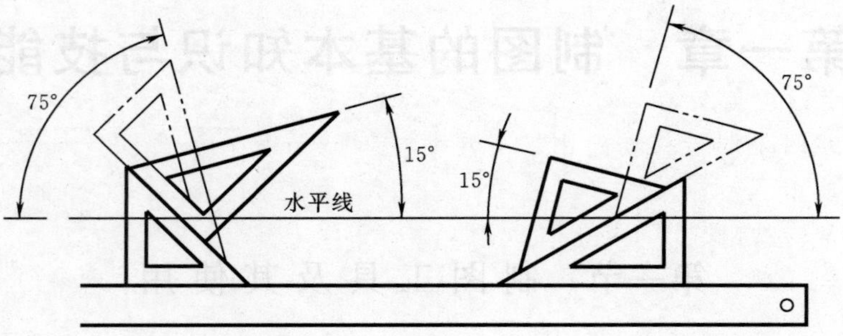

图 1－3 三角板与丁字尺配合画 15°角整倍数的斜线

（3）两块三角板配合画任意直线的平行线或垂直线。画线时，其中一块三角板起定位作用，另一块三角板沿定位边移动并画直线，如图 1－4 所示。

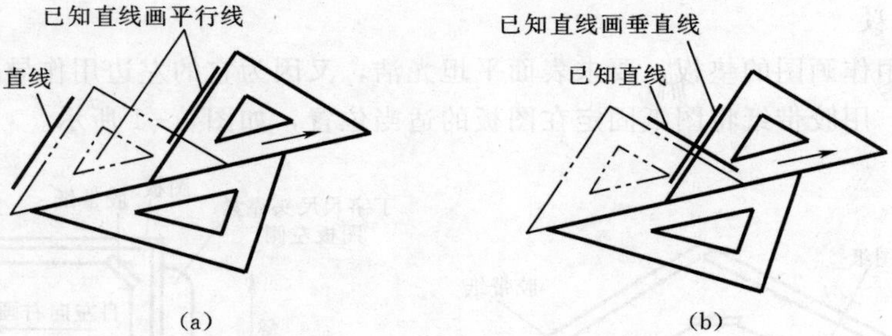

图 1－4 两块三角板配合画任意直线的平行线或垂直线

二、铅笔

绘图铅笔根据铅芯的软硬程度分类，“B”表示软，“H”表示硬，“HB”表示软硬适中。“B”前面的数字越大表示铅芯越软、越黑。“H”前面的数字越大表示铅芯越硬。

削铅笔时应从无标号的一端开始，削去的笔杆长度约 25mm，露出铅芯的长度约 6～8mm。

画图时不要用过硬或过软的铅芯。建议按表 1－1 所示选用与削磨铅笔。

表 1－1 铅笔和铅芯的选用与削磨

项目	铅笔			圆规用铅芯	
用途	打底稿 加深细实线	写字	加深粗实线	打底稿 加深细线圆	加深粗线圆
软硬程度	H 或 2H	HB	HB 或 B	H 或 HB	B 或 2B
削磨形状	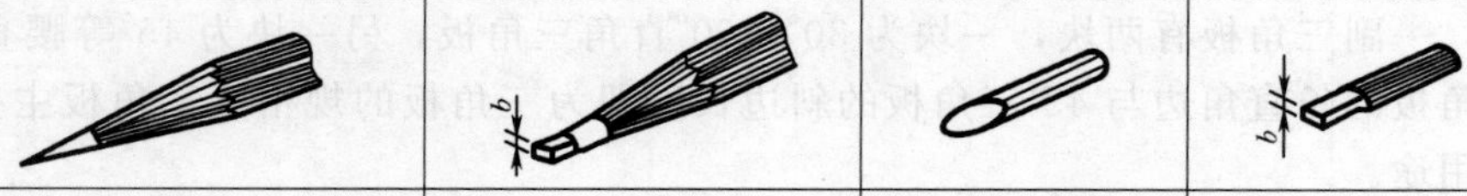				
	锥状		扁平状	楔状或锥状	四棱柱状

运笔要领：

（1）铅笔中心线与画出的直线所构成的平面应垂直纸面，笔杆向画线方向自然倾斜约30°，铅芯须靠着尺的边缘，如图1－5所示。

（2）画线时速度要均匀，即匀速前进。

（3）画长线时是肘臂移动而手腕不转动，用力应均匀。

（4）要经常转动铅笔，使笔芯各方向磨损均匀。

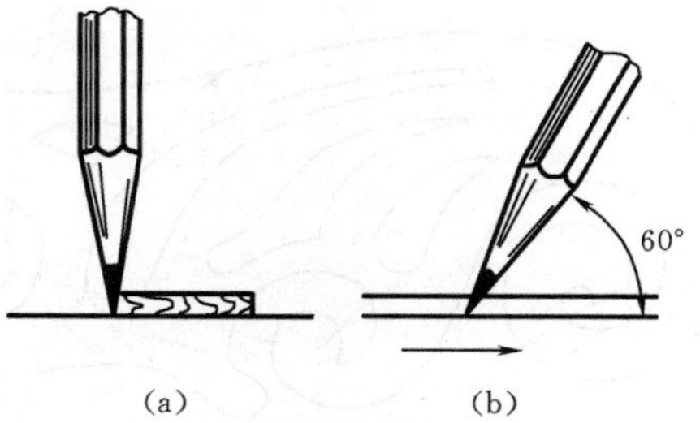

图1－5　铅笔的用法
（a）侧面；（b）正面

三、分规、圆规

（一）分规

分规是用来量取线段和分割线段的工具。为了准确地度量尺寸，分规的两尖应平齐，针尖并拢时应会合于一点。分割线段时，将分规的两针尖调整到所需的距离，然后用右手拇指、食指捏住分规手柄，使分规的两针尖沿线段端点作为圆心交替旋转前进，如图1－6所示。

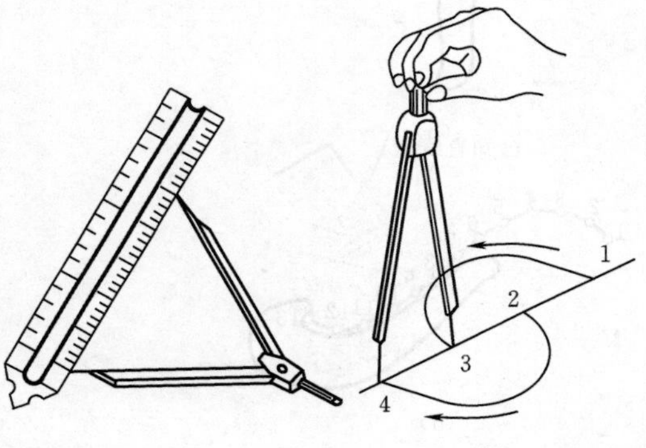

图1－6　分规的使用方法

（二）圆规

圆规用于画圆和圆弧，并可以兼作分规用。圆规的一条腿有固定插脚，可装钢针，钢针两端的形状不同，带台阶的一端用于画圆和圆弧时定圆心，台阶可以防止图纸上的圆心扩大，影响绘图的准确性；圆锥形的一端可作为分规使用。圆规的另一条腿部能拆卸，根据需要可分别装入铅芯插脚、延伸杆（画大圆用）、钢针插脚（做分规用）或鸭嘴插脚（描图用）。

画圆或圆弧时，所用铅芯要比画同类直线的铅笔软一号。调整好铅芯与钢针，使铅芯尖端与定位钢针的台阶平齐。画圆或圆弧时，铅芯与定位钢针应尽可能垂直纸面，按顺时针方向旋转，并向前进方向自然倾斜。

四、比例尺

比例尺是按比例量取尺寸的工具，分为三棱式和平板式两种。在比例尺的尺面上刻有不同的比例。尺子上的长度单位一般都是m。刻度数值表示相应比例时该段长度代表的实际长度。

采用比例尺上已有的比例绘图时，可直接用尺上刻度量取尺寸，不需进行计算。

利用同一比例刻度可以读出几种比例的数值，不过需将对应读数进行放大或缩小。

五、其他工具

（一）曲线板

曲线板是用来画非圆曲线的工具，其轮廓线由多段不同曲率半径的曲线组成，如图

图 1-7 曲线板

1-7所示。

用曲线板画曲线时，应先徒手轻轻地将各点用细线连成光滑的曲线，然后在曲线板上选择与曲线吻合的部分，尽量多吻合一些，一般应不少于4点，从起点到终点按顺序分段加深。加深时应将吻合段的末尾留下一段暂不加深，待下一段加深时重合，以使曲线连接光滑。如图 1-8 所示。

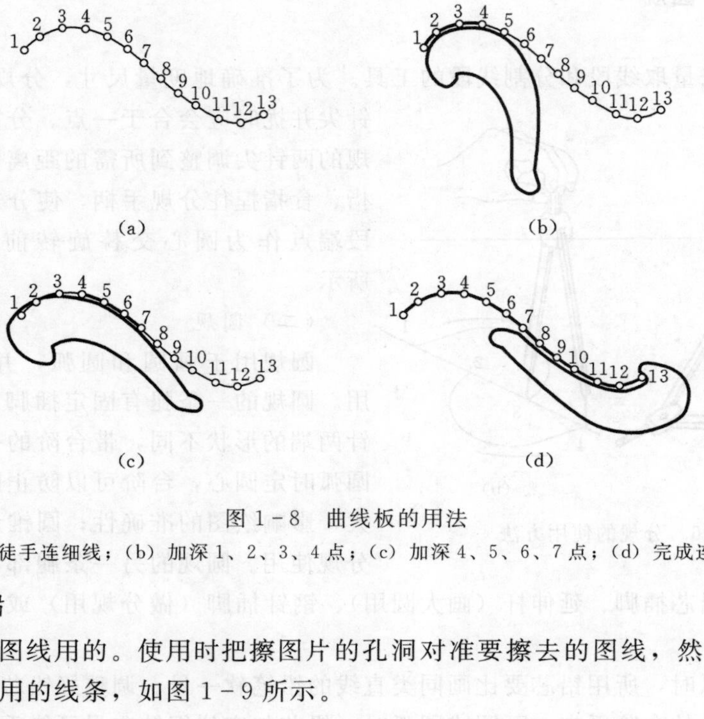

图 1-8 曲线板的用法

(a) 徒手连细线；(b) 加深 1、2、3、4 点；(c) 加深 4、5、6、7 点；(d) 完成连接

（二）擦图片

擦图片是擦图线用的。使用时把擦图片的孔洞对准要擦去的图线，然后用橡皮擦去，可以防止擦去有用的线条，如图 1-9 所示。

（三）针管笔

绘图墨水笔，也称针管笔，是一种能吸存墨水的画墨线工具，其笔尖是一支针管，其他部分及充墨方法与钢笔相同。笔尖的针径有多种规格，可根据线型的粗细选用。这种笔携带方便。必须注意，用毕将墨水挤出并洗净才能放起来。针管笔必须使用碳素墨水。

除了上述工具之外，在绘图时，还需要准备削铅笔的小刀、橡皮、固定图纸用的塑料透明胶纸、砂纸（通常把它剪一小块贴在对折的硬纸内面，以免磨下的铅芯粉末飞扬），以及清除图面上橡皮屑的小刷子及量角器等。

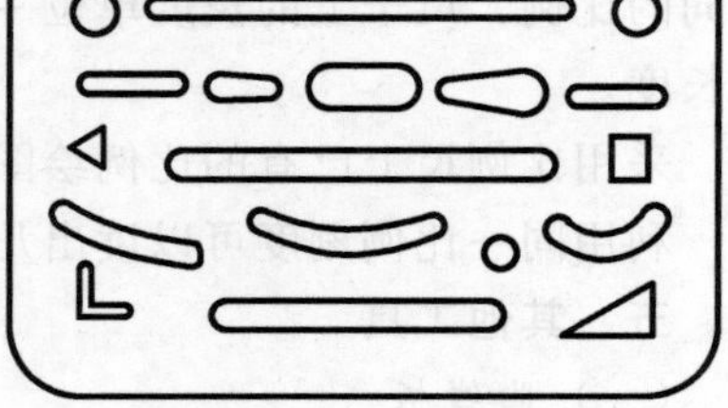

图 1-9 擦图片

第二节　制图标准简介

一、图纸的幅面及标题栏

（一）图纸幅面

图纸幅面（简称图幅）即图纸的面积，用图纸的短边×长边表示，即 $B\times L$。SL 73—95《水利水电工程制图标准》规定了 5 种基本幅面，分别用 A0、A1、A2、A3、A4 为代号。基本幅面大小如表 1-2 所示，表中 B、L、e、c、a 含义如图 1-10 和图 1-11 所示。具体应用中，允许将图幅加长，具体尺寸要根据 SL 73—95《水利水电工程制图标准》中的规定执行。

表 1-2　基本幅面及图框尺寸　　单位：mm

幅面代号	A0	A1	A2	A3	A4
$B\times L$	841×1189	594×841	420×594	297×420	210×297
e	20		10		
c	10			5	
a	25				

（二）图框和标题栏

无论图样是否装订，均应画出图框和标题栏，如图 1-10 所示。

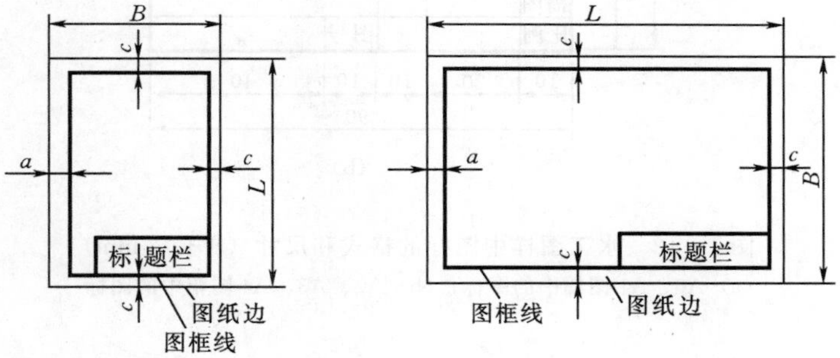

(a)　(b)

图 1-10　需装订时的图框格式

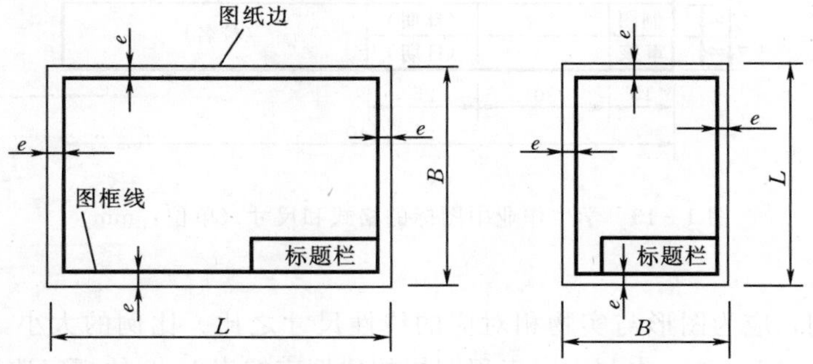

(a)　(b)

图 1-11　不需装订时的图框格式

图框用粗实线绘制，线宽为（1～1.5）b（b 为粗实线的宽度）。图框格式分为不留装订边和留装订边两种，如图 1-10、图 1-11 所示。但同一产品的图样只能采用一种格式。

图样中的标题栏（简称图标）应放在图纸右下角，如图 1-10 所示。标题栏的外框线为粗实线，分格线为细实线。水工图样中图标的格式和尺寸如图 1-12 所示，本课程作业中建议采用图 1-13 所示标题栏。

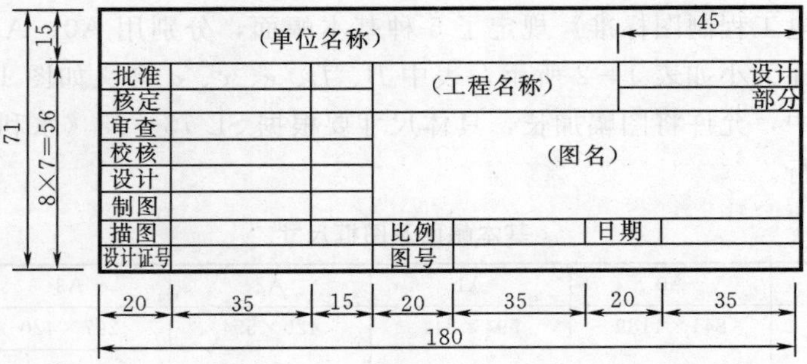

(a)

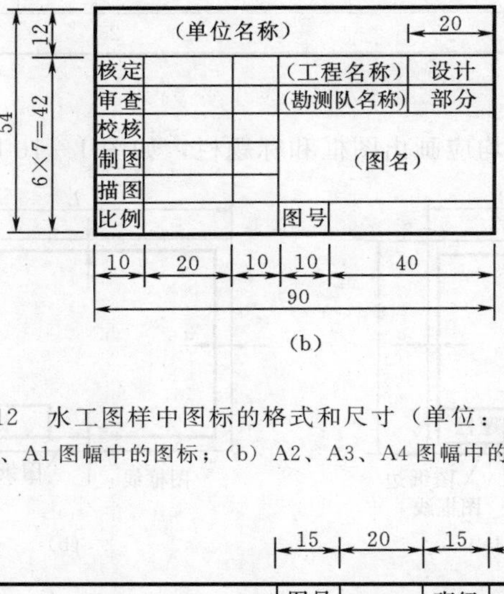

(b)

图 1-12 水工图样中图标的格式和尺寸（单位：mm）

(a) A0、A1 图幅中的图标；(b) A2、A3、A4 图幅中的图标

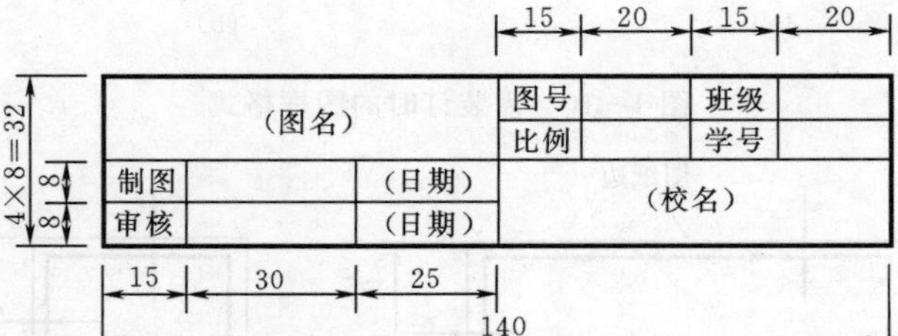

图 1-13 学生作业中图标的格式和尺寸（单位：mm）

二、比例

图样的比例，应为图形与实物相对应的线性尺寸之比。比例的大小，是指比值的大小，如 1∶20 大于 1∶50。水利水电工程图样的比例应按表 1-3 的规定选用，并应优先选用表中的常用比例。

表 1-3　　比　例

常用比例	1∶1
	$1:10^n$，$1:2\times10^n$，$1:5\times10^n$ 2∶1，5∶1，$(10\times n):1$
可用比例	$1:1.5\times10^n$，$1:2.5\times10^n$，$1:3\times10^n$，$1:4\times10^n$ 2.5∶1，4∶1

注　n 为正整数。

当整张图纸中只用一种比例时，应统一注写在图标内。否则，按如下形式注写比例。

平面图1∶200　或　平面图/1∶200

按以上形式注写时，比例的字高应比图名的字高小一号或二号。

特殊情况下，水利工程图中允许在同一个视图中的铅直和水平两个方向采用不同的比例。若图中需要绘制比例标尺时，其形式如图 1-14 所示。

图 1-14　比例标尺

三、字体

图样中书写的汉字、数字、字母等均应字体端正，笔划清楚，排列整齐，间隔均匀，汉字中的简化字应采用国家正式公布实施的简化字，并尽可能采用仿宋体。但在同一图样上，只允许选用一种字体。

字体的号数（简称字号）系指字体的高度。图样中字号分为：20、14、10、7、5、3.5、2.5 等七种。对于长方形字体，本号字的字高为上一号字的字宽，如表 1-4 所示。但汉字的字高不应小于 3.5mm。

表 1-4　　字　号　　单位：mm

字高	20	14	10	7	5	3.5	2.5
字宽	14	10	7	5	3.5	2.5	1.8

注　汉字的字高不应小于 3.5mm。

长仿宋体字的特点是：笔画挺直、粗细一致、结构匀称、便于书写。练习书写长仿宋体字应注意基本笔画和整字结构，做到横平竖直、注意起落、结构匀称、填满方格。

以下为长仿宋体字示例。

字体端正　笔画清楚　排列整齐　间隔均匀

长仿宋最高低正常死水位板墩中边支柱平立剖总布置图厂房

数字和字母有直体和斜体之分。斜体字的字头向右倾斜，与水平线约成 75°角，如图 1-15所示。用作指数、分数等的数字或字母，一般采用小一号字体。

四、图线

图样中的图线分为粗、中、细三种。粗实线的宽度 b，应根据图的大小和复杂程度在 0.5～2.0mm 之间选用。图线宽度的推荐系列为：0.18mm、0.25mm、0.35mm、0.5mm、0.7mm、1.0mm、1.4mm、2.0mm。

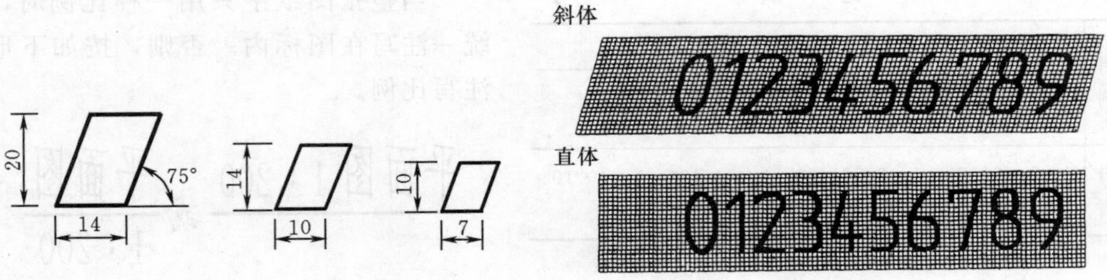

图 1-15 斜体字格（单位：mm）

绘制水利水电工程图样时，应根据不同的用途来采用表 1-5 规定的图线。

表 1-5　　　　图　线

序号	图线名称	线　型	线宽	一 般 用 途
1	粗实线	b	b	(1) 可见轮廓线； (2) 钢筋； (3) 结构分缝线； (4) 材料分界线； (5) 断层线； (6) 岩性分界线
2	虚线	≈1　2～6	$b/2$	(1) 不可见轮廓线； (2) 不可见结构分缝线； (3) 原轮廓线； (4) 推测地层界线
3	细实线		$b/3$	(1) 尺寸线和尺寸界线； (2) 剖面线； (3) 示坡线； (4) 重合剖面的轮廓线； (5) 钢筋图的构件轮廓线； (6) 表格中的分格线； (7) 曲面上的素线； (8) 引出线
4	点划线	3～5　15～30	$b/3$	(1) 中心线； (2) 轴线； (3) 对称线
5	双点划线	≈5　15～30	$b/3$	(1) 原轮廓线； (2) 假想投影轮廓线； (3) 运动构件在极限或中间位置的轮廓线
6	波浪线		$b/3$	(1) 构件断裂处的边界线； (2) 局部剖视的边界线
7	折断线		$b/3$	(1) 中断线； (2) 构件断裂处的边界线

注　粗实线应用于图框线时，其宽度为（1～1.5）b；应用于电气图中表示电线、电缆时，其宽度为（1～3）b。

各种图线的应用举例如图 1－16 所示，其中图中引线上的数字对应表 1－5 中的序号和一般用途分项号，如 3（3）表示表中序号 3 中的一般用途中第（3）项即示坡线。

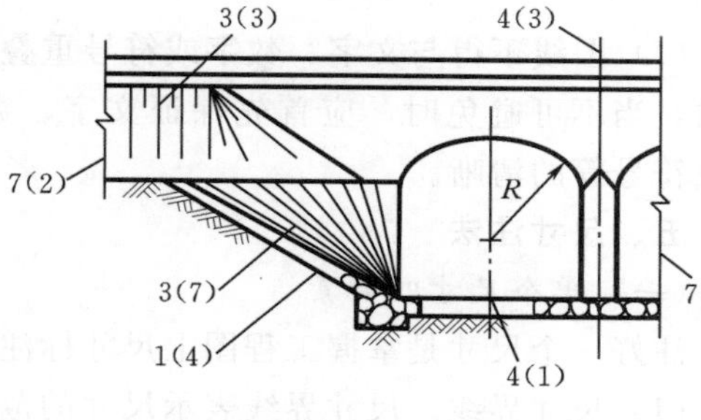

图 1－16　涵洞图样中图线的应用

图线画法规定如下：

（1）同一图样中同类图线的宽度应基本一致。虚线、点划线和双点划线的线段长度和间隔应各自大致相等。

（2）绘制圆的中心线时，圆心应为线段的交点。点划线和双点划线的首末两端应是线段，如图 1－17 所示。

在较小的图形上绘制点划线或双点划线有困难时，可用细实线代替，如图 1－18 所示。

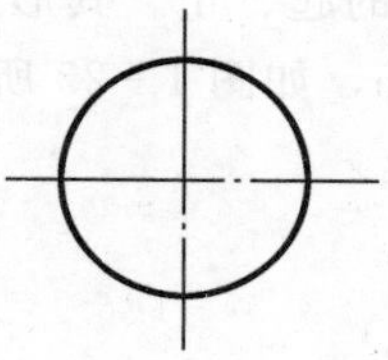
图 1－17　圆的中心线图

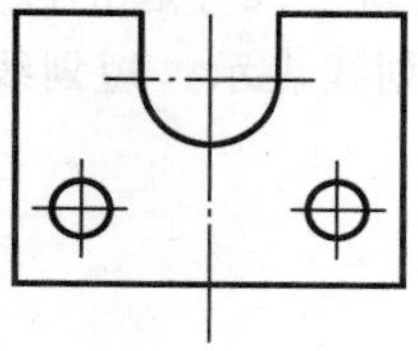
图 1－18　小圆的中心线图

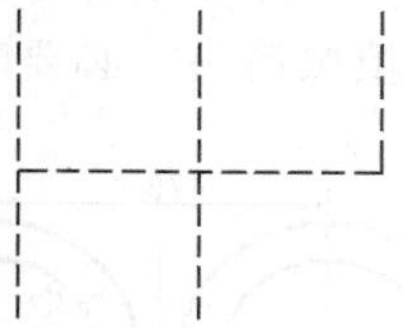
图 1－19　虚线与虚线交接图

（3）虚线与虚线交接，或虚线与其他图线交接，应是线段交接，如图 1－19 所示；虚线为实线的延长线时，不得与实线连接，如图 1－20 所示。

（4）空心和实心圆柱体的断裂处可按曲折断线绘制，如图 1－21 所示。当圆柱体直径较大，且绘在图中直径与长（或高）度之比近于或小于 1 时，断裂处可按直折断线绘制，如图 1－22 所示。

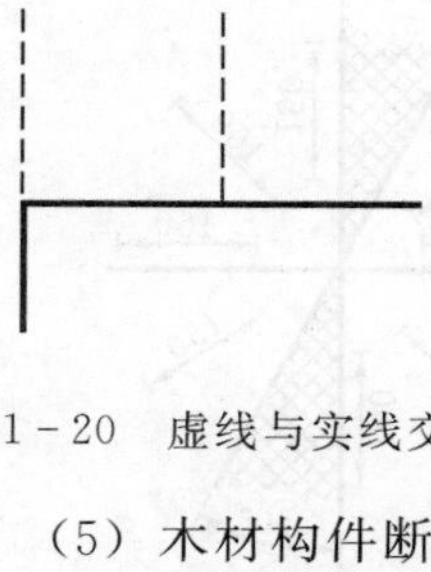
图 1－20　虚线与实线交接

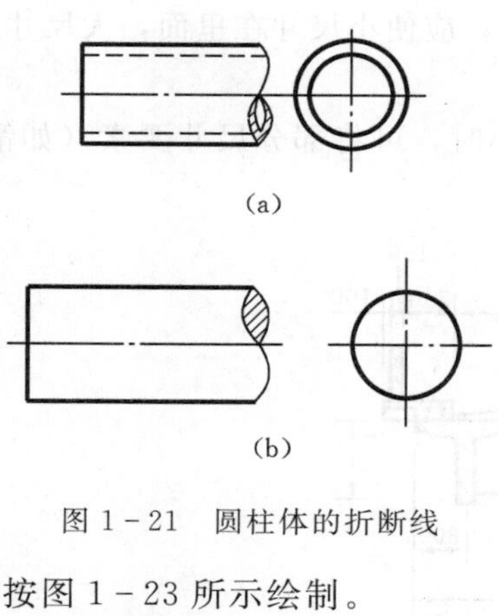

图 1－21　圆柱体的折断线

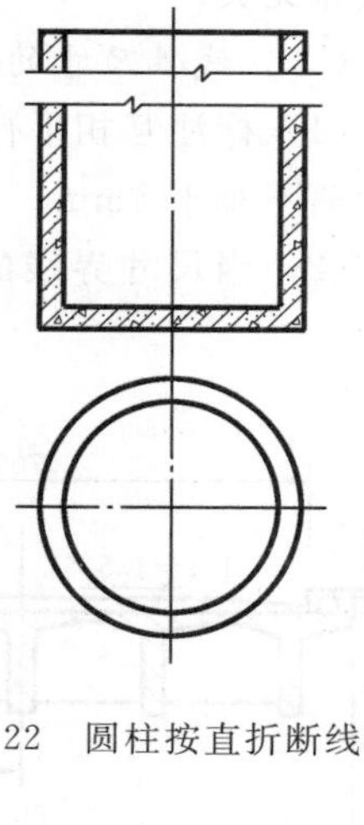
图 1－22　圆柱按直折断线绘制

（5）木材构件断裂处可按图 1－23 所示绘制。

（6）图样中两条平行线之间的距离应不小于图中粗实线的宽度，其最小间距不得小于0.7mm。

（7）图线不得与文字、数字或符号重叠、混淆，当不可避免时，应首先保证文字、数字或符号等的清晰。

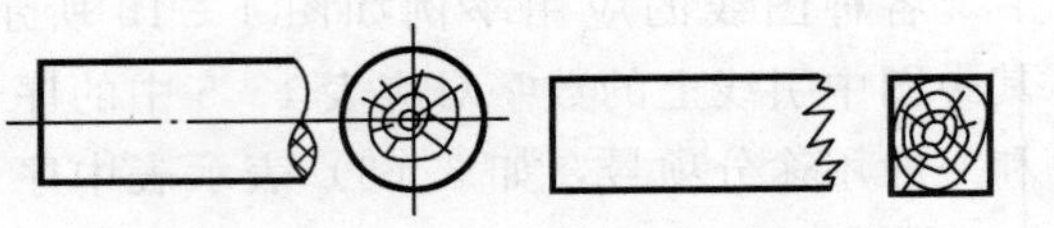

(a)　　(b)

图1-23　木构件的断裂线

五、尺寸注法

（一）单个尺寸四要素

注好一个尺寸是掌握工程图上尺寸标注的基础。一个完整的尺寸应包括四个要素。

（1）尺寸界线。尺寸界线表示尺寸的范围。尺寸界线用细实线画出，一般应与被注轮廓垂直，其一端与轮廓线之间留有2～3mm。轮廓线、中心线可以作为尺寸界线，如图1-24所示。

（2）尺寸线。尺寸线表示尺寸度量方向。尺寸线用细实线绘制，不能以图样中的任何其他线代替。尺寸线应平行于被注轮廓，两端与尺寸界线相接但不应超出。

（3）尺寸起止符号，也称尺寸线终端。尺寸起止符号表示尺寸的起、止。其形式为细而长的填黑箭头。必要时可用45°细短划线表示，短划线长2～3mm，如图1-25所示。

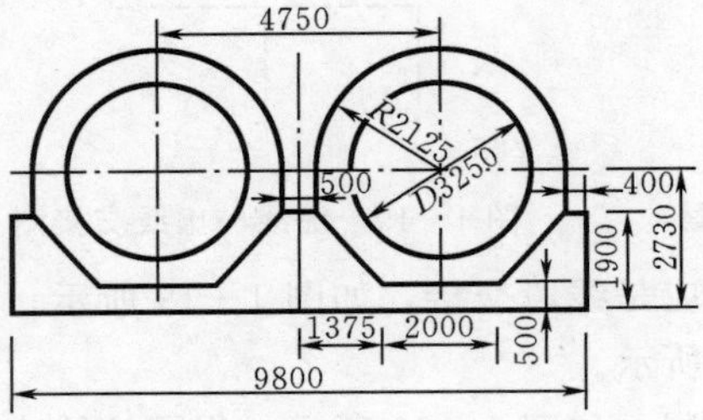

图1-24　尺寸界线

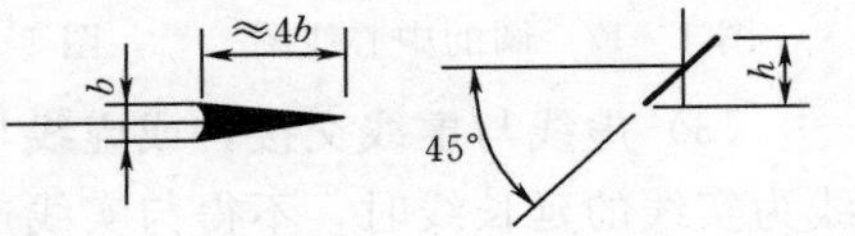

(a)　　(b)

图1-25　尺寸起止符号

（4）尺寸数字。尺寸数字表示物体的实际大小。单位为毫米（mm），与画图的比例及误差无关。

（二）线性尺寸的注法

（1）标注互相平行的尺寸时，应使小尺寸在里面，大尺寸在外面，两平行尺寸线之间的距离不小于5mm。

（2）当尺寸界线的距离较小时，可将部分尺寸要素（如箭头、尺寸数字）移至尺寸

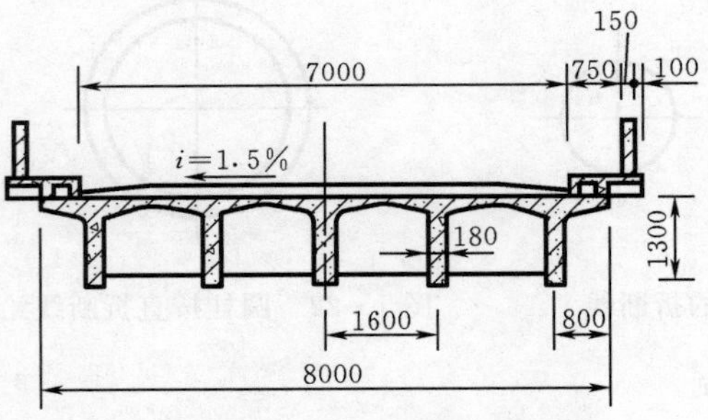

图1-26　尺寸数字注写位置

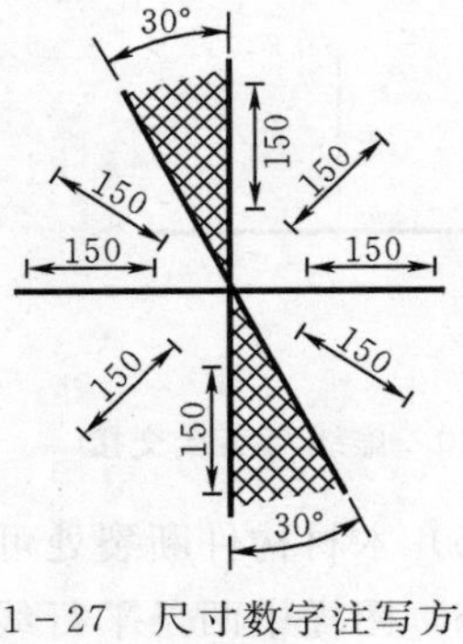

图1-27　尺寸数字注写方向

界线外侧。连续尺寸的中间部分无法画箭头时，可用小黑圆点代替箭头，如图 1-26 所示。

（3）线性尺寸的数字按图 1-27 所示方向注写。即水平尺寸数字写在尺寸线中部上方，字头朝上；竖直方向的尺寸数字写在尺寸线的左方，字头朝左；倾斜方向的尺寸数字顺尺寸线写在其上方，字头趋向上。图示 30°范围内尽量不标注尺寸。若不可避免时，可以引出标注。

（三）圆、圆弧的尺寸注法

（1）圆和大于半圆的圆弧应注直径尺寸，并在尺寸数字前加注符号“ϕ”或“D”（一般金属材料用“ϕ”，其他材料用“D”）。半圆及小于半圆的圆弧注半径尺寸，尺寸数字前加注符号“R”。标注球面直径或半径时，应在符号“ϕ”或“R”前再加注符号“S”，如图 1-28 所示。

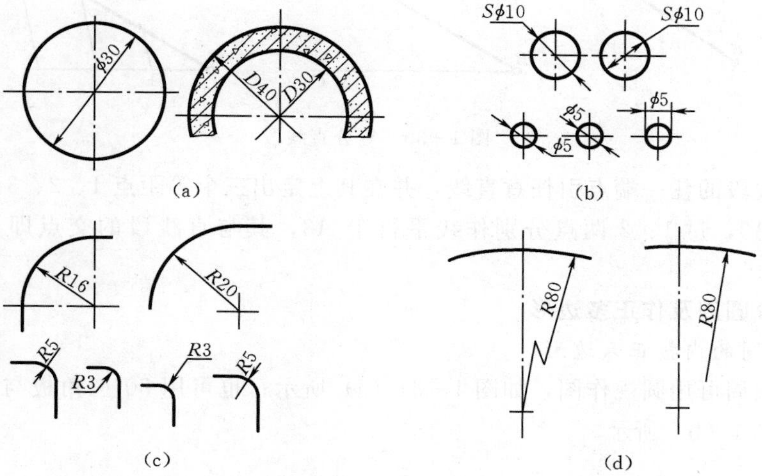

图 1-28 圆、圆弧的尺寸注法

（2）标注圆、圆弧的直径或半径尺寸时，通常以其轮廓线为尺寸界线。标注直径的尺寸线应通过圆心（但不得与中心线重合），两端箭头指向圆周。标注半径的尺寸线应自圆心引向圆弧，并在指向圆弧的一端画箭头。

（3）当图上没有足够的位置画箭头、注写尺寸数字时，可将其移至轮廓线外［见图 1-28（b）］，但应注意尺寸线不得在轮廓线处转折。

（4）当圆弧的半径过长或圆心位置在图纸内无法标注时，可以用图 1-28（d）所示的形式标注。

（四）角度的注法

角度标注也应包括四要素，其尺寸界线是角的两边或其延长线，尺寸线是以角顶为圆心的圆弧，两端为箭头，角度数字应水平书写在尺寸线中断处或尺寸线旁边，并在数字的右上角加度、分、秒符号，如图 1-29 所示。

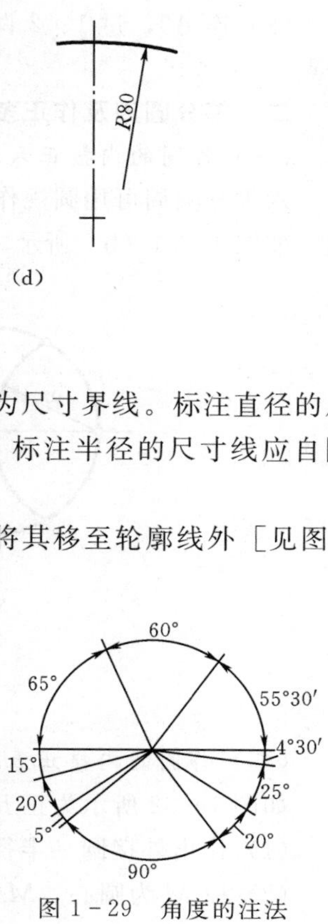

图 1-29 角度的注法

第三节 几 何 作 图

在工程图样中，无论物体的结构和形状如何复杂，其图形轮廓都是由直线、圆或非圆曲线按一定规律组成的。因此，掌握几何作图的基本方法和技能是绘制工程图的基础，本节介绍常用的几何作图方法。

一、等分直线段

无论将已知直线段进行几等分，等分的方法是相同的。线段等分的作图方法及步骤如图 1-30 所示。

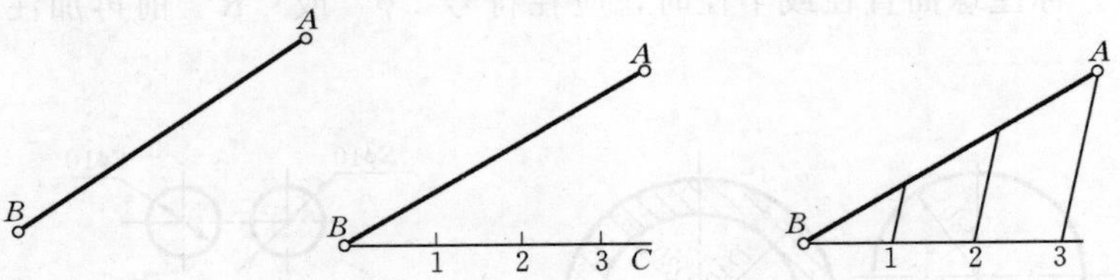

图 1-30 等分直线段

(1) 自线段的任一端点引任意直线，并在其上定出三个等距点 1、2、3。

(2) 连 A3，过 1、2 两点分别作线平行于 A3，其与直线段的交点即为 AB 的三等分点。

二、等分圆周及作正多边形

(一) 作圆的内接正六边形

六等分圆周可用圆规作图，如图 1-31 (a) 所示；也可用 30°三角板与丁字尺配合作图，如图 1-31 (b) 所示。

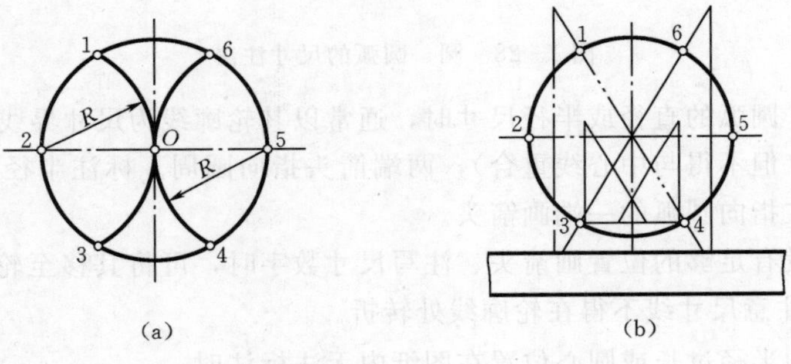

图 1-31 六等分圆周

(a) 用圆规作图；(b) 用丁字尺和三角板作图

(二) 作圆的内接正五边形

如图 1-32 所示为正五边形的作图方法。

(1) 作出外接圆一半径 ON 的中分点 M。

(2) 以 M 为圆心，MA 为半径作弧，与圆的中心线交于 H 点，AH 即为正五边形的边长。

(3) 在圆周上以边长 AH 为半径作弧，交出各顶点，依次相连，得正五边形 $ABCDE$。

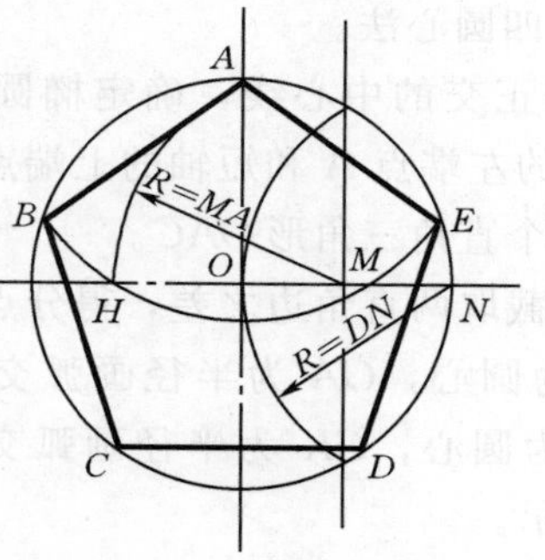

图 1-32 作正五边形

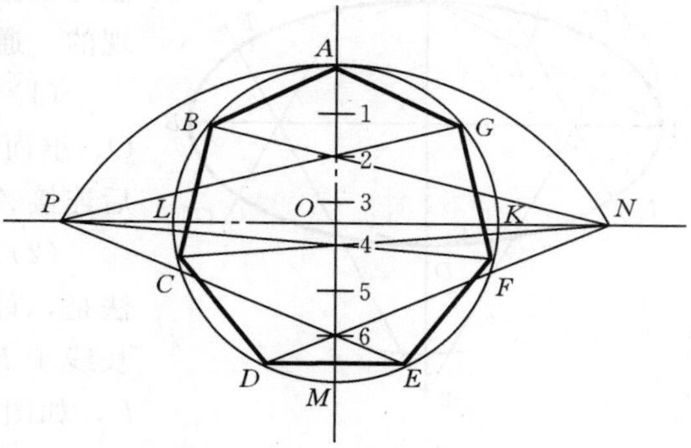

图 1-33 正多边形画法

（三）作圆的内接正多边形

如图 1-33 所示为正多边形（以正七边形为例）。

(1) 把直径 AM 分为七等分。

(2) 再以 M（或 A）为圆心，MA 为半径画圆弧，与 LK 的延长线交于 N、P 两点。

(3) 过 N、P 两点与直径 MA 上的偶数分点（或奇数分点）连线，并延长与圆周交于 B、C、D、E、F、G 各点。顺次连接 A、B、C、D、E、F、G、A 各点，得正七边形 $ABCDEFG$。

三、已知椭圆长轴 AB 及短轴 CD，画椭圆

（一）同心圆法

(1) 以 O 为圆心，分别以长轴 AB、短轴 CD 为直径画两个同心圆。过点 O 作任意条放射线（图中每 30°画一条），与大小圆分别交于 1、2、3、…、12 和 1′、2′、3′、…、12′点。

(2) 过 1、2、3、…、12 点分别画短轴的平行线，过 1′、2′、3′、…、12′点分别画长轴的平行线，两组相应直线的交点 E、F、C、G、H、…、A，即为椭圆上的点。用曲线板依次光滑连接，则求得一椭圆，如图 1-34 所示。

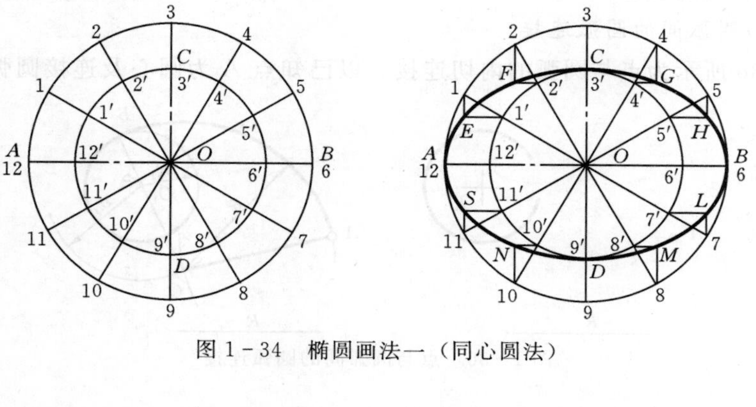

图 1-34 椭圆画法一（同心圆法）

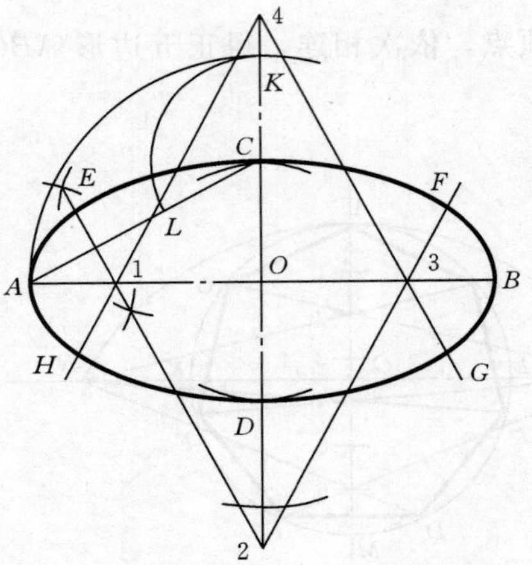

图 1－35 椭圆的画法二（四圆心法）

（二）椭圆的近似画法——四圆心法

精确绘制椭圆应用椭圆规或用计算机来完成，图 1－35 所示为常用的一种尺规近似画法。这种画法是根据已知椭圆的长轴和短轴，用四段圆弧来实现的，通常称之为四圆心法。

（1）画出两条正交的中心线，确定椭圆的中心 O。继而确定长轴的左端点 A 和短轴的上端点 C，然后连接 AC 得到一个直角三角形 OAC。

（2）在 AC 上截取两直角边之差，得分点 L。方法是，首先以 O 为圆心，OA 为半径画弧交短轴延长线于 K；以 C 为圆心，CK 为半径画弧交 AC 于 L，如图 1－35 所示。

（3）求四段圆弧的圆心及分界线。作 AL 的垂直平分线交 AB 于 1，交 CD（或其延长线）于 2，然后求 1、2 相对于长轴 AB、短轴 CD 的对称点 3 和 4，则 1、2、3、4 即为四段圆弧的圆心。连接 21、23、41、43 并延长，即得四段圆弧的分界线。

（4）分别以 1、3 和 2、4 为圆心，以 $1A$（或 $3B$）和 $2C$（或 $4D$）为半径画小圆弧和大圆弧至分界线，得 E、F、G、H，即可完成作图。

四、圆弧连接

用指定半径的圆弧，将已知点与直线，或将已知点与圆弧，或将已知直线与圆弧，或将直线与直线，或将圆弧与圆弧，光滑地连接起来，称为圆弧连接。作图时，必须准确地求出连接圆弧的圆心和切点。圆心和切点的作法如下：

（1）点与圆弧连接时，圆心位置在以该点为圆心、连接圆弧半径长度为半径的圆上。

（2）直线与圆弧连接时，圆心位置在与已知直线距离为连接圆弧半径长度的平行线上，切点与圆心的连线垂直于已知直线。

（3）圆弧与圆弧连接时：若为内连接（内切），则圆心位置在已知圆弧的同心圆上，半径为连接圆弧与已知圆弧的半径之差，切点在两圆弧圆心连线的延长线上；若为外连接（外切），则圆心位置在已知圆弧的同心圆上，半径为连接圆弧与已知圆弧的半径之和，切点在两圆弧圆心的连线上。

（一）点与圆弧间的圆弧连接

如图 1－36 所示为点与圆弧的内切连接。以已知点 A 为圆心及连接圆弧半径 R 为半

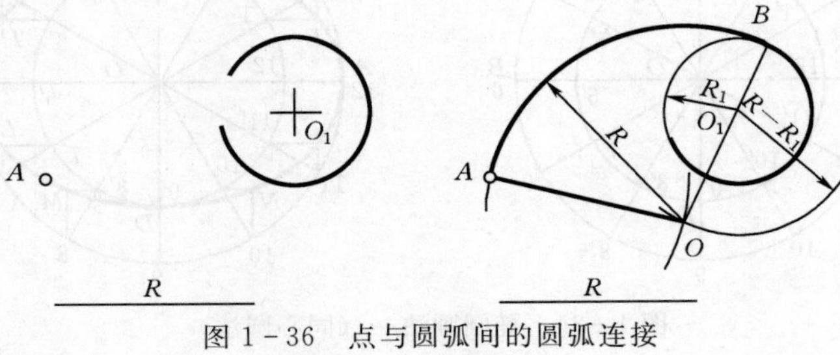

图 1－36 点与圆弧间的圆弧连接

径作圆弧，以已知圆的圆心 O_1 为圆心、$(R-R_1)$ 为半径作弧，两弧的交点 O 即为连接圆弧的圆心，连接 O 与 O_1 并延长，交已知弧于 B 点，即为切点，以 O 为圆心、R 为半径，由 A 点至 B 点画弧，即完成连接。

（二）点与直线间的圆弧连接

如图 1－37 所示，用半径 R 的圆弧连接点与直线。

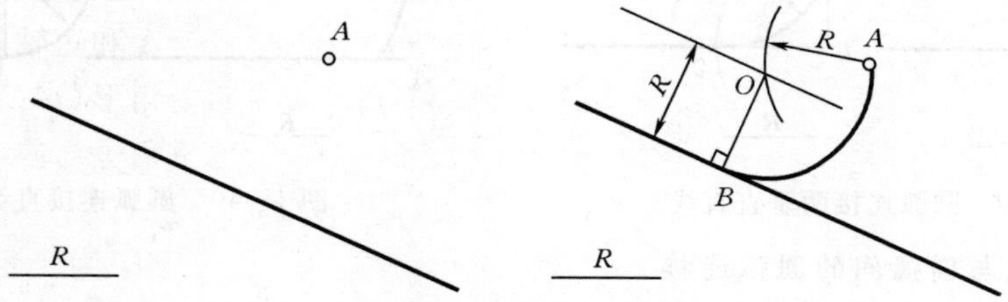

图 1－37　点与直线间的圆弧连接

（1）在已知点同侧作一与已知直线距离为 R 的平行线，以已知点 A 为圆心，以 R 为半径画圆弧，二者的交点 O 即为圆心。

（2）自点 O 向已知直线作垂线，其垂足 B 即为一连接点，已知点 A 为另一连接点。

（3）以 O 为圆心，以 R 为半径画圆弧，从 A 点画到 B 点，则完成连接。

（三）两已知直线的圆弧连接

1. 两直线相交任意角时的作法（图 1－38）

（1）已知半径 R 及直线 AB、BC。

（2）分别作与 AB、BC 距离为 R 的平行线，这两条直线相交于点 O。

（3）过点 O 作 AB、BC 的垂线，与 AB、BC 交于 1、2 两点，此两点为切点。

（4）以 O 为圆心，$R=O1=O2$ 为半径，在 1、2 两点间作圆弧，则完成连接。

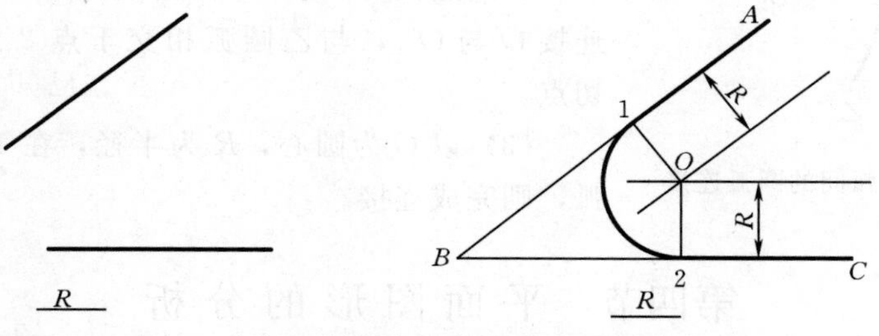

图 1－38　圆弧连接两相交直线

2. 两直线垂直相交时的作法（图 1－39）

（1）已知半径 R 及相互垂直的直线 AB、BC。

（2）以 B 为圆心，以 R 为半径作圆弧，与 AB、BC 交于 1、2 两点（1、2 两点即为所求切点）。

（3）以 1、2 为圆心，以 R 为半径画圆弧，交于点 O。

（4）以 O 为圆心，以 R 为半径，在 1、2 两点间作圆弧，则完成连接。

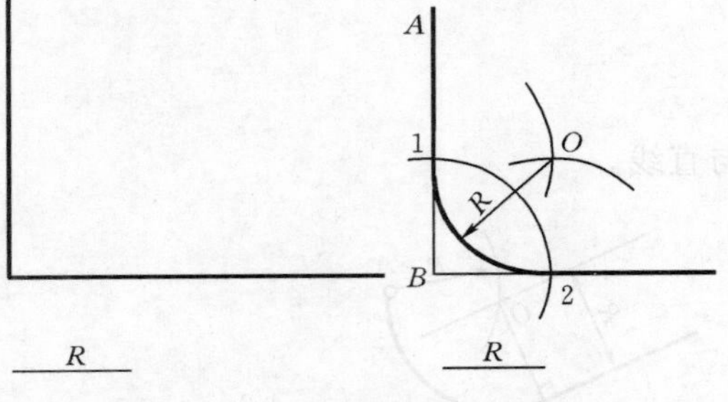

图 1-39 圆弧连接两垂直直线

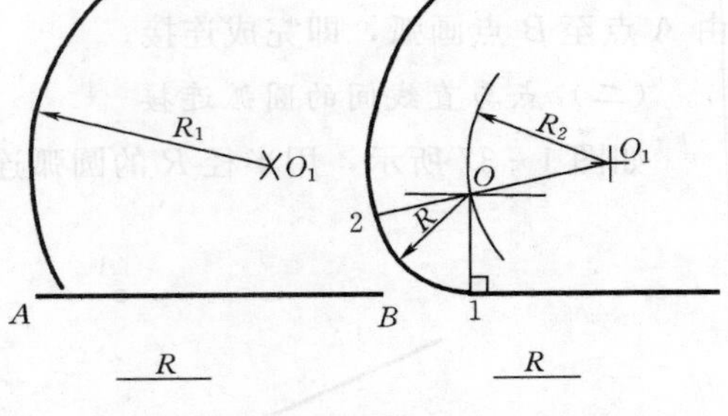

图 1-40 圆弧连接直线与圆弧

（四）直线与圆弧间的圆弧连接

（1）如图 1-40 所示，已知半径 R、圆弧（圆心为 O_1、半径为 R_1）及直线 AB。

（2）以 O_1 为圆心，$R_2=R_1-R$ 为半径画圆弧；作与 AB 距离为 R 的平行线，两者相交于点 O。过点 O 向 AB 作垂线，得垂足点 1。连接 O_1 与 O 并延长，与已知圆弧交于点 2。1、2 两点即为切点。

（3）以 O 为圆心，以 R 为半径，在 1、2 两点间作圆弧，则完成连接。

（五）两圆弧间的圆弧连接

用半径为 R 的圆弧连接两已知圆弧（甲弧圆心 O_1，半径 R_1；乙弧圆心 O'_1，半径 R'_1），并使它与甲弧内切，与乙弧外切，如图 1-41 所示。

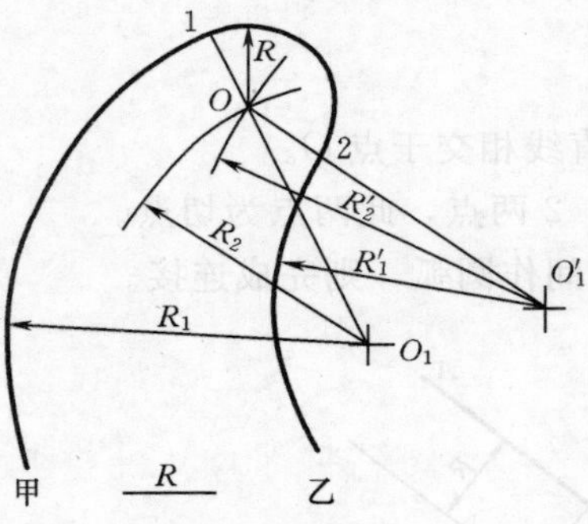

图 1-41 两圆弧间的圆弧连接

作图过程如下：

（1）分别以 O_1、O'_1 为圆心，以 $R_2=R_1-R$，$R'_2=R'_1+R$ 为半径画圆弧，两圆弧相交于点 O。

（2）连接 O_1 与 O 并延长，与甲圆弧相交于点 1；连接 O 与 O'_1，与乙圆弧相交于点 2。1、2 两点即为切点。

（3）以 O 为圆心，R 为半径，在 1、2 两点间作圆弧，则完成连接。

第四节 平面图形的分析

绘制平面图形和标注尺寸是本课程必须掌握的一项基本技能。平面图形由若干线段连接而成，画图时，首先应对平面图形进行尺寸分析和线段分析，然后根据图形中每条线段给出的尺寸来确定具体的作图步骤。

一、平面图形的尺寸分析

平面图形中的尺寸按作用可分为三种：

（1）定形尺寸。确定平面图形中线段的长度、圆的直径、圆弧的半径，以及角度大小的尺寸，称为定形尺寸。图 1-42 中的尺寸 $\phi20$、$\phi5$、$R15$、$R14$、$R53$ 等都是定形尺寸。

（2）定位尺寸。确定平面图形中各线段之间相互位置的尺寸，称为定位尺寸。图 1-42 中的尺寸 8、75、ϕ30 均为定位尺寸。

尺寸基准是标注主要尺寸的起点。一个平面图形应具有上下和左右两个方向的尺寸基准。通常以图形的对称线、较大圆的中心线或较长的直线作为尺寸基准。如图 1-42 所示，手柄平面图形是以左边较长的直线作为左右方向的尺寸基准，以对称线作为上下方向的尺寸基准。它们也是画图的基准线。

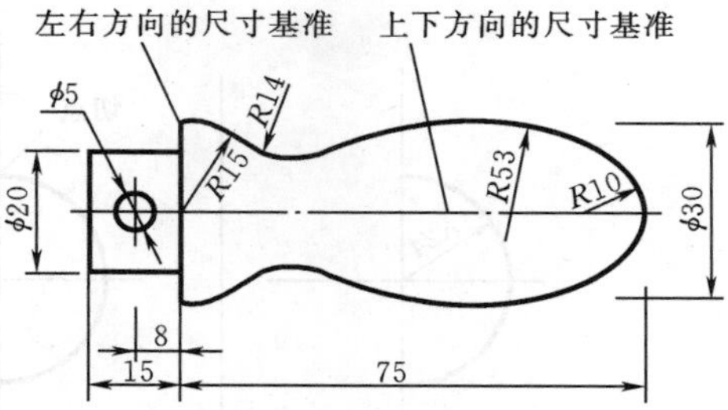

图 1-42　手柄平面图形分析

应当指出，图形中的有些尺寸既是定形尺寸，也是定位尺寸，具有双重作用。

二、平面图形的线段分析

在尺寸分析的基础上，按照尺寸齐全的程度，平面图形中的线段可分为已知线段、中间线段和连接线段。

（1）已知线段。定形尺寸和定位尺寸齐全，根据基准线位置和已知尺寸就能直接画出的线段，称为已知线段。图 1-42 中的 ϕ20、ϕ5、R15、R10 及所有的直线均为已知线段。图 1-43 中的线段Ⅰ、线段Ⅱ亦为已知线段。

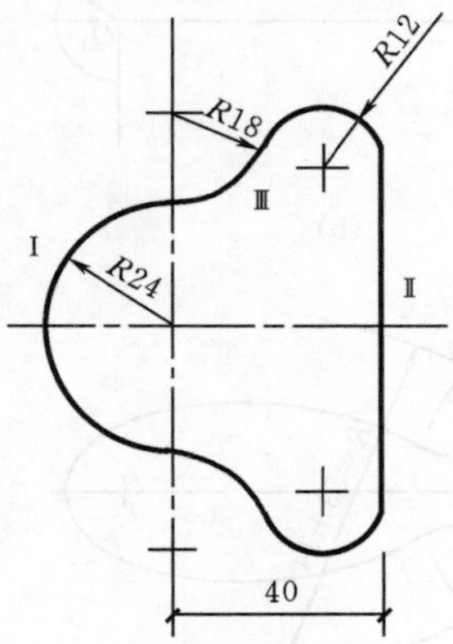

图 1-43　平面图形的线段分析

（2）中间线段。缺少一个定位尺寸，需依靠与已知线段的一个连接条件才能确定其位置的线段，称为中间线段。如图 1-42 中 R53 圆弧就是中间线段。图 1-43 中的线段Ⅲ为中间线段，由于缺少圆心垂直方向的定位尺寸，需在线段Ⅰ画出后才能根据相切的条件绘制。

（3）连接线段。没有定位尺寸，需依靠与两端相邻线段的连接条件才能确定的线段称为连接线段。图 1-43 中 R14 圆弧就是连接线段。图 1-43 中 R12 的圆弧也是连接线段。

应当指出，平面图形上并不是同时都出现这三种线段。有时只有已知线段，有时只有已知线段和连接线段。

图 1-42 所示的平面图形的画图顺序如图 1-44 所示。

三、平面图形的绘图步骤

根据以上分析，绘制平面图形的步骤可归纳如下。

（一）画草图

（1）画基准线。

（2）画已知线段。

（3）画中间线段。

（4）画连接线段。

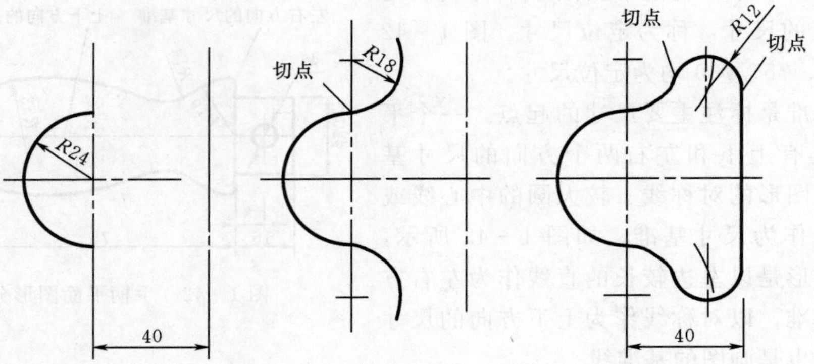

图 1-44 平面图形的画图顺序

（二）加深图线

以手柄为例说明平面图形的绘图步骤，如图 1-45 所示。

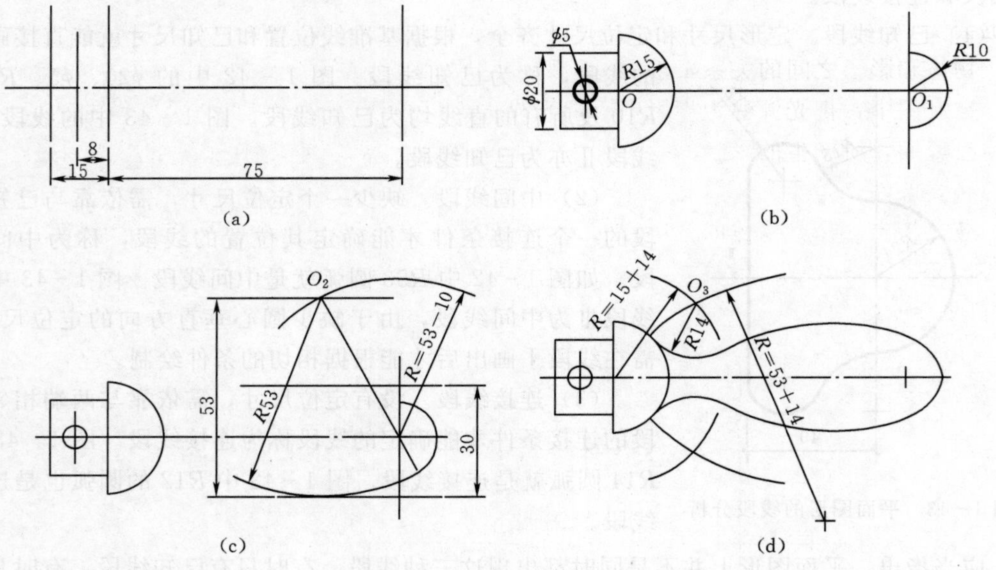

图 1-45 手柄的作图步骤

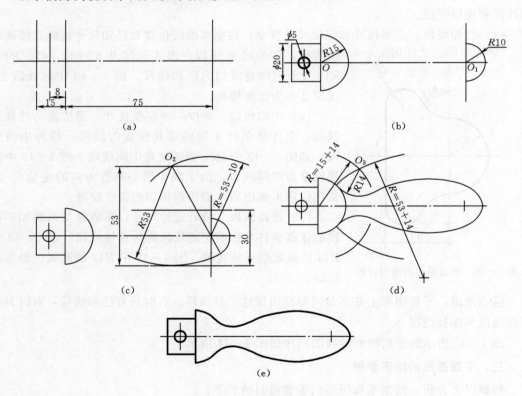

（a）定图形基准线；（b）画已知线段；（c）画中间线段；（d）画连接线段；（e）加深图线，完成全图

第二章　投影的基本知识

第一节　投影的概念和分类

一、投影的概念

在日常生活中，我们经常看到影子这个自然现象：人和树木在太阳光的照射下会在地面上产生影子，教室里的课桌在灯光的照射下也会产生影子。当有光线照射物体时，物体就会在墙面或地面上产生影子，并且随着光线的形式和照射方向的改变，影子的形状和大小也会发生改变，这是生活中常见的投影现象。人们对这一现象加以科学的抽象，总结光线、物体和影子之间的关系，形成了根据投影原理绘制物体图形的方法，称为投影法。

在制图中，把光源称为投影中心，光线称为投影线，落影的平面（如地面、墙面等）称为投影面，所产生的影子的轮廓称为投影。由此可见，物体、投影线和投影面是产生投影的必要条件。

应该指出的是，物体的投影不同于影子。影子是漆黑一片的，不能表达空间形体的真面目，而投影是假定投影线能穿透物体或者物体透明，因而能反映物体的所有内外轮廓线（不可见轮廓线用虚线表示），如图 2-1 所示。

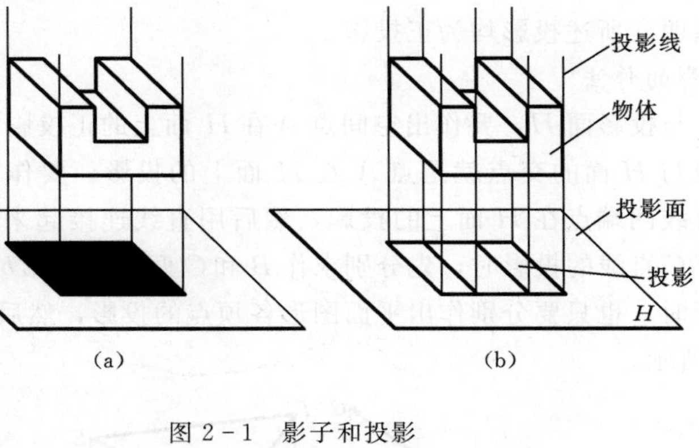

图 2-1　影子和投影
(a) 影子；(b) 投影

二、投影法分类

根据投影线之间的相互位置不同，投影法分为中心投影法和平行投影法两种。

（一）中心投影法

当投影中心距投影面有限远时，所有的投影线都汇交于一点，这种投影法称为中心投影法。用这种方法所得的投影称为中心投影，如图2-2所示。

（二）平行投影法

当投影中心距投影面无限远时，所有的投影线均可视为互相平行，这种投影法称为平行投影法。根据投影线与投影面的倾角不同，平行投影法又分为斜投影法和正投影法，如图2-3所示。

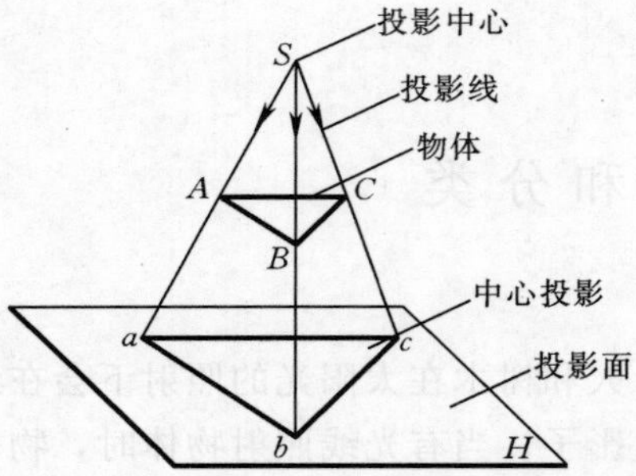

图2-2 中心投影法

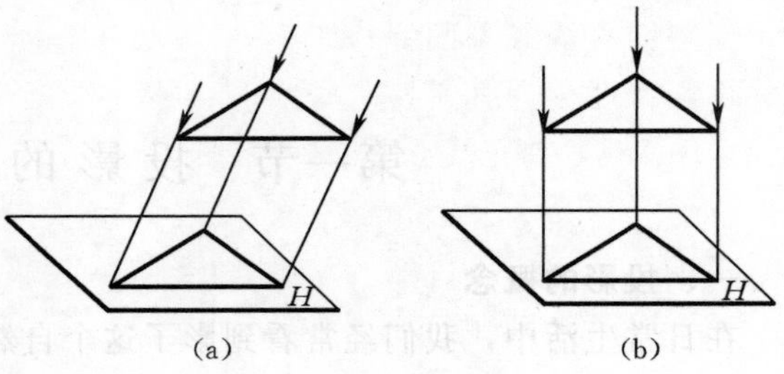

图2-3 平行投影法

(a) 斜投影；(b) 正投影

1. 斜投影法

相互平行的投影线倾斜于投影面时，所得到的投影称为斜投影，如图2-3（a）所示，这种方法称为斜投影法。

2. 正投影法

相互平行的投影线垂直于投影面时，所得到的投影称为正投影，如图2-3（b）所示，这种方法称为正投影法。

正投影法是本课程研究的主要对象。由于正投影能准确反映物体的实际形状和大小，而且作图简便，在工程上被广泛应用，所以学习投影理论以学习正投影为主。在以后的章节中如不特别指明，所述投影均为正投影。

（三）正投影的作法

空间点 A，与投影面 H，要作出空间点 A 在 H 面上的正投影，就要过空间点 A 作 H 面的垂线，垂线与 H 面的交点就是点 A 在 H 面上的投影。要作直线在 H 面上的投影，只要分别作出直线两端点在 H 面上的投影，然后用直线连接起来即得直线的投影。如图2-4所示，作 BC 直线的投影时，先分别求作 B 和 C 两点的投影 b 和 c，再连 bc 即可。同理作平面的投影时，也只要分别作出平面图形各顶点的投影，然后依次连接各点的投影即可，如图2-4所示。

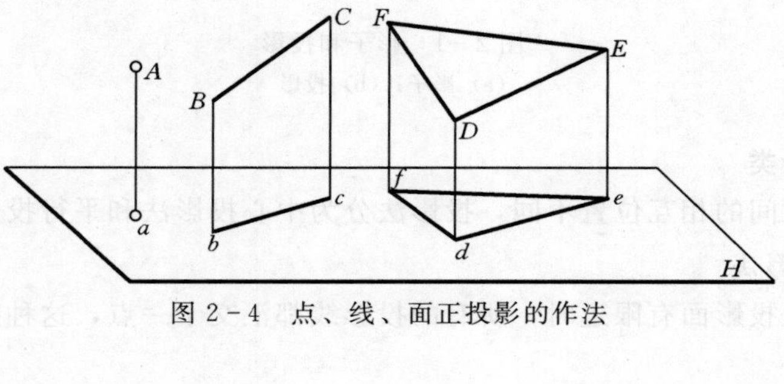

图2-4 点、线、面正投影的作法

习惯上，把空间点用大写字母表示，如 A、B、C、…；从上向下所得投影用相应的小写字母表示，如 a、b、c、…；从前向后所得投影用相应的小写字母右上角加一撇表示，如 a'、b'、c'、…；从左向右所得投影用相应的小写字母右上角加两撇表示，如 a''、b''、c''、…。

三、正投影的基本特性

（一）真实性

当空间直线或平面平行于投影面时，其投影反映直线的实长或平面图形的实际形状，这种投影特性称为真实性。

从图 2－5 中可以看出：直线 AB 平行于 H 面，AB 与其投影 ab 及过两端的投影线组成一个矩形，其正投影 $ab=AB$，直线投影反映实长。平面 $ABCD$ 平行于 H 面，组成平面的四条边 AB、BC、CD、DA 也分别平行于 H 面，其正投影 $ab=AB$，$bc=BC$，$cd=CD$，$da=DA$，则平面投影 $abcd=ABCD$，即平面的形状、大小不变，平面投影反映实形。

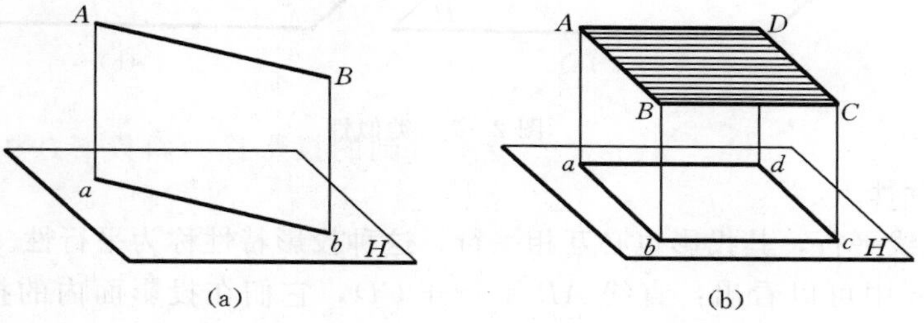

图 2－5　真实性

（二）积聚性

当空间直线或平面垂直于投影面时，其投影积聚成一个点或一条直线，这种投影特性称为积聚性。

从图 2－6 中可以看出：直线 AB 垂直于 H 面，过直线 AB 上所有点的投影线重合于直线本身，因此与投影面只有一个交点，即直线 AB 的投影积聚成一点。当空间两点的投影重合时，把不可见的点的投影加括号表示，如图 2－6 中 A、B 点的投影，此两点称为对该投影面的重影点。平面 $ABCD$ 垂直于 H 面，过平面 $ABCD$ 上所有点的投影线均重合于平面本身，与投影面相交于一条直线，即平面 $ABCD$ 的投影积聚成一条直线。

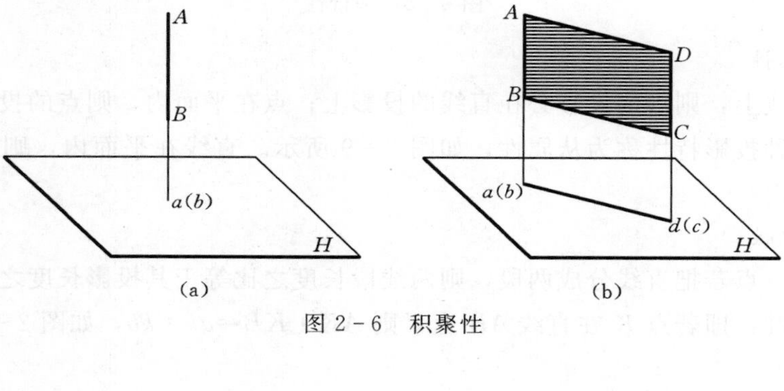

图 2－6　积聚性

（三）类似性

当空间直线或平面倾斜于投影面时，直线的投影仍为直线，但长度缩短；平面的投影类似为空间平面的几何形状，但面积缩小。这种投影特性称为类似性。

从图 2-7 中可以看出：直线 AB 倾斜于 H 面，AB 与其投影 ab 及过两端的投影线组成一个直角梯形，且 AB 为斜边，ab 为直角边，则投影 $ab<AB$。所以直线 AB 的投影仍为直线，但长度缩短。同理平面 $ABCD$ 倾斜于 H 面，其投影 $abcd$ 形状类似于平面 $ABCD$，各边投影长度小于或等于空间直线长度，所以平面 $ABCD$ 的投影面积缩小。

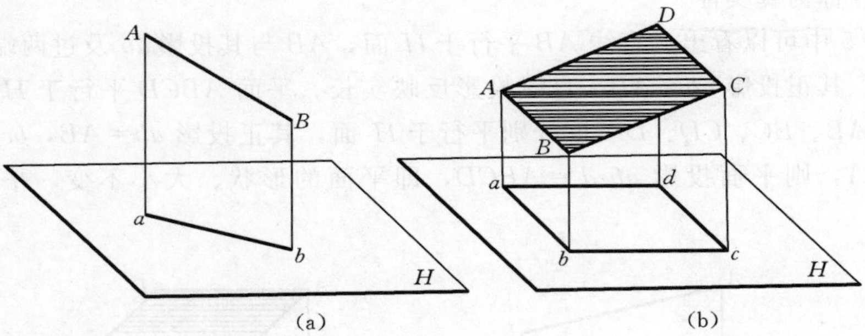

图 2-7 类似性

（四）平行性

两空间直线平行，其投影也必互相平行，这种投影特性称为平行性。

从图 2-8 中可以看出：直线 AB 平行于 CD，它们在投影面内的投影 ab 也必平行于 cd。

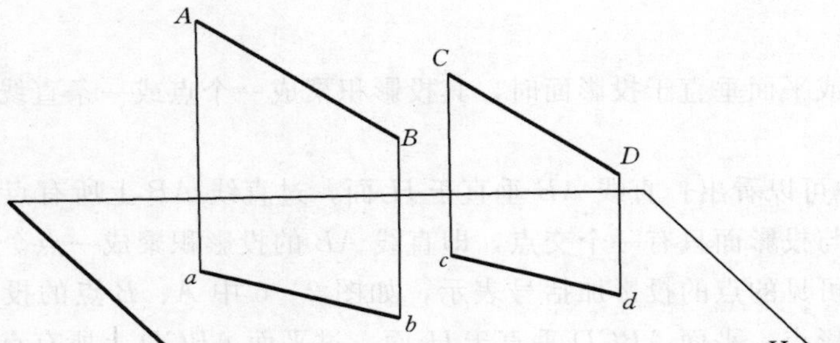

图 2-8 平行性

（五）从属性

若点在直线上，则点的投影必在直线的投影上；点在平面内，则点的投影必然在平面的投影上，这种投影特性称为从属性，如图 2-9 所示。直线在平面内，则直线上的所有点都在该平面内。

（六）定比性

一直线上一点若把直线分成两段，则两线段长度之比等于其投影长度之比，这种投影特性称为定比性，即若点 K 在直线 AB 上，则 $AK:KB=ak:kb$，如图 2-10 所示。

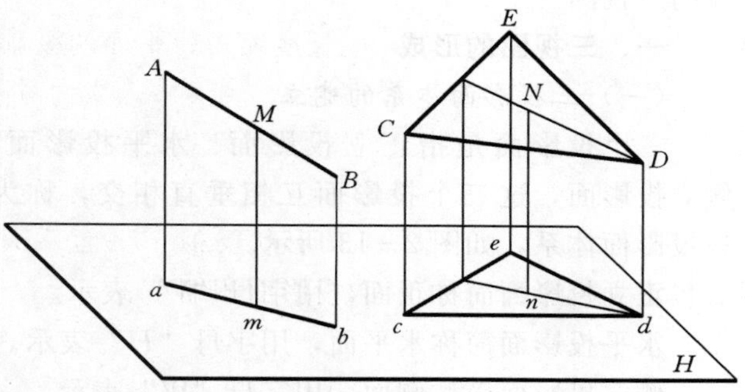

图 2-9　从属性

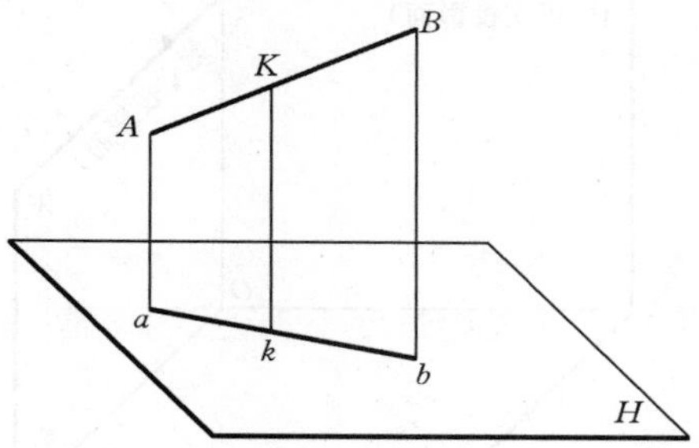

图 2-10　定比性

第二节　三视图的形成及投影规律

如图 2-11 所示为几个不同形状的物体，它们在水平面 H 的投影都是相同的，由此可见，在一般情况下，只凭物体的一个投影不能确定物体的形状和大小。

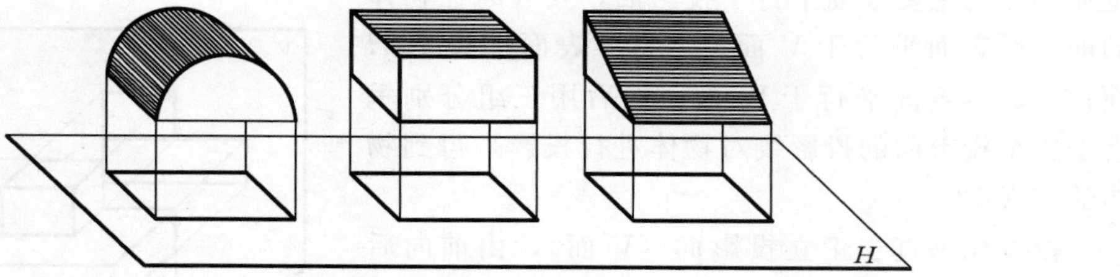

图 2-11　不同形体的单面投影

如图 2-12 所示，如果在 H 面的基础上，增加一个与 H 面垂直的 V 面，把物体再向 V 面作正投影，图 2-12（a）中两个投影可以确定物体的形状，但图 2-12（b）、（c）两个不同形状的物体，它们在 H 面和 V 面的相应投影都是相同的，根据它们的那两个投影还不能确定它们的空间形状，还要加画它们的第三投影才能确定它们的空间形状。因此在正投影法中需有两个或者两个以上投影图才能准确清楚地表达物体的空间形状和大小。由于物体一般有左右、前后和上下三个方向的形状，一般用三面投影图来表达物体，称为物

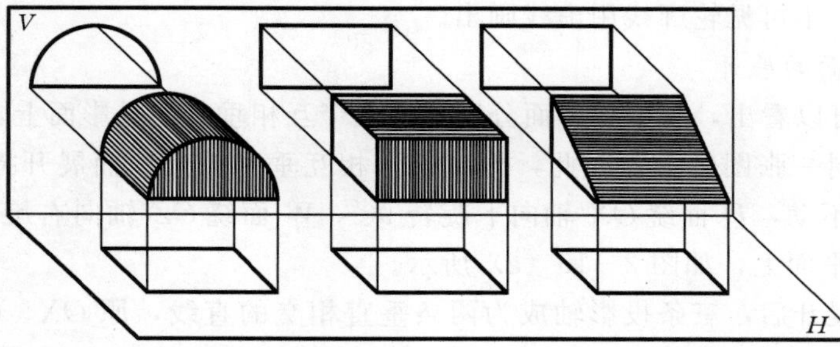

（a）　（b）　（c）

图 2-12　不同形体的二面投影

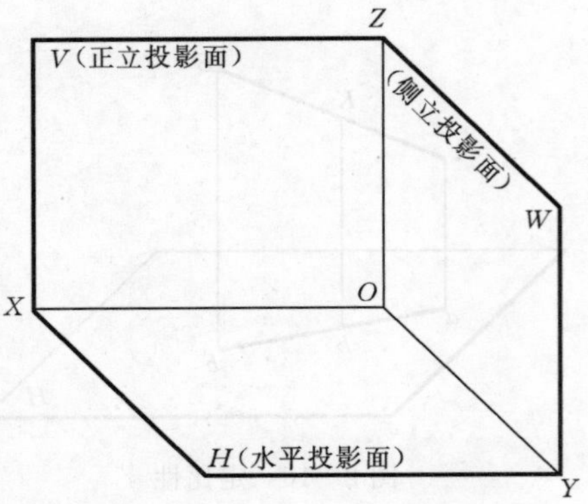

图 2-13 三投影面体系

体的三视图。

一、三视图的形成

(一) 三投影面体系的建立

三个投影面是指正立投影面、水平投影面、侧立投影面，这三个投影面互相垂直相交，称为三投影面体系，如图 2-13 所示。

正立投影面简称正面，用字母“V”表示。

水平投影面简称水平面，用字母“H”表示。

侧立投影面简称侧面，用字母“W”表示。

三个投影面之间的交线称为投影轴，其中 V 面与 H 面的交线称为 OX 轴；H 面与 W 面的交线称为 OY 轴；V 面与 W 面的交线称为 OZ 轴，三个投影轴 OX，OY，OZ 的交点 O 称为原点。

(二) 三视图的形成

现将物体置于三投影面体系中进行投影，为了使投影能反映物体表面的真实形状，尽量使物体的主要表面平行于投影面，安放时让物体的前、后表面平行于 V 面；上、下表面平行于 H 面；左、右表面平行于 W 面。然后用三组分别垂直于三个投影面的投影线对物体进行投影，得到物体的三视图。

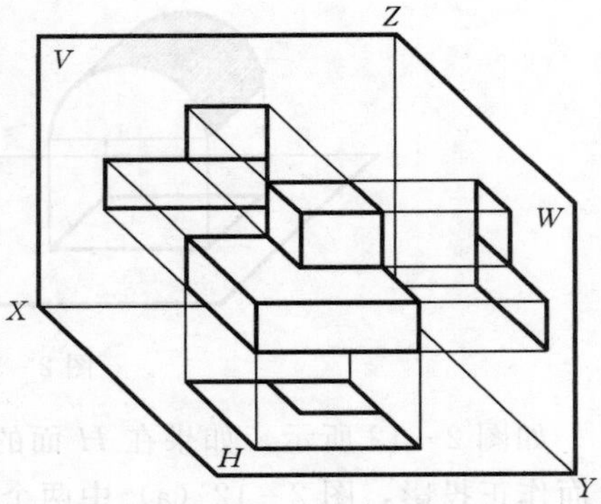

图 2-14 三视图的形成

投影线垂直于正立投影面（V 面），由前向后作投影，在正面上得到的投影图称为正视图或主视图，如图 2-14 所示。

投影线垂直于水平投影面（H 面），由上向下作投影，在水平面上得到的投影图称为俯视图，如图 2-14 所示。

投影线垂直于侧立投影面（W 面），由左向右作投影，在侧立面上得到的投影图称为左视图或侧视图，如图 2-14 所示。

SL 73—95《水利水电工程制图标准》规定：在三视图中，依投影方向，凡可见轮廓线用粗实线画出，不可见轮廓线用虚线画出。

(三) 三投影面的展开

从图 2-14 可以看出，三个投影面分别处在三个互相垂直的投影面上，而工程图样要求投影图均画在同一张图纸上。因此，需将三个相互垂直的投影面展开摊平成为一个平面。即 V 面保持不动，H 面绕 OX 轴向下旋转 90°，W 面绕 OZ 轴向右旋转 90°，使它们与 V 面处在同一平面上，如图 2-15 (a) 所示。

三个投影面展开后，三条投影轴成为两条垂直相交的直线，原 OX、OZ 轴的位置不变，OY 轴则分成两条，在 H 面上的用 OY_H 表示，在 W 面上的用 OY_W 表示。

展开后三个视图的位置关系是：俯视图在正视图的正下方，左视图在正视图的正右

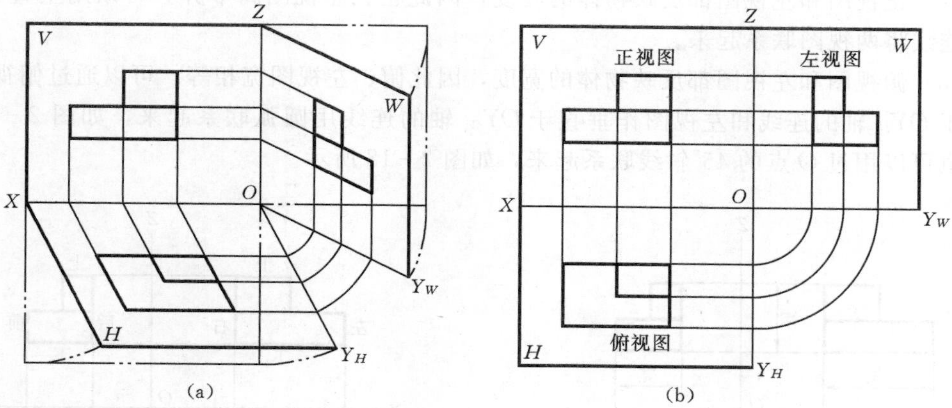

图 2-15　投影面的展开

(a) 展开；(b) 投影图

方，如图 2-15（b）所示。画物体的三视图时必须遵守这个位置关系。

作图时为了方便，一般不画投影面的边框线，三视图按上述投影关系配置时，不需标注图名，如图 2-16 所示。在工程图样中投影轴一般也不画出来，但在初学投影作图时，最好将投影轴保留，并用细实线画出。

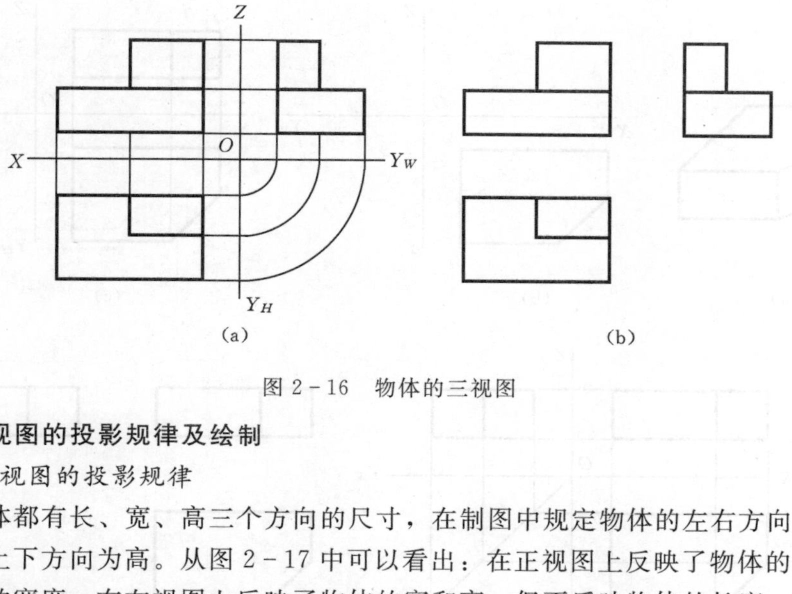

图 2-16　物体的三视图

二、三视图的投影规律及绘制

（一）三视图的投影规律

空间物体都有长、宽、高三个方向的尺寸，在制图中规定物体的左右方向为长，前后方向为宽，上下方向为高。从图 2-17 中可以看出：在正视图上反映了物体的长和高，但不反映物体的宽度；在左视图上反映了物体的宽和高，但不反映物体的长度；在俯视图上反映了物体的长和宽，但不反映物体的高度。

三视图是同一物体在同一位置分别向三个投影面所作的投影，所以三视图之间必然具有以下所述的投影规律：

（1）正视图和俯视图都反映物体的长度，因此正、俯视图长对正。可以用垂直于 OX 轴的连线将两视图联系起来。

（2）正视图和左视图都反映物体的高度，因此正、左视图高平齐。可以用垂直于 OZ 轴的连线将两视图联系起来。

（3）俯视图和左视图都反映物体的宽度，因此俯、左视图宽相等。可以通过俯视图作垂直于 OY_H 轴的连线和左视图作垂直于 OY_W 轴的连线用圆弧联系起来，如图 2-17 所示；也可以用过 O 点的 45°斜线联系起来，如图 2-18 所示。

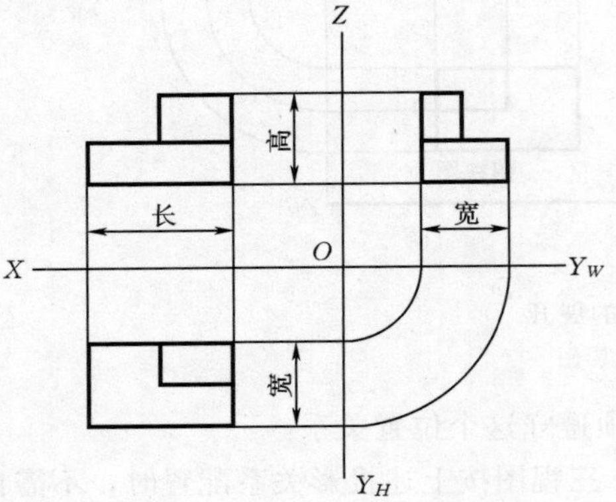

图 2-17 三视图的投影规律

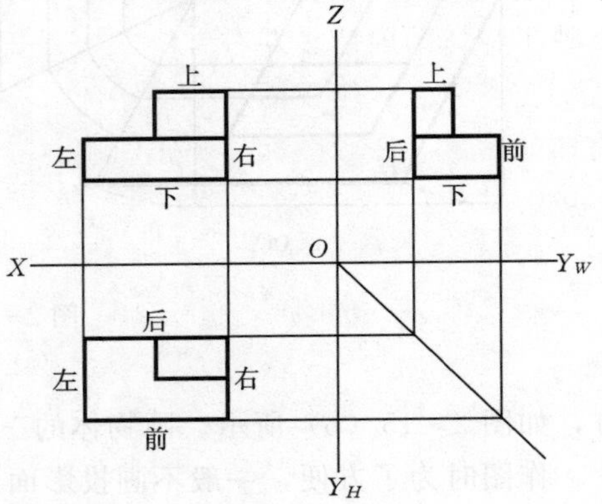

图 2-18 三视图的方位对应关系

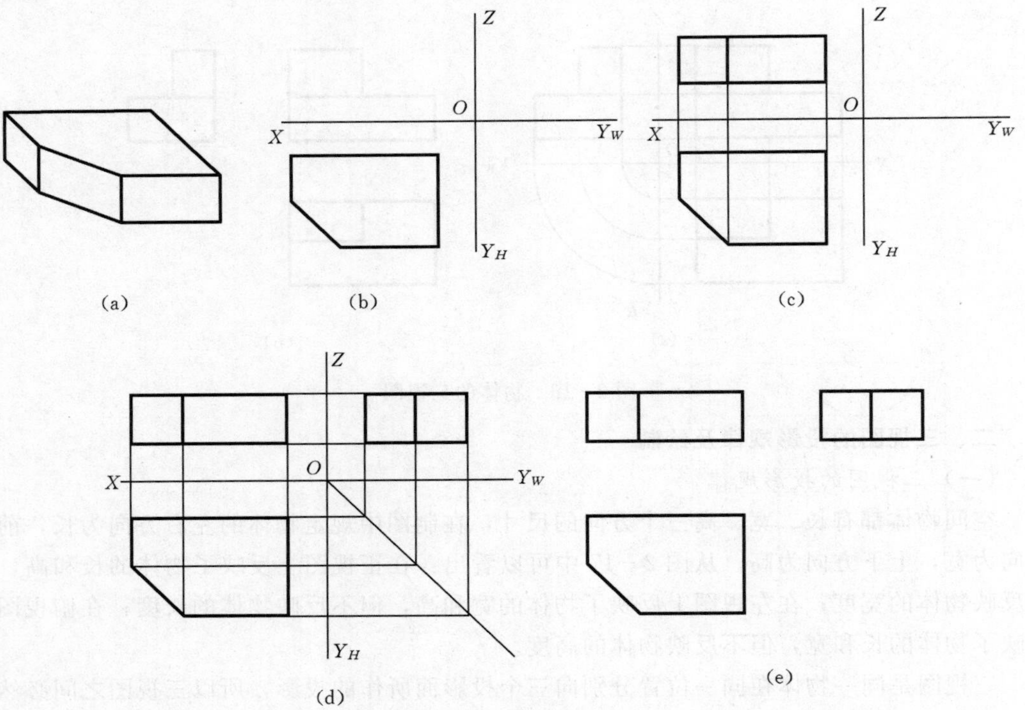

图 2-19 三视图的画法和步骤

（a）立体图；（b）画投影轴及俯视图；（c）根据长对正作正视图；（d）根据高平齐、宽相等作左视图；（e）擦去作图线，加深图形轮廓线简单地说，“长对正，高平齐，宽相等”称为三视图的投影规律。画图和读图时均须遵循这个最基本的投影规律。它不仅适用于物体的总体轮廓，也适用于物体的局部细节。

（二）三视图与物体方位的对应关系

当物体与投影面的相对位置确定之后，就有上下、左右和前后6个确定的方向，从三视图的形成过程可以看出：

正视图反映了物体的上下、左右方位；左视图反映了物体的前后、上下方位；俯视图反映了物体的前后、左右方位，如图2-18所示。

应当注意：俯视图和左视图中远离正视图的一边是物体的前面，靠近正视图的一边是物体的后面。在画图和读图中使用“宽相等”这一规律时，应注意物体在俯视图中的前后方位与其在左视图中的前后关系必须一致。

（三）三视图的画法

画物体的三视图，一般先画最能反映形体特征的视图，然后根据投影规律完成其他视图。

【例2-1】　按图2-19（a）所示立体图，作三视图。

作图过程如图2-19（b）～（e）所示。

【例2-2】　作出图2-20（a）所示立体的三视图。

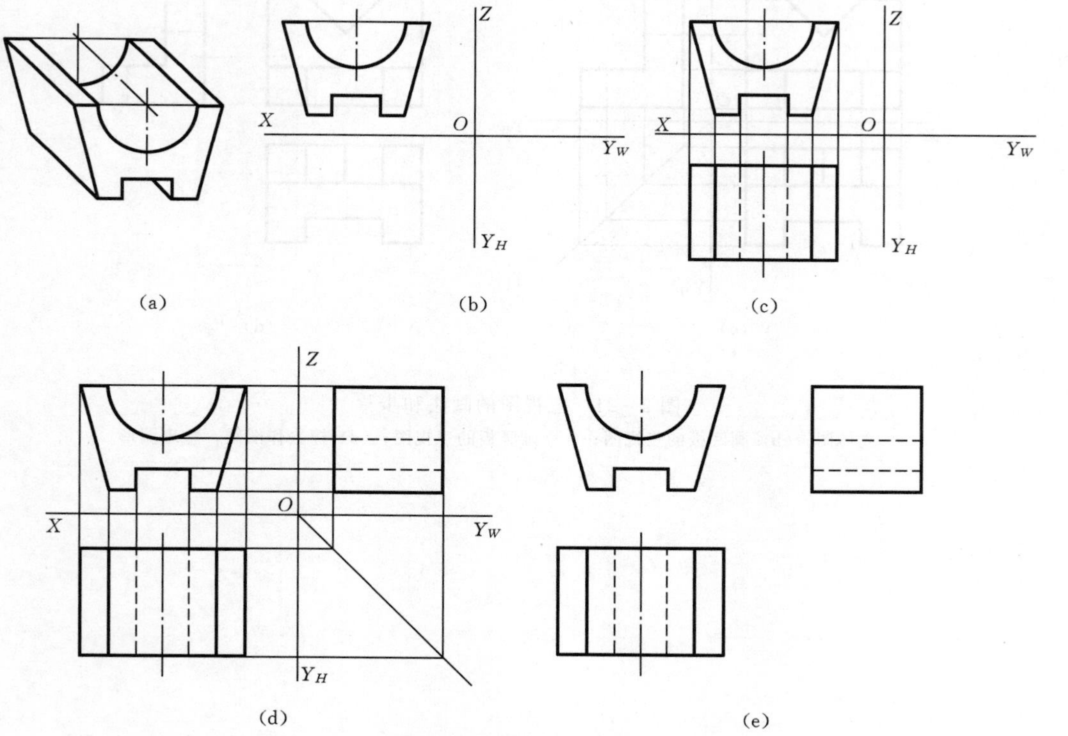

图2-20　三视图的画法和步骤

（a）立体图；（b）画投影轴及正视图；（c）根据长对正作俯视图；（d）根据高平齐、宽相等作左视图；（e）擦去作图线，加深图形轮廓线作图过程如图 2-20（b）～图 2-20（d）所示。

【例 2-3】 作出图 2-21（a）所示立体的三视图。

作图过程如图 2-21（b）～图 2-21（d）所示。

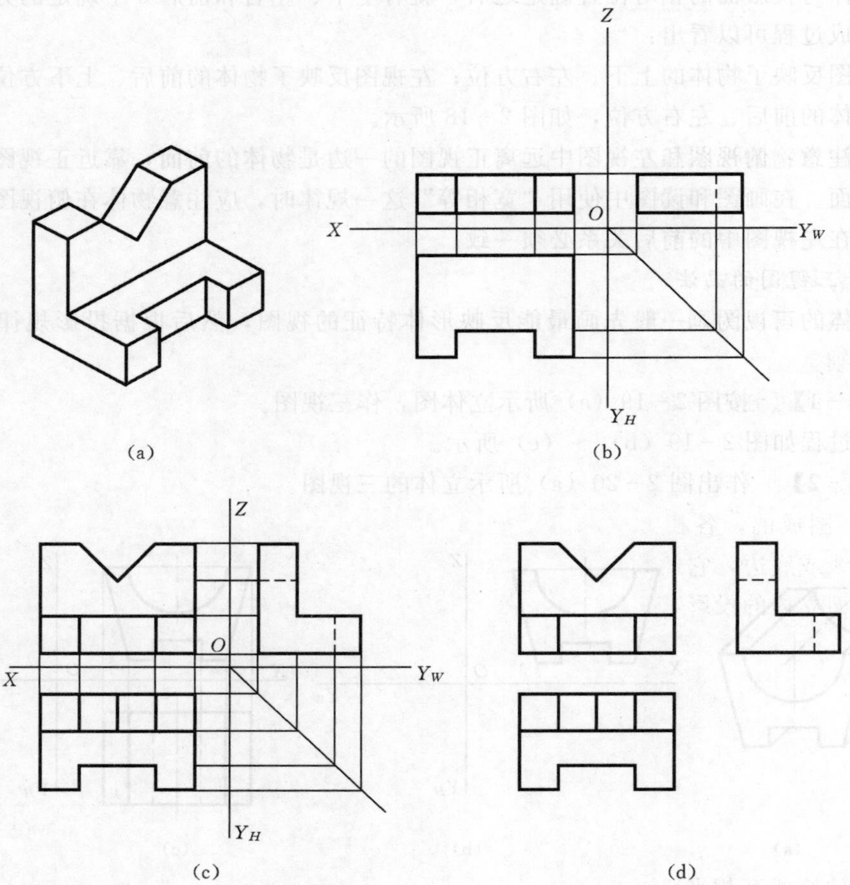

图 2-21　三视图的画法和步骤

（a）立体图；（b）画底板的三视图；（c）画竖板的三视图；（d）擦去作图线，整理图形

第三章　基本体的投影

水工建筑物的形状虽然是多种多样的，但总可以把它们分解成是由一些几何体组合而成的，如图 3-1 所表示的拱桥桥墩，就可以分析成由圆柱、六棱柱、圆锥台等几何体组成。这些最简单而且又有规则的几何体我们称之为基本形体。掌握了基本形体的投影特点，可以为画工程图和看工程图打下基础。

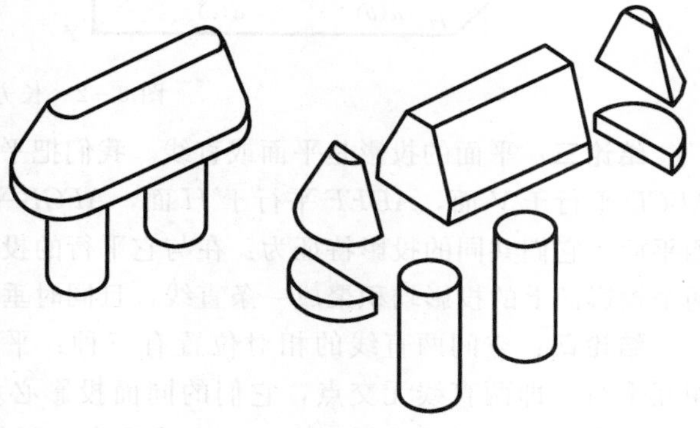

图 3-1　基本体

基本形体可分为平面体和曲面体两大类。

平面体的表面是由若干平面图形（多边形）围成的，各相邻表面之间的交线为棱线或底边，它们的交点称为顶点。画平面立体的投影，实际上就是画出平面立体上所有棱面和底面的投影。在画图前要分析各个棱面及底面对于投影面的位置及其投影性质。

棱柱和棱锥是最基本的平面立体。

第一节　棱柱的投影

棱柱的棱线互相平行，棱面都是四边形。

一、长方体（四棱柱）的投影

如图 3-2 所示，将长方体置于三面投影体系中，使其上下表面平行于 H 投影面，左右表面平行于 W 投影面，前后表面平行于 V 投影面。则长方体在三个投影面上的投影分别为反映底面实形的矩形。

分析：长方体的三面投影均为矩形。

结论一：点的投影仍为点。规定：空间点用大写字母标记；H 面投影用相应的小写字母标记；V 面投影用相应的小写字母右上角加一撇标记；W 面投影用相应的小写字母右上角加两撇标记。如 A 点的投影分别为 a、a'和 a''。

结论二：直线的投影是直线或点。我们把垂直于投影面的直线称为**投影面垂直线**，如 AB 垂直于 H 面，AF 垂直于 V 面，AD 垂直于 W 面，分别称为**铅垂线**、**正垂线**和**侧垂线**。它们共同的投影特征为：在与它垂直的投影面上的投影积聚成点，而在另外两个投影面上的投影均为反映实长的直线，且同时平行于一条投影轴。

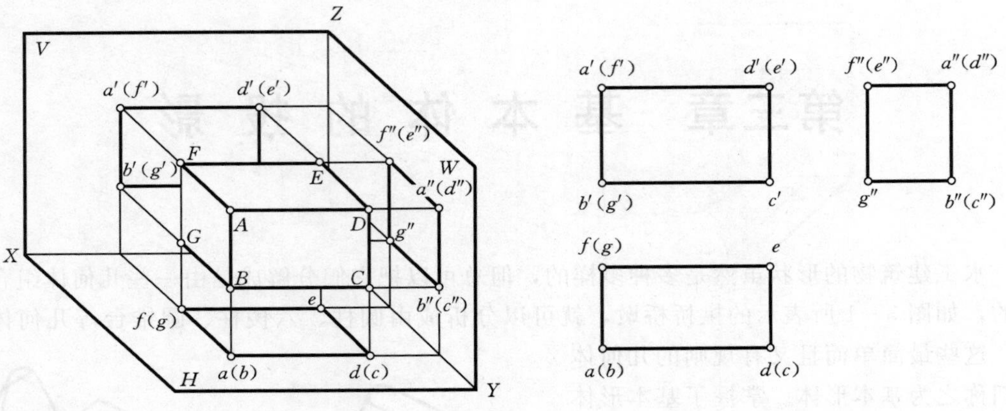

图 3-2 长方体

结论三：平面的投影是平面或直线。我们把平行于投影面的平面称为**投影面平行面**，如 *ABCD* 平行于 *V* 面，*ADEF* 平行于 *H* 面，*AFGB* 平行于 *W* 面，分别称为**正平面**、**水平面**和**侧平面**。它们共同的投影特征为：在与它平行的投影面上的投影反映平面的实形，而在另外两个投影面上的投影均积聚成一条直线，且同时垂直于一条投影轴，简称"一框两直线"。

结论四：空间两直线的相对位置有三种：平行、相交和交叉（异面）。如 *AB* 与 *DC* 相互平行，即两直线无交点，它们的同面投影必相互平行或重合；又如 *AB* 与 *BC* 相交，有共有点，它们的同面投影也必相交或重合；再如 *AB* 与 *DE* 既不平行也不相交，故它们是交叉两直线，这两条直线不在同一平面内。

二、正六棱柱的投影

图 3-3（a）所示为一正六棱柱，为了利用正投影的全等性和积聚性，使其上下底平行 *H* 面，前后棱面平行 *V* 面，此时六个棱面均垂直于 *H* 面。这样，上下底的水平投影反映实形，而且，正面、侧面投影均为水平直线段；六个棱面的水平投影积聚成六边形的六条边，其中前后两个棱面的正面投影为长方形，反映该棱面的实形，其侧面投影分别积聚成两直线段；其他四个棱面的正面投影和侧面投影也为长方形，但它是棱面的类似图形（注意左视图上的宽度应和俯视图上的对应宽度相等）。

画棱柱的视图时，通常是先画反映棱柱底面实形的那个视图，再根据投影关系画其他视图。六棱柱的作图步骤见图 3-3（c）～图 3-3（e）。

分析：

图中直线 *AD* 平行于 *H* 面，但与 *V*、*W* 面相互倾斜，像这样平行于一个投影面，而与另外两个投影面倾斜的直线称为**投影面平行线**。根据所平行的投影面不同，可细分为**水平线**（平行 *H* 面）、**正平线**（平行 *V* 面）、**侧平线**（平行 *W* 面）。图中直线 *AD*、*BC* 均为水平线。其投影特征可概括为：在与它平行的投影面上的投影反映实长，另外两个投影面上的投影均为长度缩短的直线，且同时垂直于一条投影轴。

图中平面 *ABCD* 垂直于 *H* 面，与 *V*、*W* 相互倾斜，像这样垂直于一个投影面，而与另外两个投影面倾斜的平面称为**投影面垂直面**。根据所垂直的投影面不同，可细分为**铅垂面**（垂直于 *H* 面）、**正垂面**（垂直于 *V* 面）和**侧垂面**（垂直于 *W* 面），图中平面 *ABCD*

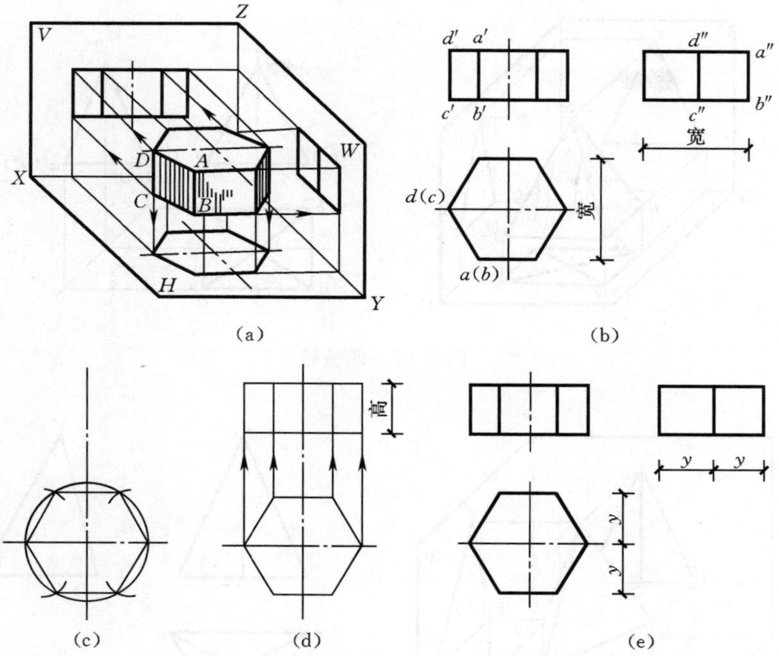

图 3-3　正六棱柱

即为铅垂面。其投影特征为：在与它垂直的投影面上的投影积聚成一条斜线，另外两个投影面上的投影均反映类似形，简称“两框一斜线”。

第二节　棱锥的投影

棱锥的棱线交于一点（顶点），各棱面皆为三角形。

一、棱锥的投影

（一）四棱锥的投影

图 3-4 是四棱锥和它的视图。其底面是长方形，平行于水平面；左、右两棱面垂直正立面；前、后两棱面垂直侧立面。四个棱面都是等腰三角形。

底面的水平投影反映实形——长方形。棱线的水平投影为长方形的两条对角线。四个棱面都倾斜于水平面，水平投影为其类似图形。

底面垂直正立面，正面投影积聚成一条水平直线段。左、右棱面也垂直正立面，正面投影积聚成两条斜线。前、后两棱面倾斜于正立面，正面投影成类似图形。且前、后棱面的正面投影重合。左视图可自行分析。画图时，一般先画底面的投影，再画棱线、棱面的投影。

如前所述，图 3-4 中 *SAB*、*SCD* 为正垂面，*SAD*、*SBC* 为侧垂面。它们共同的投影特征为：在与它垂直的投影面上的投影积聚成斜线，而在另外两个投影面上的投影均反映该平面的类似形。

图中四条棱线 *SA*、*SB*、*SC*、*SD* 与三个投影面均相互倾斜，在三个投影面上的投影

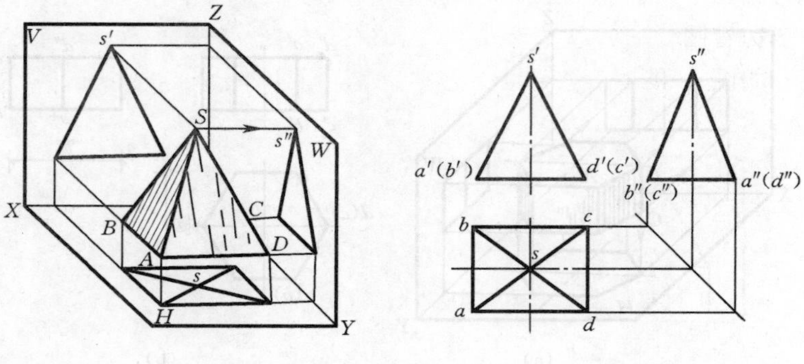

图 3-4 四棱锥

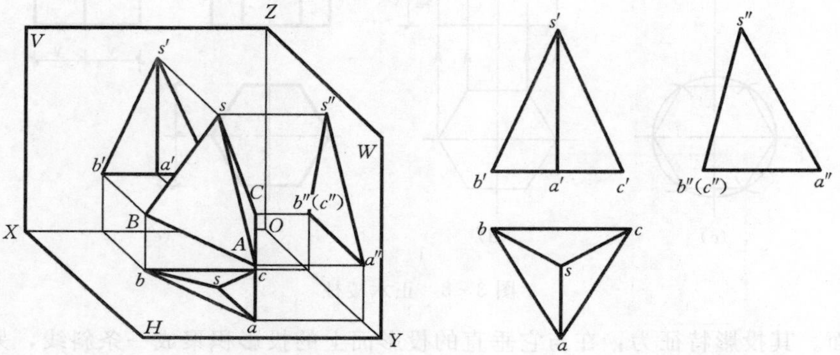

图 3-5 正三棱锥

均反映为长度缩短的直线。我们把与三个投影面均相互倾斜的直线称为**一般位置直线**，其投影特征为：三个投影面上的投影均反映类似性，即为长度缩短的直线。

（二）正三棱锥的投影

图 3-5 是正三棱锥和它的视图，其底面是正三角形 ABC，平行于水平面；前面的棱线 SA 平行于侧面，与正面、水平面相互倾斜；后面的棱面 SBC 垂直于侧面，与正面、水平面相互倾斜；左、右两棱面 SAB 和 SBC 与三个投影面均相互倾斜，在三个投影面上的投影均为三角形。

我们把与三个投影面均相互倾斜的平面称为**一般位置平面**，其投影特征为：三个投影面上的投影均反映类似形，即棱面 SAB、SBC 均为一般位置平面。

如前所述，图 3-5 中的棱线 SA 为侧平线。投影面平行线的投影特征为：侧面上的投影反映线段的实长，而在另外两个投影面上的投影均为长度缩短的直线，且同时垂直于一条投影轴。

综上所述，空间直线可分为两大类：一般位置直线和特殊位置直线，特殊位置直线又可分为投影面垂直线和投影面平行线。平面亦可分为一般位置平面和特殊位置平面，特殊位置平面又可分为投影面平行面和投影面垂直面。

二、棱台的投影

用平行于棱锥底面的平面将棱锥截断，去掉顶部，所得的形体称为棱台。因此，棱台的上、下底面为相互平行的相似形，而且所有棱线的延长线将汇交于一点。

为便于画图和看图，通常使其上、下底面平行于一个投影面，并尽量使一些棱面垂直于其他投影面。如图 3-6 是四棱台的三视图。图 3-7 是正三棱台的三视图。

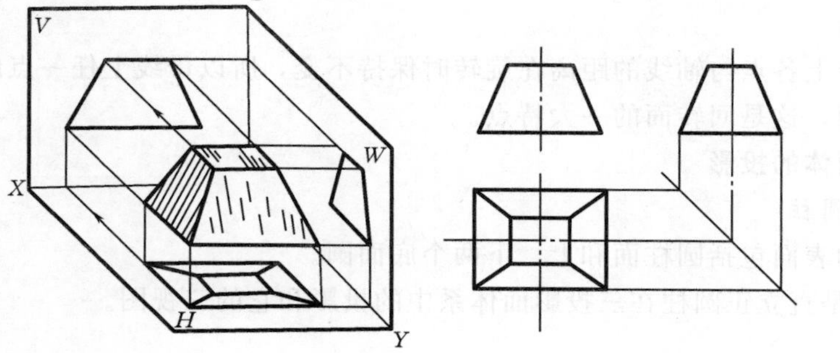

图 3-6 四棱台

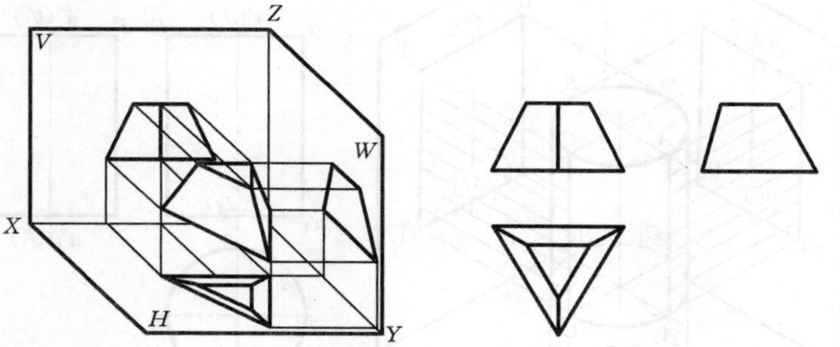

图 3-7 正三棱台

第三节 曲面体的投影

由曲面或曲面与平面围成的立体称曲面立体。最常见的曲面立体有圆柱、圆锥、圆球、圆环。

如图 3-8 所示，圆柱面［图 3-8（a）］是直线绕与它平行的轴线旋转而成；圆锥面

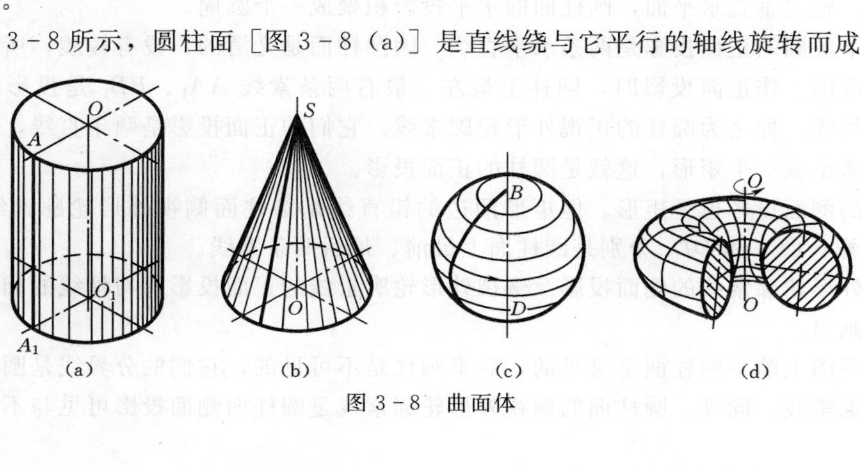

图 3-8 曲面体

［图 3－8（b）］是直线绕与之相交的轴线旋转而成；圆球面［图 3－8（c）］是圆周绕其直径旋转而成；圆环面［图 3－8（d）］是圆绕与其同一平面但不通过圆心的轴线旋转而成。这种由一条动线（直线或曲线）绕某一固定轴线旋转而成的曲面称为回转面，形成的立体称回转体。形成曲面的动线称为母线。母线在曲面上的任一位置时称之为素线，所以曲面是素线的集合。

由于母线上各点与轴线的距离在旋转时保持不变，所以母线上任一点的旋转轨迹为与轴线垂直的圆，这是回转面的一大特点。

一、曲面体的投影

（一）正圆柱

正圆柱的表面包括圆柱面和上、下两个底面圆。

图 3－9 是直立正圆柱在三投影面体系中的投影和它的三视图。

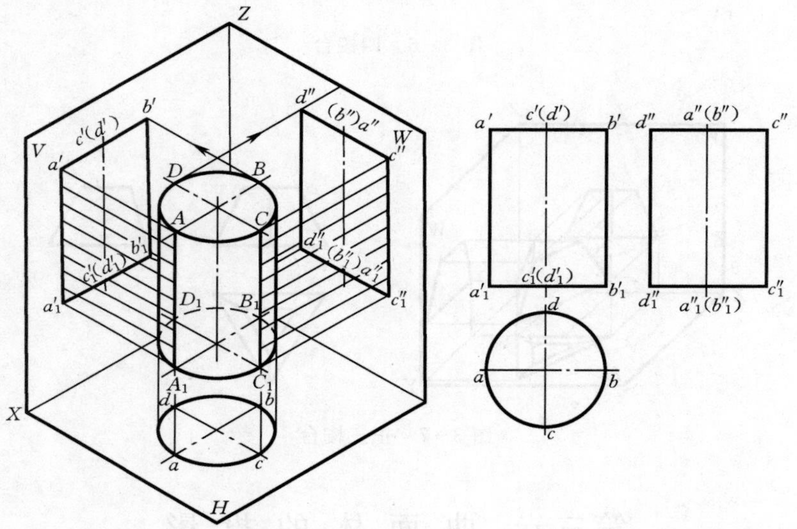

图 3－9 正圆柱

因上、下底面圆平行于水平面，它们的水平投影反映实形——圆，而且上、下底的投影重合。因轴线垂直水平面，圆柱面的水平投影积聚成一个圆周。

上、下底圆的正面投影是两条水平直线。因圆柱面是光滑的，没有棱线，所以只画出它的投影范围。作正面投影时，圆柱上最左、最右两条素线 AA_1、BB_1 是投影线平面与圆柱面的切线，称之为圆柱的正视外形轮廓素线。它们的正面投影是两条直线，和上、下底圆的投影组成一个矩形，这就是圆柱的正面投影。

圆柱的侧面投影也是矩形。但矩形两边的铅直线是圆柱面侧视外形轮廓素线 CC_1 和 DD_1 的投影，CC_1 和 DD_1 分别是圆柱面上最前、最后两条素线。

正视外形轮廓素线的侧面投影及侧视外形轮廓素线的正面投影皆与轴线的相应投影重合，不用画出。

在正视图上前半圆柱面是可见的，后半圆柱是不可见的，它们的分界线是圆柱面的正视外形轮廓素线。同理，圆柱面的侧视外形轮廓素线是圆柱面侧面投影可见与不可见的分界线。

画圆柱视图的步骤是：

(1) 画中心线、轴线。

(2) 画投影为圆的视图。

(3) 根据投影关系画其他二视图。

(二) 正圆锥

正圆锥的表面包括圆锥面和底面圆。图 3-10 中圆锥面的轴线垂直 H 面，底圆平行 H 面。

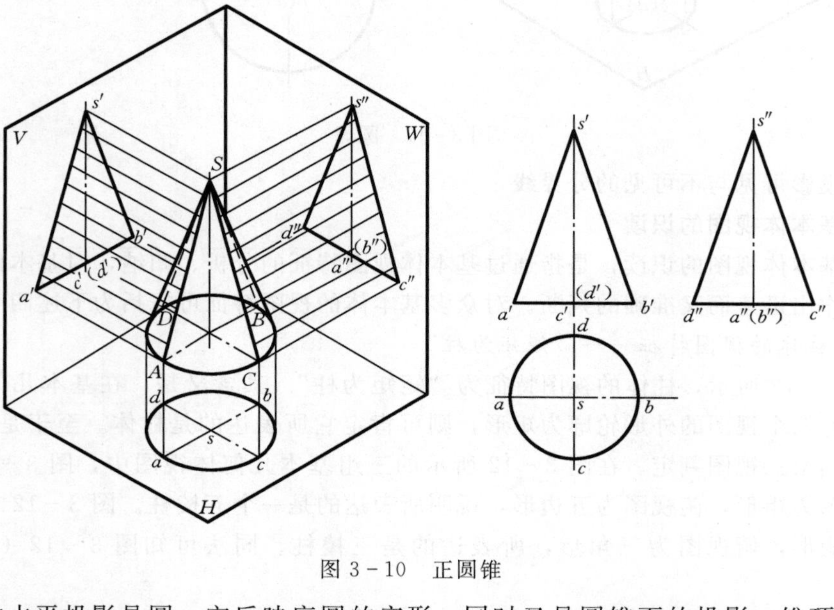

图 3-10 正圆锥

圆锥的水平投影是圆，它反映底圆的实形，同时又是圆锥面的投影。锥顶 S 的投影就是该圆的圆心。

圆锥的正面投影和侧面投影是两个相等的等腰三角形。三角形的底是底圆的投影，三角形的两个腰是圆锥外形轮廓素线的投影。正视外形轮廓线是锥面上最左、最右两条素线 SA、SB；侧视外形轮廓线是锥面上最前、最后两条素线 SC、SD。$s''a''$、$s''b''$和轴线的侧面投影重合，$s'c'$、$s'd'$和轴线的正面投影重合，都不用画出。

和圆柱一样，SA、SB 是圆锥正面投影可见与不可见部分的分界线，SC、SD 是侧面投影可见部分与不可见部分的分界线。

(三) 圆球

球的三个投影都是圆，它们的直径都等于球的直径（图 3-11）。球的正视外形轮廓素线为球面上平行于 V 面的最大圆 $ABCD$，俯视外形轮廓素线为球面上平行于 H 面的最大圆 $AECF$，左视外形轮廓素线为球面上平行于 W 面的最大圆 $BEDF$。它们在所平行的投影面上反映相应最大圆的实形，其他二投影与圆的中心线重合。平行于 V 面的圆 $ABCD$ 将球面分为前、后两半，前一半的正面投影可见，后一半正面投影不可见，故它是球面正面投影可见与不可见部分的分界线。同理，圆 $AECF$ 和圆 $BEDF$ 分别是球面水平投

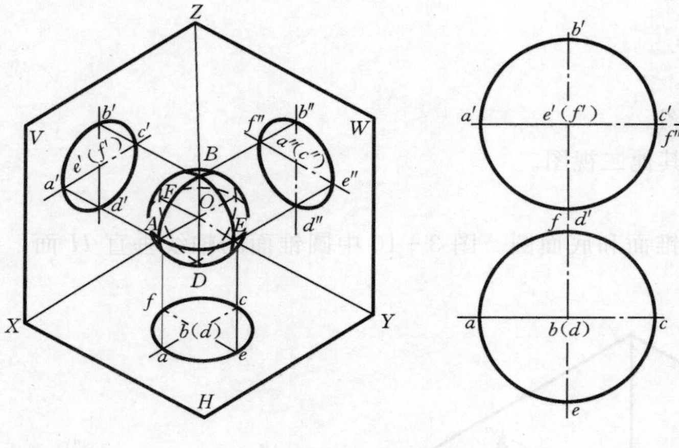

图 3-11 圆球

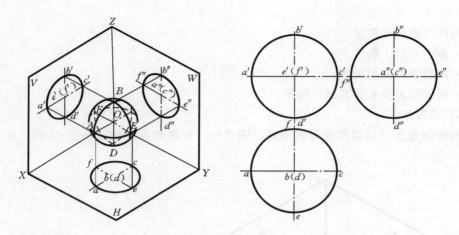

影和侧面投影可见与不可见的分界线。

二、基本体视图的识读

所谓基本体视图的识读，是指通过基本体视图特征的分析、归纳，对基本体视图所表达的对象作出迅速而又准确的判断。对众多基本体的视图特征可概括为下述四个方面。

（一）柱体的视图特征——“矩矩为柱”

如图 3-12 所示，柱体的视图特征为“矩矩为柱”。其含义是，在基本几何体的三视图中，如有两个视图的外形轮廓为矩形，则可肯定它所表达的是柱体。至于是何种柱体，可结合阅读第三视图判定。在图 3-12（a）是正、左视图为矩形，俯视图为五边形，说明所表达的是一个五棱柱。图 3-12（b）的正、左视图为矩形，俯视图为三角形，所表达的是三棱柱。同法可知图 3-12（c）所示为圆柱。

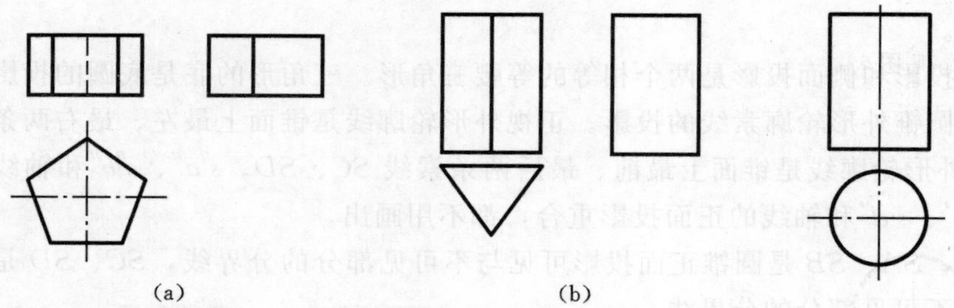

图 3-12 柱体的视图特征

（二）锥体的视图特征——“三三为锥”

如图 3-13 所示，锥体的视图特征可概括为“三三为锥”。即在基本几何体的三视图中，如有两个视图的外形轮廓为三角形，则可肯定它所表达的是锥体。至于是何种锥体，由第三视图确定。在图 3-13（a）中，正、左视图为三角形，俯视图为正六边形，故所表达形体为正六棱锥。在图 3-13（b）中，俯视图为长方形，故所表达形体为四棱锥。

在图 3-13（c）中，左视图为圆，故所表达形体为圆锥。

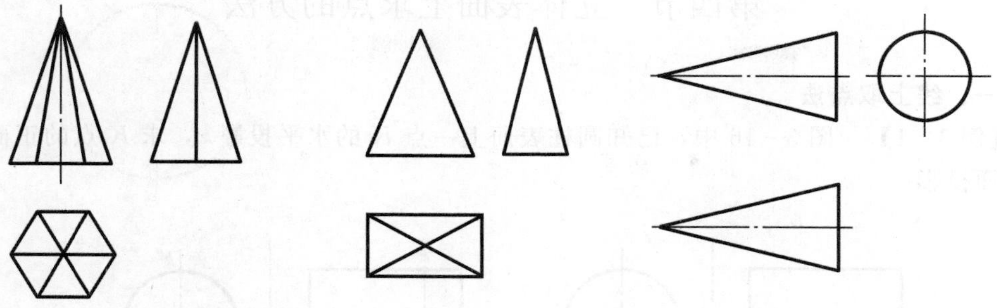

(a)　(b)　(c)

图 3-13　锥体的视图特征

（三）台体的视图特征——“梯梯为台”

如图 3-14 所示，台体的视图特征可概括为“梯梯为台”。即在基本几何体的三视图中，如有两个视图的外形轮廓为梯形，所表达的一定是台体，由第三视图可进一步确知其为何种台体。据此可知，图 3-14（a）所示为三棱台，图 3-14（b）所示为圆台。

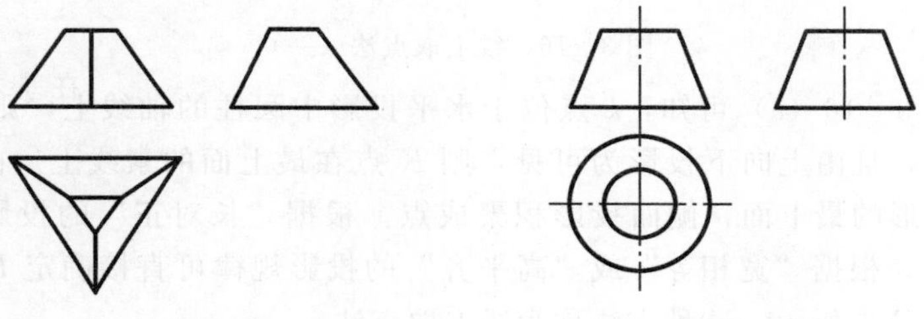

(a)　(b)

图 3-14　台体的视图特征

（四）球体的视图特征——“三圆为球”

如图 3-15 所示，球体的三个视图都具有圆的特征，即“三圆为球”。图 3-15（a）所示为圆球；图 3-15（b）所示为半球。

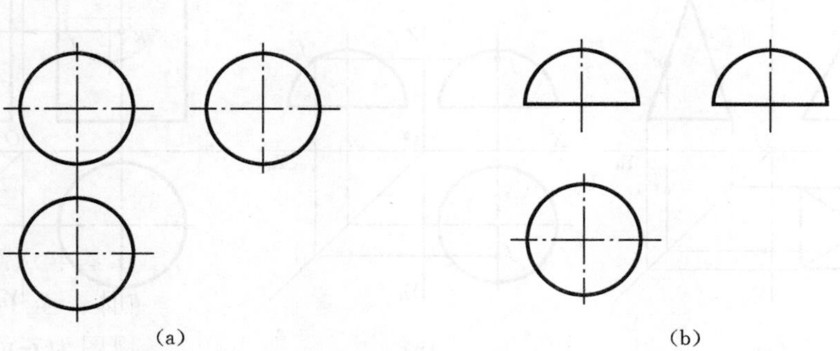

(a)　(b)

图 3-15　球体的视图特征

第四节 立体表面上求点的方法

一、线上取点法

【例 3-1】 图 3-16 中，已知圆柱表面上一点 K 的水平投影 k，求 K 点的正面投影和侧面投影。

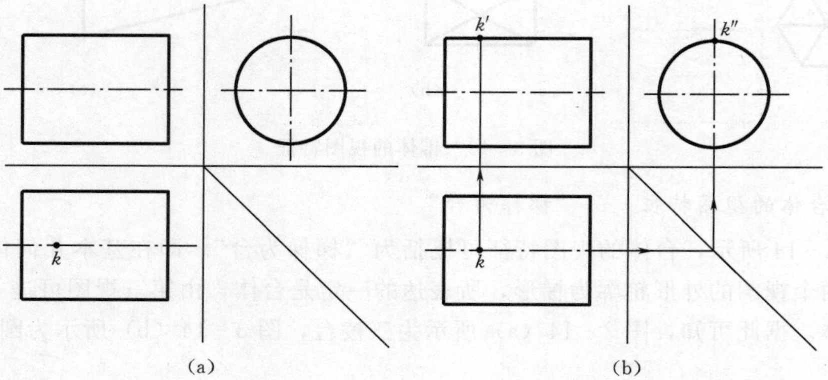

图 3-16 线上取点法（一）

分析：由图 3-16（a）可知，k 点位于水平投影中圆柱的轴线上，则 K 点在圆柱前后表面分界线上，且由上向下投影为可见，则 K 点在最上面的素线上。由于最上面素线的正面投影在矩形的最上面，侧面投影积聚成点。根据"长对正"的投影规律可确定 K 点的正面投影 k'，根据"宽相等"或"高平齐"的投影规律可直接确定 K 点的侧面投影 k''，如图 3-16（b）所示。这种方法称为线上取点法。

图 3-17 所示为各种不同基本体表面上用线上取点法作图的实例，如图 3-17（a）所示四棱锥左前方棱线上点 E 的水平投影、如图 3-17（b）所示半球表面上左右分界线上点 F 的侧面投影、如图 3-17（c）所示圆柱表面上最前方素线上 G 点的正面投影，均可用线上取点法求出另外两个投影面上的投影。

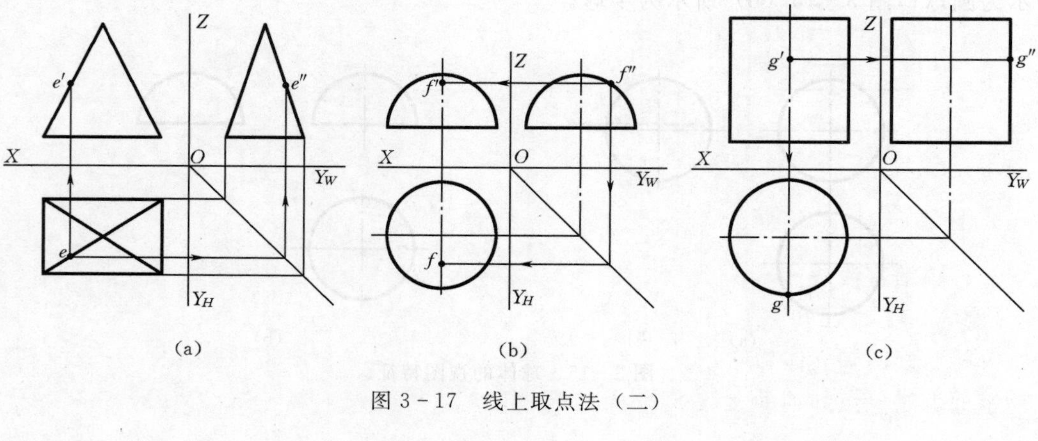

图 3-17 线上取点法（二）

二、积聚性法

【例 3-2】　已知立体表面上点 A 的正面投影，求它的其余两投影（图 3-18）。

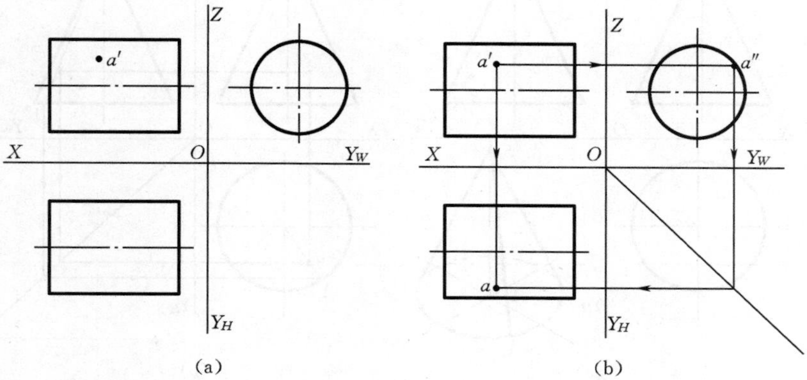

图 3-18　积聚性法（一）

分析：由图 3-18（a）可知，点 a' 不在圆柱表面上某一条特殊位置素线上，所以不能用线上取点法求解。但由于圆柱面垂直于侧面，在侧面上投影具有积聚性，则位于柱面上的点的侧面投影均积聚在圆周上。根据“高平齐”的投影规律作一条线，与圆周有两个交点，前面（远离正视图）的交点即为所求 A 点的侧面投影 a''。（若正面投影不可见，则为后面的交点。）根据“长对正”和“宽相等”的投影规律可求得 A 点的水平投影，由正面投影知，A 点在上半个圆柱上，故水平投影 a 可见，如图 3-18（b）所示。这种方法称为积聚性法。当点所在的表面具有积聚性投影时均可采用此方法。

图 3-19 所示是用积聚性法求四棱台表面上点的投影。

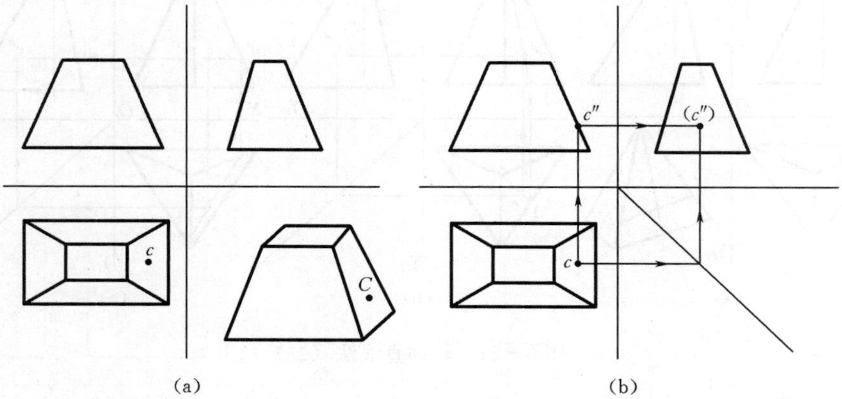

图 3-19　积聚性法（二）

三、辅助直线法

【例 3-3】　已知点 A 的侧面投影，求其正面投影及水平投影（图 3-20）。

分析：读图知立体为圆锥，点 A 位于左前 1/4 圆锥面上，锥面不具积聚性，故需先作出锥面上过该点的辅助素线 $S1$ 的侧面投影 $s''1''$，根据投影规律作出辅助素线的水平投

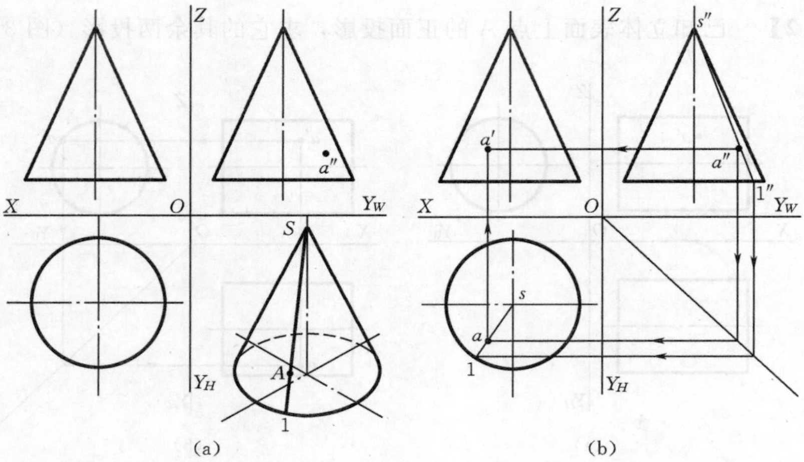

图 3-20 辅助直线法（一）

影 $s1$，再求出辅助素线上点 A 的投影水平投影 a，然后根据点的两面投影作出点的正面投影 a'。作图过程如图 3-20 所示，此法称为辅助直线法。因作图时锥面上的直线只有素线，故在锥面上作图时又称为辅助素线法。

图 3-21 是用辅助直线法求三棱锥表面上点的投影的两种作法。如图 3-21（b）所示辅助线 $S1$ 为过锥顶点的一条直线；如图 3-21（c）所示，辅助线 MN 平行于底面边线。作图时先作辅助直线的投影，再求辅助直线上点的投影，如图 3-21 所示。

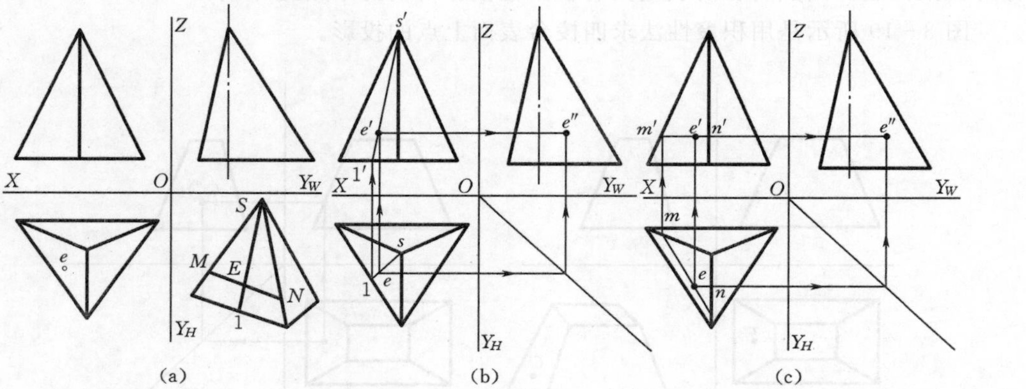

图 3-21 辅助直线法（二）

四、辅助圆法

【例 3-4】 已知点 A 的正面投影，求其水平投影和侧面投影（图 3-22）。

分析：读图知立体为圆锥，轴线垂直于 H 面，点 A 位于左后 1/4 圆锥面上。除考虑用上例所用辅助素线法外，也可先作过 A 点的辅助圆（动母线上任一点的运动轨迹为一圆），再作辅助圆上点的投影，作图过程如图 3-22 所示。此法称为辅助圆法。辅助圆法适用于圆锥面、圆球面上取点。前者辅助圆必垂直于圆锥轴线；后者应尽量使辅助圆平行

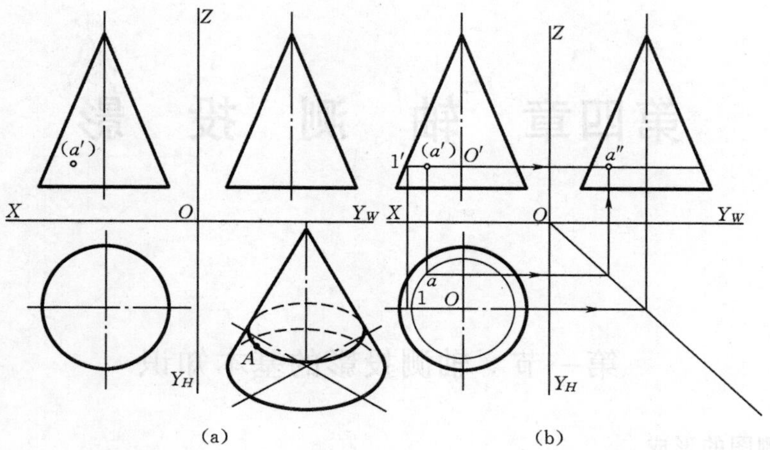

图 3-22 辅助圆法

于投影面，以方便作图。

需要注意：所有立体表面上点的投影求出后，都要判别其可见性。

第四章　轴　测　投　影

第一节　轴测投影的基本知识

一、轴测图的形成

前面已经学过三面投影图的形成及画法，如图 4-1（a）所示，这是一个非常简单的物体——正方体的三面投影图。不难发现，每个投影图只能反映物体沿一个投影方向的形状及两个方向的尺寸，必须综合分析三个图形才能读懂该物体三个方向的形状和尺寸，立体感较差，对于没有学过正投影理论的人来讲，这样一个简单物体读起来也是有一定困难的。如果将其画成图 4-1（b）所示的形式，则很容易读懂，这就是下面将要学习的用轴测投影的方法画出的轴测投影图（简称轴测图）。

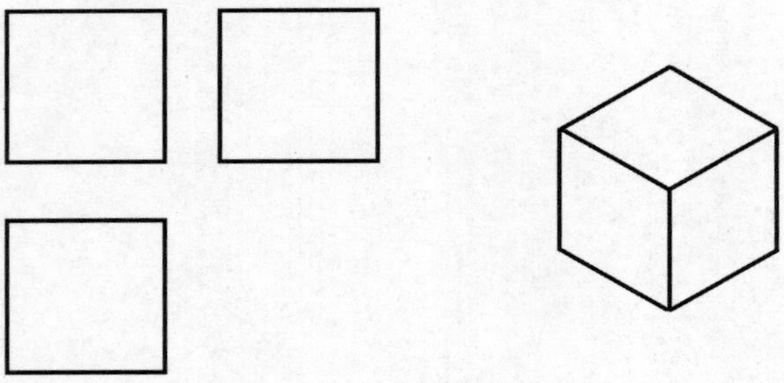

(a)　　(b)

图 4-1　正方体的投影图及轴测图

观察图 4-1（b）可知，该图形能在一个投影面上同时反映出物体长、宽、高三个方向的尺寸，立体感较强。但同时也发现原本为长方形的三个表面均发生了变形，尺寸的测量性变差，绘制过程也变得比较麻烦，因此，在工程制图中，仅将其作为一种辅助图样。

轴测投影就是将空间物体及确定其空间位置的直角坐标系，沿不平行于任一坐标面的方向，用平行投影法投射到一个投影面 P 上而得到图形的方法，该图形就是轴测图。若投射方向线与投影平面垂直，为正轴测投影法，所得图形称为正轴测图，如图 4-2（a）所示；若投射方向线与投影平面倾斜，为斜轴测投影法，所得图形称为斜轴测图，如图 4-2（b）所示。

二、基本术语

（1）轴测投影面：得到轴测投影的单一投影面，即前述 P 平面。

（2）轴测投影轴：三条坐标轴 OX、OY、OZ 在轴测投影面 P 上的投影 O_1X_1、O_1Y_1、O_1Z_1，称为轴测投影轴，简称轴测轴，如图 4-2 所示。

（3）轴间角：两轴测轴之间的夹角称为轴间角，如图 4-2 中的 $\angle X_1O_1Y_1$、$\angle Y_1O_1Z_1$、$\angle Z_1O_1X_1$。

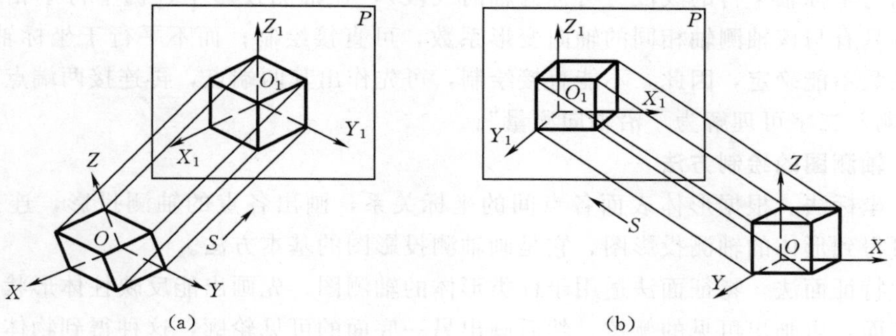

图 4-2　轴测投影图的形成

（4）轴向变形系数：轴测轴上的单位长度与相应坐标轴上的单位长度的比值，称为轴向变形系数。OX、OY、OZ 轴的轴向变形系数分别表示为：$p=O_1X_1/OX$，$q=O_1Y_1/OY$，$r=O_1Z_1/OZ$。

轴间角和轴向变形系数是轴测投影中两个最基本的要素，不同类型的轴测图表现为不同的轴间角和轴向变形系数。

三、轴测投影的分类

如前所述，根据投射方向线与投影面的方向不同，轴测投影可分为正轴测投影和斜轴测投影两大类。每一类又根据轴间角和轴向变形系数的不同分为三种：

（1）正（或斜）等测投影：三个轴向变形系数均相等，即 $p=q=r$。

（2）正（或斜）二测投影：仅有两个轴向变形系数相等，如 $p=r\neq q$。

（3）正（或斜）三测投影：三个轴向变形系数均不相等，即 $p\neq q\neq r$。

图 4-3 所示为三种常见的轴测图，本书仅介绍正等轴测图和斜二测图的画法。

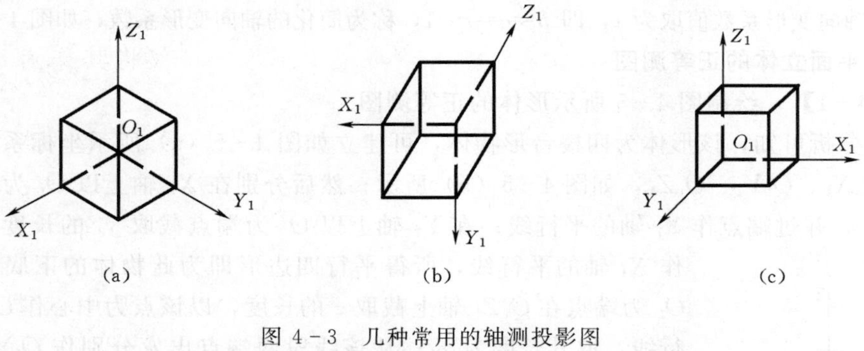

图 4-3　几种常用的轴测投影图

（a）正等轴测图；（b）水平斜等测图；（c）正面斜二测图

四、轴测图的基本特性

（1）平行性——空间相互平行的直线，其轴测投影仍相互平行。

（2）定比性——物体上两平行线段长度之比在轴测图上保持不变。

（3）从属性——空间属于某平面的线段，在轴测投影中仍属于该平面。

（4）真实性——物体上平行于轴测投影面的平面，在轴测图中反映真形。

空间与坐标轴平行的线段（可称为轴向线段），在轴测投影中，仍平行于相应的轴测轴，同时具有与该轴测轴相同的轴向变形系数，可直接绘制；而不平行于坐标轴的线段，其变形系数不能确定，因此，不能直接绘制，可先作出其两端点，再连接两端点得到。可见，“轴测”二字可理解为“沿轴向测量”。

五、轴测图的绘制方法

（1）坐标法。根据形体表面各点间的坐标关系，画出各点的轴测投影，连接各相应点，便可得到形体的轴测投影图。它是画轴测投影图的基本方法。

（2）特征面法。特征面法适用于柱类形体的轴测图。先画出能反映柱体形状特征的一个可见底面，再画出可见的侧棱，然后画出另一底面的可见轮廓，这种得到物体轴测图的方法称为特征面法。

（3）叠加法。绘制叠加类组合体的轴测图时，可将其分为几部分，然后根据各组成部分的相对位置关系及表面连接方式分别画出各部分的轴测图，进而完成整个形体的轴测图。

（4）切割法。绘制切割类物体（一般由基本体，多为长方体切割而成），可先画出基本体的轴测图，再逐次切去各相应部分，便可得到所需形体的轴测图。

（5）综合法。对于较复杂的形体，可根据其特征，综合运用上述方法绘制其轴测图。

第二节 正等测图的画法

正等轴测图是正轴测图中的一种。此时投射方向线与 P 平面垂直，且 OX、OY、OZ 三条坐标轴均与 P 平面夹相同的角度，三个轴向变形系数均相等，常简称为正等测图或正等测。

一、正等测图的轴间角和轴向变形系数

正等测中三个轴间角相等，均为 120°；三个轴向变形系数也相等，均为 0.82，为简化作图，常将轴向变形系数值取为 1，即 $p=q=r=1$，称为简化的轴向变形系数，如图 4-4 所示。

二、平面立体的正等测图

【例 4-1】 绘制图 4-5 所示形体的正等测图。

解：分析可知，该形体为四棱台形物体，可建立如图 4-5（a）所示坐标系；作三条轴测轴 O_1X_1、O_1Y_1、O_1Z_1，如图 4-5（b）所示；然后分别在 X_1 轴上以 O_1 为中心截取 x_2 的长度，并过端点作 Y_1 轴的平行线；在 Y_1 轴上以 O_1 为端点截取 y_2 的长度，过该点作 X_1 轴的平行线，所得平行四边形即为此物体的下底面；再以 O_1 为端点在 O_1Z_1 轴上截取 z 的长度，以该点为中心作 O_1X_1 的平行线，取其长度为 x_1；从该线段两端点出发分别作 O_1Y_1 的平行线，取其长度为 y_1，连接后得平行四边形，即为此物体的上底面；用直线连接上下底面，即得此棱台形物体，如图 4-5（d）所示。图中未画出不可见轮廓线，但并不影响读图，所以轴测图中一般不画虚线。

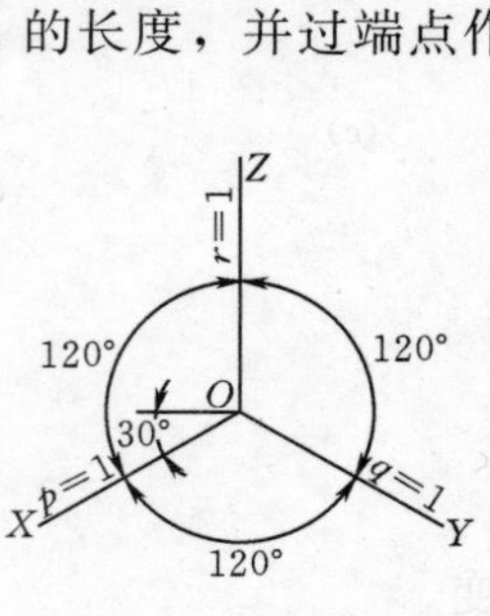

图 4-4 正等测图的轴间及轴向变形系数

绘制轴测图时，原点 O_1 可选在形体的任意位置，但为了作图方便，往往选择在形体的某一顶点或较易确定其余主要定位点处，如图 4-6 所示。

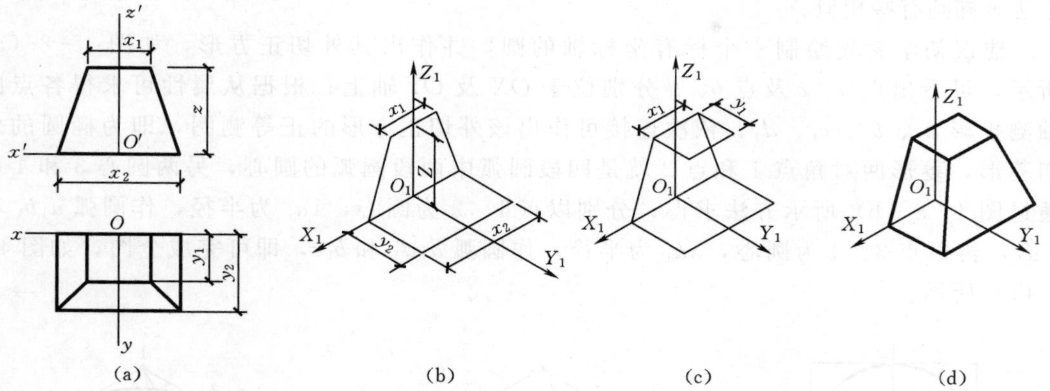

图 4-5 坐标法绘制正等测图

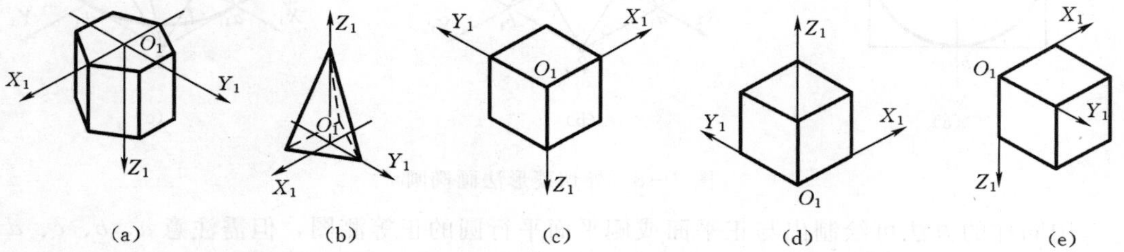

图 4-6 轴测轴的几种设置

【例 4-2】 如图 4-7（a）所示，用特征面法画八边形柱体的正等测图。

分析：该形体是直棱柱体，正视图是特征视图，底面是正平面。本题选前底面上 A 点为起画点，先画出前底面，再画可见棱线，然后画出后底面，完成作图。

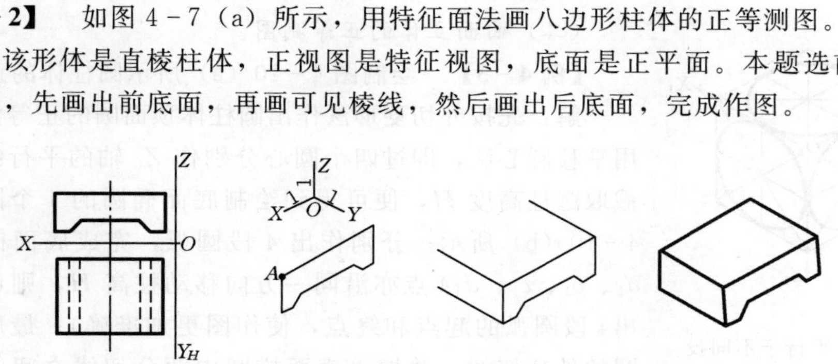

图 4-7 特征面为八边形柱体的正等测图

（a）视图；（b）画参照轴测轴；（c）画可见棱线；（d）画后底面并完成特征面轴测图

三、圆及曲面立体的正等测图

（一）圆的正等测图

在正等测图中，因为形体的三个坐标面均与轴测投影面 P 倾斜，所以平行于任一坐标面的圆，其轴测投影均为椭圆。

下面以平行于水平面的圆为例，介绍其正等测图的常用画法——外切菱形法。该方法是一种用四段圆弧近似代替椭圆这个非圆曲线的近似画法，与在制图基础部分介绍的四圆心法画椭圆有些相似。

建议初学者先绘制一个标有坐标轴的圆，并作出其外切正方形，如图 4－8（a）所示，可看出点 a、c 及点 b、d 分别位于 OX 及 OY 轴上；根据从属性可求得各点的轴测投影 a_1、b_1、c_1、d_1，依次连接可作出该外切正方形的正等测图，即为椭圆的外切菱形，菱形两对角点 1 和点 2 就是四段圆弧中两段圆弧的圆心，另两圆心 3 和 4 可通过图 4－8（b）所示方法求得；分别以点 1、2 为圆心，$1a_1$ 为半径，作圆弧 a_1b_1 和 c_1d_1，再以点 3、4 为圆心，$3a_1$ 为半径，作圆弧 a_1d_1 和 b_1c，即可完成全图，如图 4－8（c）所示。

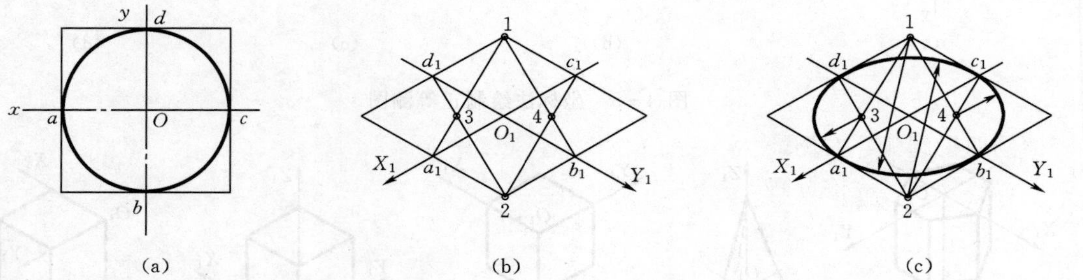

图 4－8 外切菱形法画椭圆

用同样的方法可绘制出与正平面或侧平面平行圆的正等测图，但需注意 a、b、c、d 4 点所在轴，外切正方形的 4 条边也应平行于相应轴。与各投影面平行圆的正等测图可参见图 4－9。

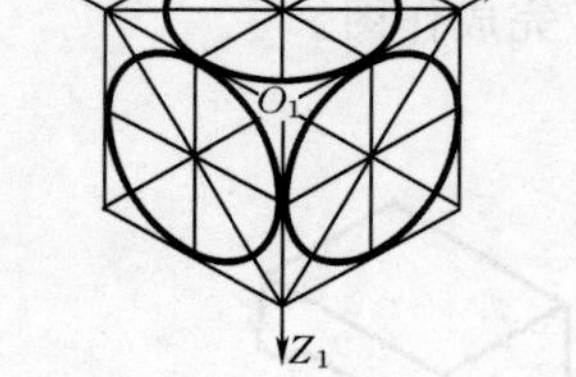

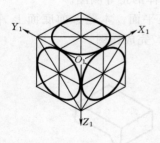

图 4－9 平行于不同投影面的圆的正等测图

（二）曲面立体的正等测图

【例 4－3】 绘制图 4－10（a）所示圆柱体的正等测图。

解：先按外切菱形法作出圆柱体顶面圆的正等测图，然后用平移圆心法，即过四个圆心分别作 Z_1 轴的平行线，并依次截取圆柱高度 H，便可得到绘制底面椭圆的 4 个圆心，如图 4－10（b）所示；分别作出 4 段圆弧，完成底面椭圆（若将 a_1、b_1、c_1、$d_1$4 点亦沿同一方向移动柱高 H，则可同时确定出4 段圆弧的起点和终点，使作图更加准确）；最后作出两椭圆的外公切线，并擦去底面椭圆中两公切线之间的不可见部分，即可完成全图，如图 4－10（c）所示。

若绘制竖放圆台的正等测图，可分别用外切菱形法作出顶、底两圆的正等测图及其外公切线，并擦去底面椭圆中两公切线之间的不可见部分即可。

【例 4－4】 作图 4－11（a）所示带两圆角长方体的正等测图。

解：先绘制出不带圆角长方体的正等测图，如图 4－11（b）所示，然后在上表面与两圆角所切的边线上，分别截取圆角半径，可得 4 个切点 1、2、3、4，再分别过这 4 个切点作其所在边的垂线，可得到两个交点 O_1 和 O_2，分别以 O_1 和 O_2 作圆心，$1O_1$ 和 $3O_2$ 为半径，作圆弧 12 和 34 可得到如图 4－11（c）所示图形；接下来用平移圆心法可作出下

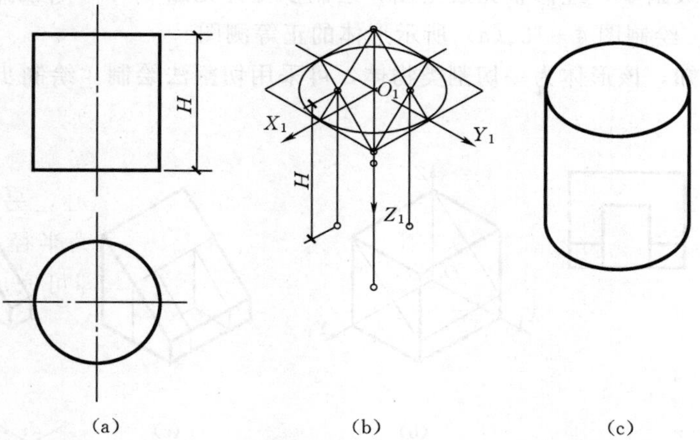

图 4-10 圆柱体的正等测图

表面的两段圆弧，右侧圆角也是通过作上下两表面圆弧的公切线完成的，如图 4-11（d）所示；经修整，完成全图，如图 4-11（e）所示。

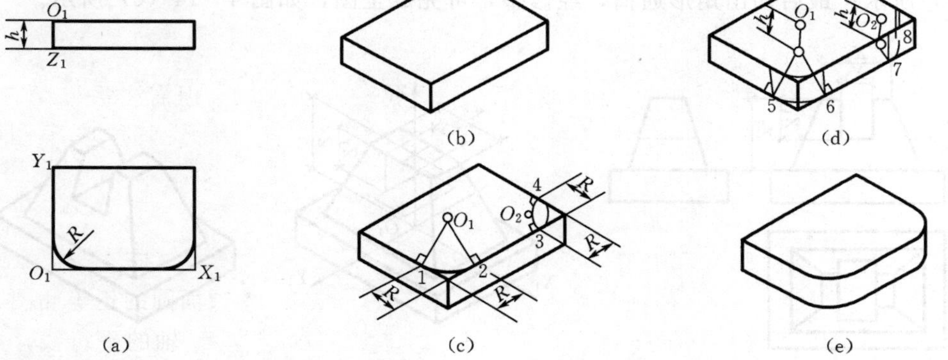

图 4-11 带圆角的长方体正等测图

四、组合体的正等测图画法

【例 4-5】 绘制图 4-12（a）所示台阶的正等测图。

解：分析可知，该台阶由三部分组成，可采用叠加法绘制。首先可直接绘制出拦板，

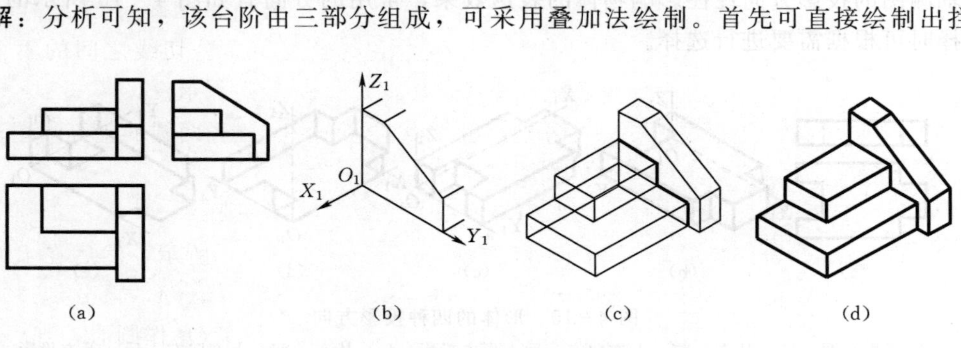

图 4-12 台阶的正等测图

然后分别绘制两级踏步，经修整完成全图，绘制步骤详见图 4-12（b）、（c）、（d）。

【例 4-6】 绘制图 4-13（a）所示形体的正等测图。

解：分析可知，该形体为一切割类物体，可采用切割法绘制。绘制步骤详见图 4-13（b）、（c）、（d）。

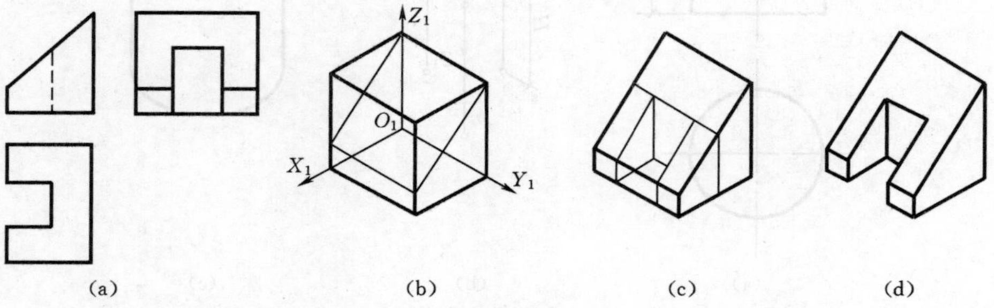

图 4-13 切割体的正等测图

【例 4-7】 绘制图 4-14（a）所示形体的正等测图。

解：分析可知，该形体为一较复杂组合体，应采用综合法绘制。可先绘制出底板。再用坐标法绘制出上部形体的基本体（该例为四棱台），并确定出矩形槽底面位置，如图 4-14（b）所示；最后切出矩形通槽，经修整，可完成全图，如图 4-14（c）所示。

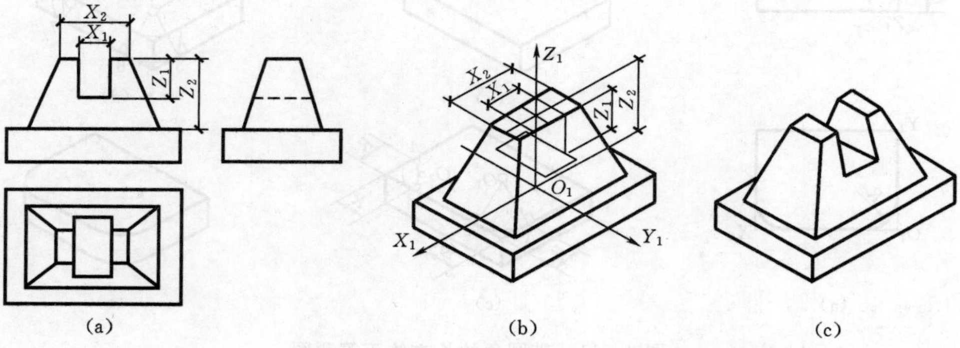

图 4-14 综合类形体的正等测图

五、正等测图方向的选择

轴测图的投影方向往往影响物体的表达效果，常用的方向有如图 4-15 所示的 4 种，在选择时可根据需要进行选择。

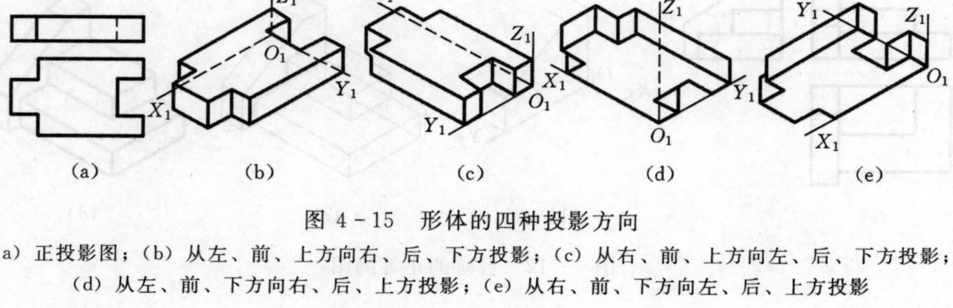

图 4-15 形体的四种投影方向

（a）正投影图；（b）从左、前、上方向右、后、下方投影；（c）从右、前、上方向左、后、下方投影；（d）从左、前、下方向右、后、上方投影；（e）从右、前、下方向左、后、上方投影

第三节　斜二测图的画法

一、斜二测图的轴间角和轴向变形系数

斜二测图是斜轴测图中的一种。绘制斜轴测图一般使物体正放，主要端面平行于 P 平面，投射方向线与 P 面倾斜。

绘制斜二测图，常以正立投影面或其平行面作为轴测投影面，所得图形称正面斜二测图。此时，轴测轴 O_1X_1 及 O_1Z_1 方向不变，仍分别沿水平及竖直方向，其轴向变形系数 $p=r=1$；O_1Y_1 轴一般与 O_1X_1 轴的夹角为 45°，轴向变形系数 $q=0.5$，如图 4－16 所示。图中列出了原点位于形体两个不同位置的情况，根据具体情况，还可将三轴测轴任意反向。

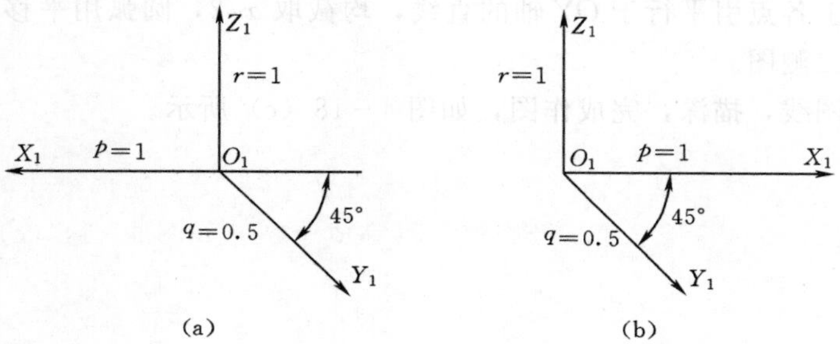

图 4－16　正面斜二测图的轴间角及轴向变形系数

二、斜二测图的画法

【例 4－8】　作图 4－17（a）所示物体的斜二测图。

解：该物体正视图反映形状特征，用叠加法作图。先从前端面开始作Ⅰ、Ⅱ两部分的斜二测图，宽度取 $y/2$，如图 4－17（b）所示。再作Ⅲ的斜二测图，其中Ⅰ、Ⅱ两部分的前端面之距取 $y_1/2$，Ⅲ的宽度取 $y_2/2$，如图 4－17（c）所示。最后擦去作图线，描深，完成作图，图 4－17（d）所示。

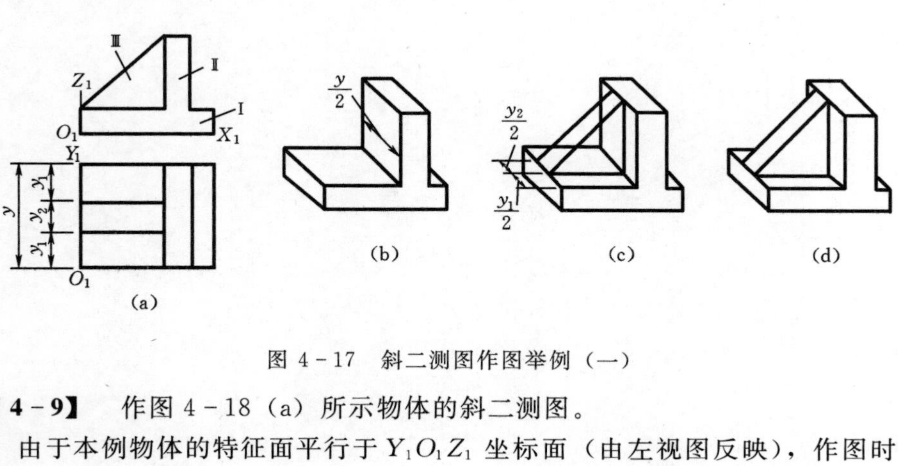

图 4－17　斜二测图作图举例（一）

【例 4－9】　作图 4－18（a）所示物体的斜二测图。

解：由于本例物体的特征面平行于 $Y_1O_1Z_1$ 坐标面（由左视图反映），作图时将 X 与

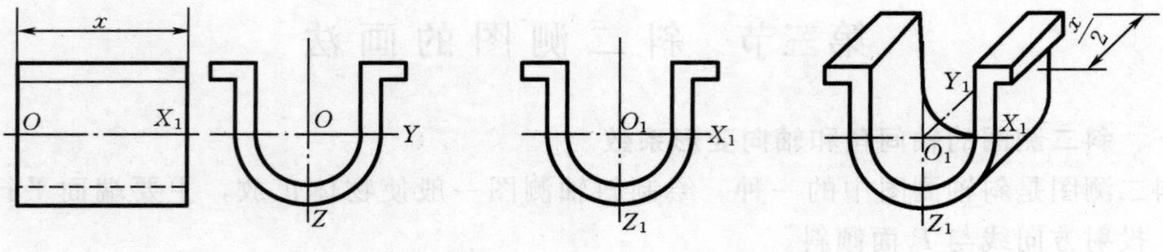

图 4-18 斜二测图作图举例（二）

Y 轴及相应的轴向变形系数对调。作图步骤如下：

（1）设坐标轴，如图 4-18（a）所示。

（2）作物体一个端面的斜二测图，反映真形，如图 4-18（b）所示。

（3）过端面上各点引平行于 OY 轴的直线，均截取 $x/2$，圆弧用平移法作图，进而作出另一端面的斜二测图。

（4）擦去作图线，描深，完成作图，如图 4-18（c）所示。

第五章　组合体视图的画法及尺寸标注

第一节　组合体的形体分析

一、形体分析法

棱柱、棱锥、圆柱、圆锥和圆球等都称为基本几何体。在工程中任何复杂的形体，总可以人为地将其看成由若干基本几何体按照一定的组合方式组合而成。由基本几何体组合而成的形体称为组合体。为了便于研究组合体，假想将组合体分解为若干基本几何体，并分析它们的形状、相对位置以及组合方式，这种分析方法称为形体分析法。形体分析法是组合体画图、读图和尺寸标注的基本方法，它可以使问题化繁为简、化难为易，应该很好地掌握。

二、组合体的组合方式

根据构成方式不同，组合体的组合方式分为叠加、切割、相贯、综合四种形式。

（一）叠加

叠加型组合体是由两个或多个基本几何体叠加而成的形体，如图 5－1 所示。

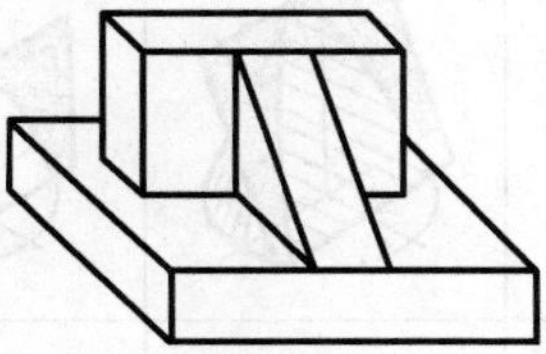

图 5－1　叠加型组合体

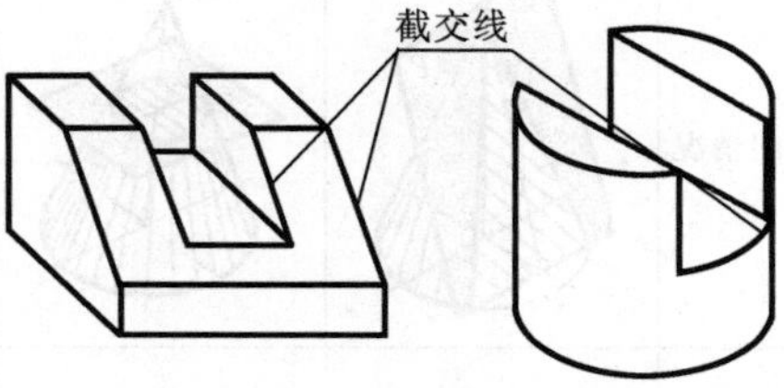

图 5－2　切割型组合体

（二）切割

切割型组合体是由基本几何体被一些平面或曲面切割而成的形体，如图 5－2 所示。平面切割基本几何体表面产生的交线称为截交线。截交线是截平面和基本几何体表面的共有线且是一个封闭的线框，如图 5－2 所示。常见的平面截切圆柱体和圆锥体的截交线形式如表 5－1 和表 5－2 所示。

（三）相贯

相贯型组合体是由两个或多个基本几何体相交而成的形体，如图 5－3 所示。两个基本几何体相交，其表面产生的交线称为相贯线。相贯线不仅是两个

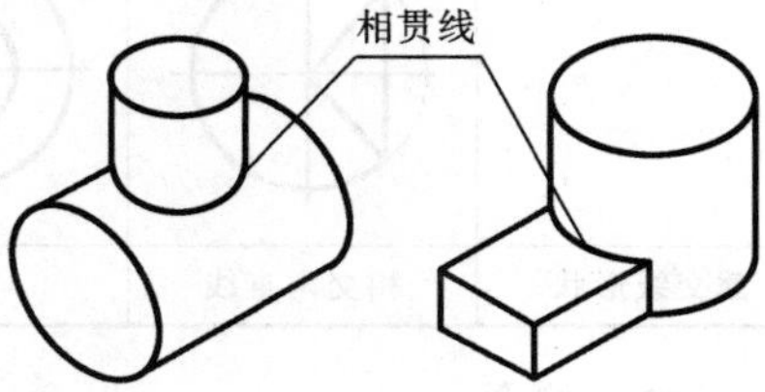

图 5－3　相贯型组合体

基本几何体表面的共有线，且是一个空间的封闭线框，如图 5－3 所示。

表 5－1　　平面与圆柱相交的三种情况

截平面位置	与圆柱轴线平行	与圆柱轴线垂直	与圆柱轴线倾斜
截交线的空间情况	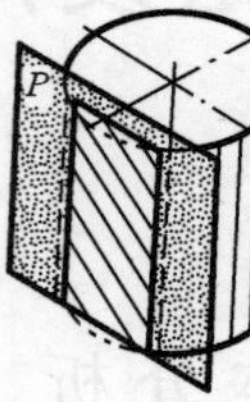	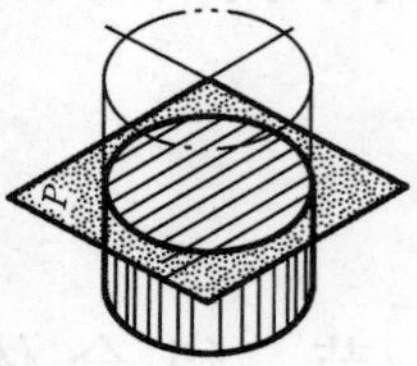	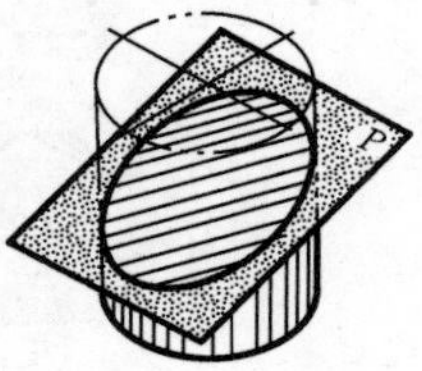
截交线的投影图	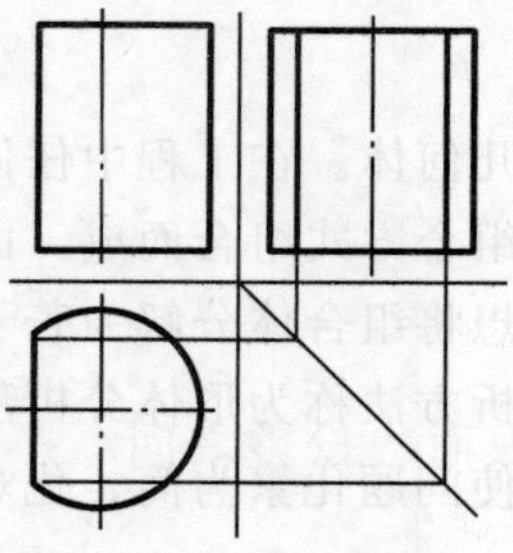	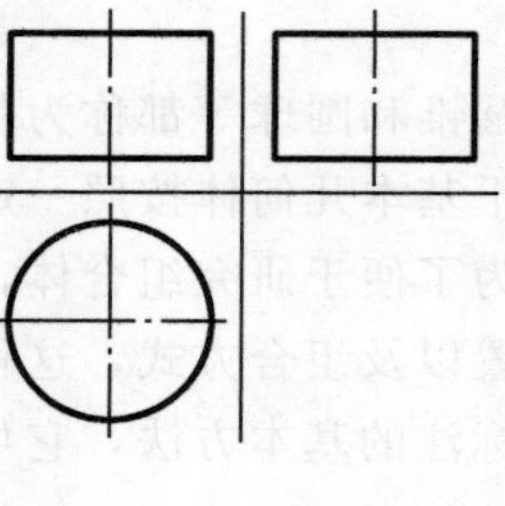	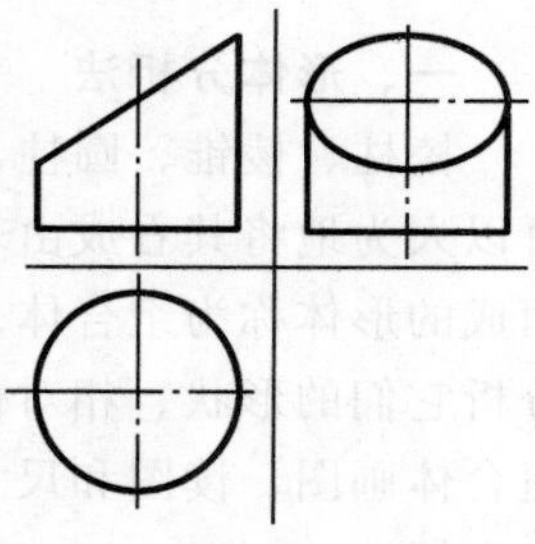
截交线形状	两平行直线	圆	椭圆

表 5－2　　平面与圆锥相交的五种情况

截平面位置	通过圆锥顶点	与圆锥轴线垂直 $(\theta=90°)$	与所有素线相交 $(\theta>\alpha)$	与一条素线平行 $(\theta=\alpha)$	与二条素线平行 $(0°\leq\theta<\alpha)$
截交线的空间情况	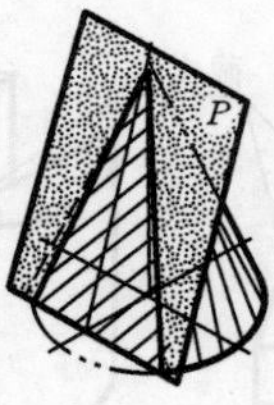	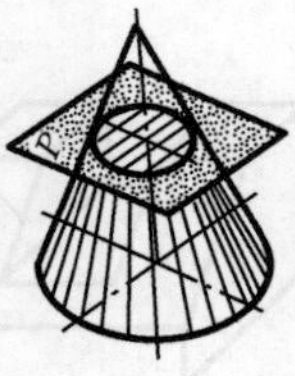	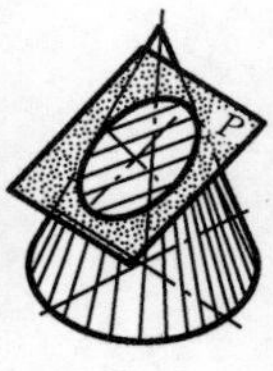	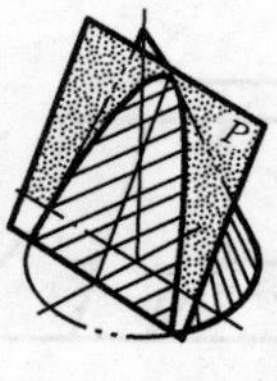	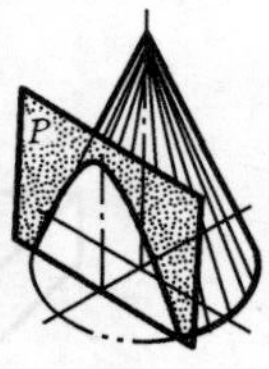
截交线的投影图	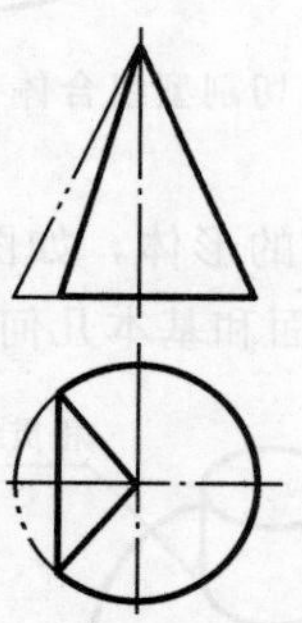	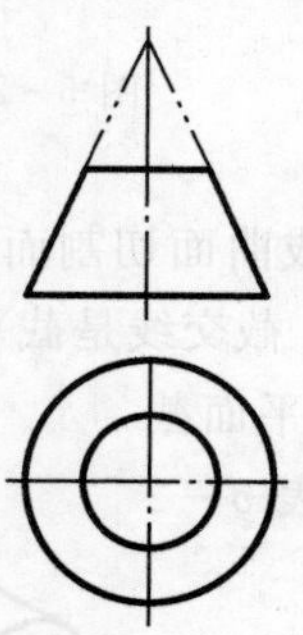	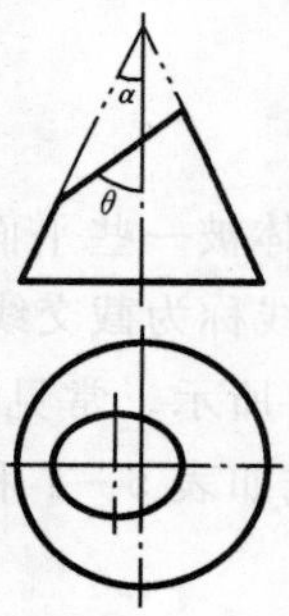	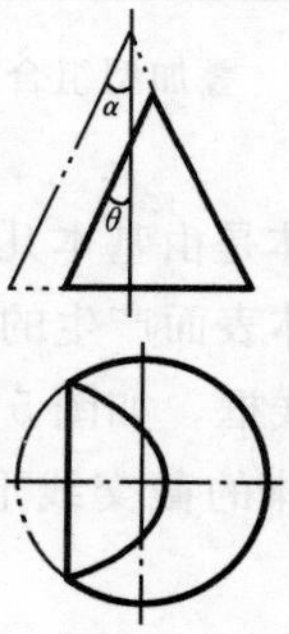	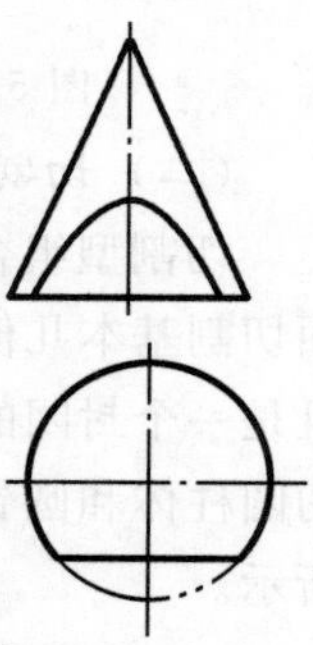
截交线形状	相交两直线	圆	椭圆	抛物线	双曲线

（四）综合

综合型组合体是既有叠加，又有切割或相交的形体，如图 5－4 所示。大部分复杂的组合体多为综合型组合体。

三、组合体相邻表面的连接关系

无论是哪种形式的组合体，画其视图时，都应正确表示出各基本几何体之间的表面连接关系。所谓连接关系，是指各基本几何体表面的相互关系。可分为相错、平齐、相交、相切四种情况。连接关系不同，连接处投影的画法也不同。

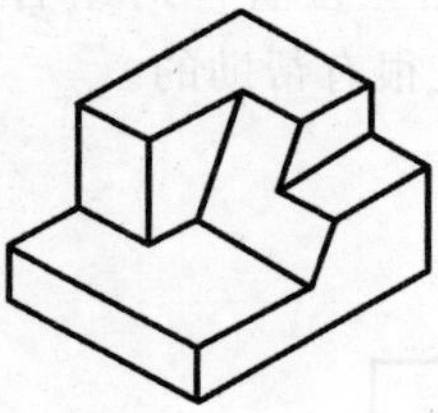

图 5-4　综合型组合体

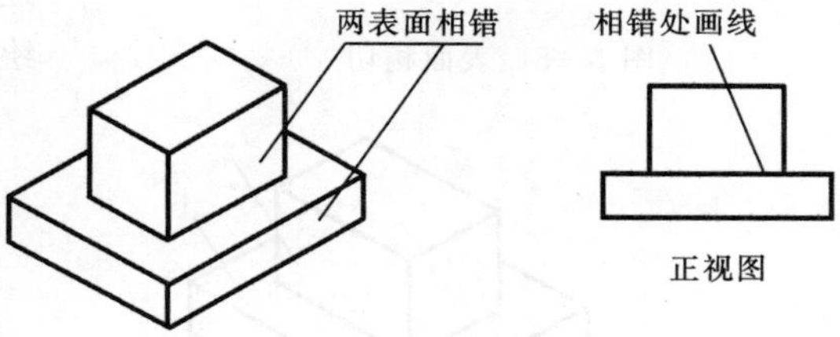

图 5-5　表面相错

（1）相错。两相邻基本几何体表面不共面，两表面的投影之间应画线分开，如图 5-5 所示。

（2）平齐。两相邻基本几何体表面共面，两表面的投影之间不应画线，如图 5-6 所示。

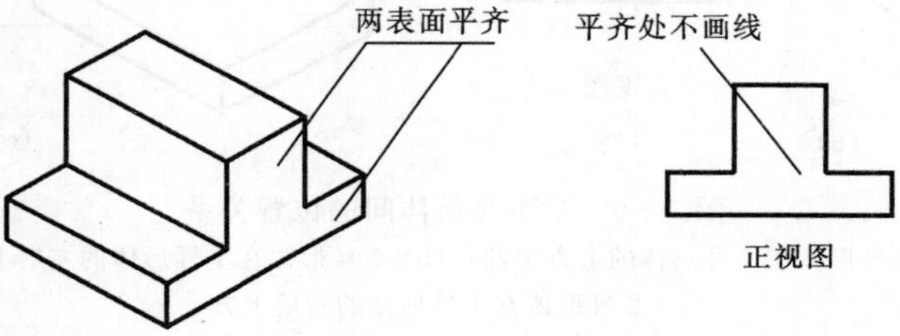

图 5-6　表面平齐

（3）相交。两相邻基本几何体表面彼此相交。表面交线是它们的表面分界线。两表面的投影之间应画出交线的投影，如图 5-7 所示。

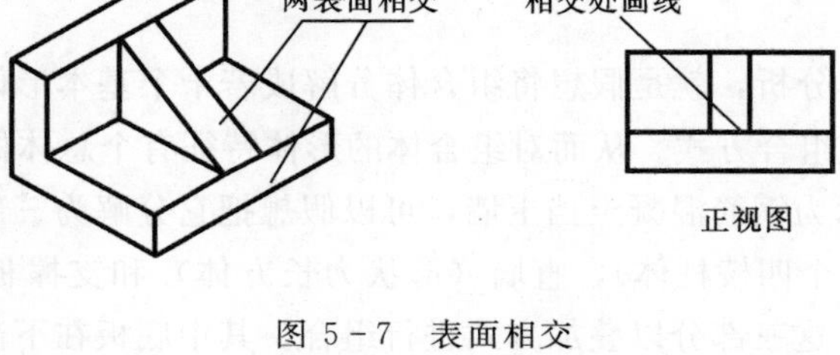

图 5-7　表面相交

（4）相切。两相邻基本几何体表面相切连接。由于光滑过渡，两表面的投影之间不应画线，如图 5-8 所示。

四、组合体中基本几何体间的位置关系

组合体是由基本几何体组合而成的，所以基本几何体之间除表面连接关系外，还有相互之

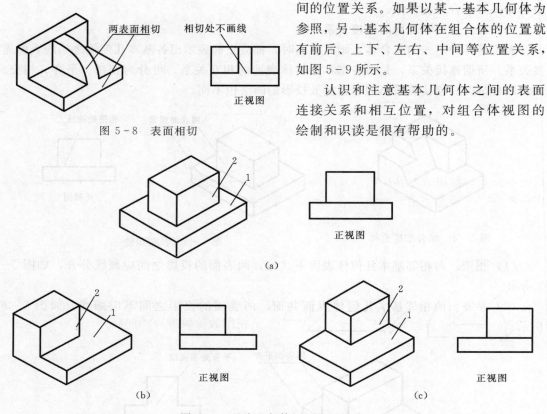

间的位置关系。如果以某一基本几何体为参照，另一基本几何体在组合体的位置就有前后、上下、左右、中间等位置关系，如图 5-9 所示。

认识和注意基本几何体之间的表面连接关系和相互位置，对组合体视图的绘制和识读是很有帮助的。

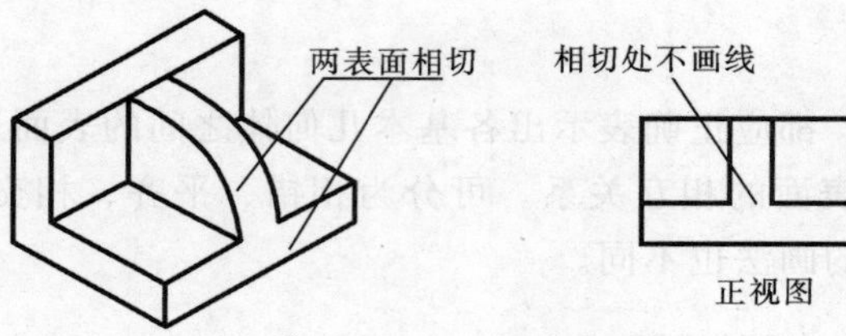

图 5-8 表面相切

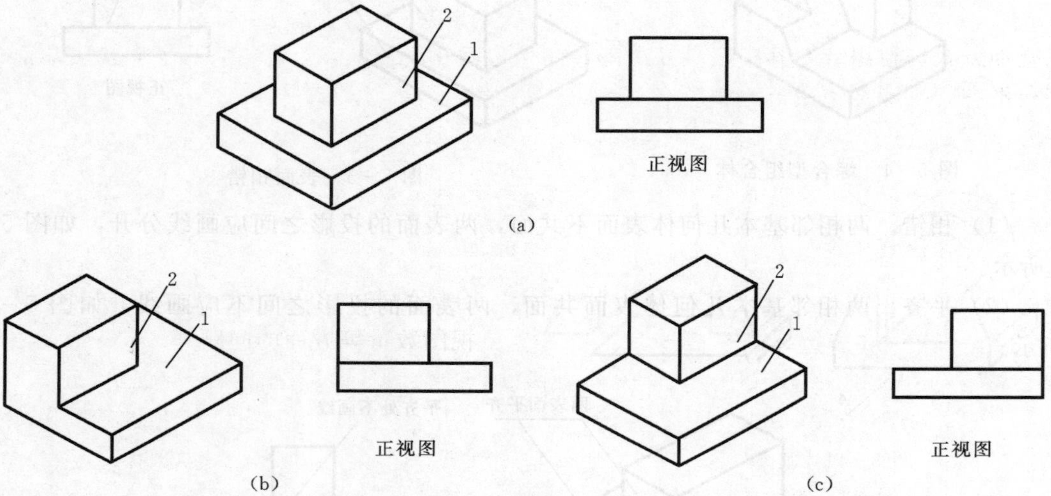

图 5-9 基本几何体间的位置关系

(a) 2 号形体在 1 号形体的上方中部；(b) 2 号形体在 1 号形体的左后上方；(c) 2 号形体在 1 号形体的右后上方

第二节 组合体视图的画法

画组合体的视图，首先要熟悉形体，进行形体分析，然后进行视图选择，确定组合体的摆放位置、正视方向、视图数量，最后依据投影规律绘制三视图。

一、形体分析

对组合体进行形体分析，就是假想将组合体分解成若干个基本形体，分析这些基本形体的形状、相对位置以及组合方式。从而对组合体的形体特征有个总体概念，为画图做准备。

图 5-10 (a) 所示为钢筋混凝土挡土墙，可以假想把它分解为三部分，即底板（形状为长方体，下部再切去一个四棱柱体），直墙（形状为长方体）和支撑板（形状为三棱柱体），如图 5-10 (b) 所示。这三部分以叠加方式进行组合，其中底板在下部，直墙在底板的右上方，前后端面与底板平齐，支撑板在底板的上方、直墙的左边、前后居中位置。

图 5-11 (a) 所示为水闸的闸室，可以假想把它分解为四部分，即底板（形状为长方体，下部再切去一个小长方体），左、右两个边墩（形状为梯形柱体并在铅垂的一侧切去一个细长方体），拱圈（形状为空心圆柱体的一半），如图 5-11 (b) 所示。这四部分

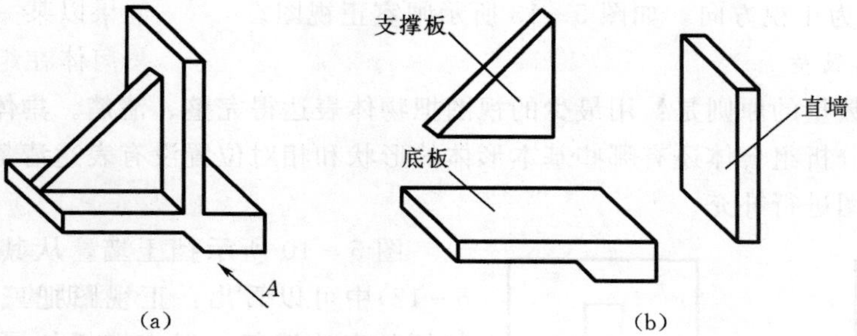

图 5-10　挡土墙的形体分析

以叠加方式进行组合，其中底板在下部，两个边墩在底板上方，左右各一个，前后端面与底板平齐，拱圈在边墩上方，后端面与底板、边墩后端面均平齐。

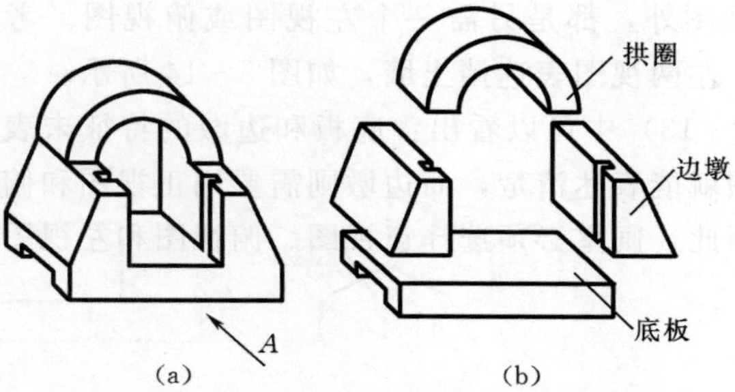

图 5-11　闸室的形体分析

二、视图选择

视图选择的原则是用最简单、最明显的一组视图来表达组合体的形状，而且视图的数量要最少。因此，要考虑组合体的安放位置、正视方向的选择以及视图数量等方面的问题。

（一）组合体的安放位置

组合体的放置一般考虑两个因素：①符合平稳原则；②符合工作位置。所以通常情况将组合体按使用时的工作位置摆正放平。如图 5-10 所示挡土墙，图 5-11 所示闸室，它们的底板是基础，要平放在最下部，不可倒置。

（二）正视方向的选择

在表达组合体的一组视图中，正视图常为重要的视图，应当首先确定正视方向。选择正视方向的原则是：使正视图最能反映物体的整体形状特征或各组成部分的形状特征及其相对位置；并尽可能使物体的主要表面平行于投影面，以便获得最好的实形性；此外还要考虑尽可能减少视图中的虚线和合理利用图纸。

图 5-10 所示挡土墙，A 向的投影最能反映组合体的形体特征，它不仅表达了支撑板和底板的形状特征，还表达了直墙与底板的相对位置，所以选择 A 向为正视方向，如图 5-12所示挡土墙正视图。

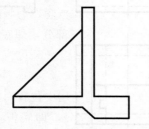

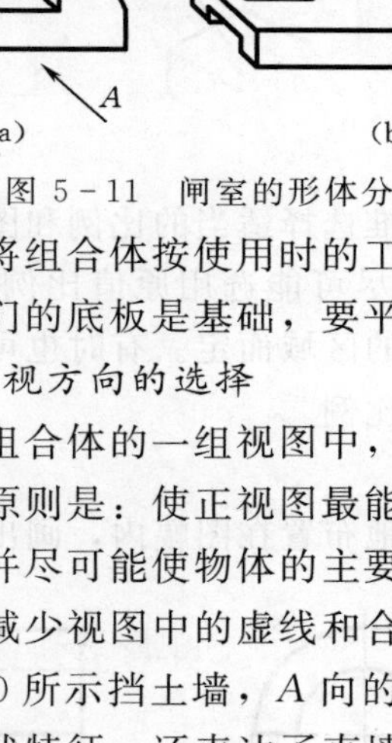

图 5-12　挡土墙正视图

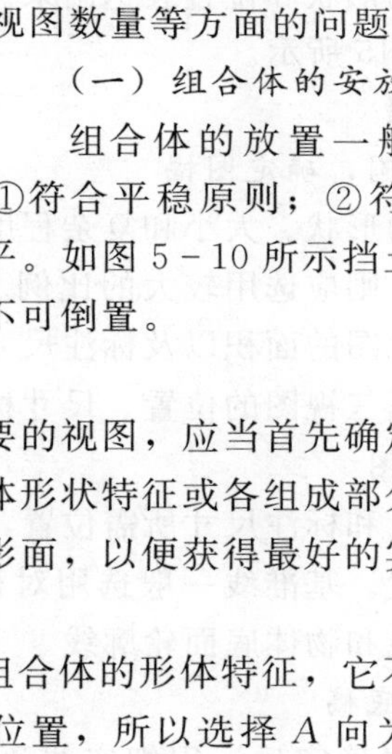

图 5-13　闸室正视图

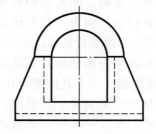

图 5-11 所示闸室，A 向的投影也最能反映组合体各部分的形体特征及其相对位置，

所以选择 A 向为正视方向，如图 5 - 13 所示闸室正视图。

（三）视图数量

确定视图数量的原则是：用最少的视图把物体表达得完整、清楚。具体地说，当正视图选定以后，分析组合体还有哪些基本形体的形状和相对位置没有表达清楚，还需要增加哪个或哪些视图进行补充。

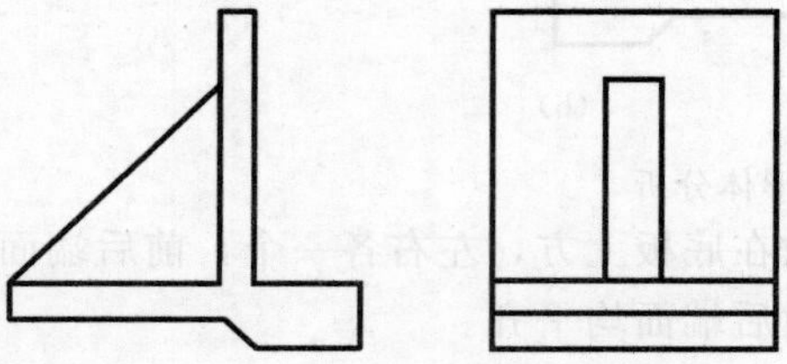

图 5 - 14 挡土墙视图的选择

图 5 - 10 所示挡土墙，从其正视图（见图 5 - 12）中可以看出：正视图把三个基本形体的特征已表达清楚，但支撑板的厚度需要左视图或俯视图来解决；底板的宽度需要左视图或俯视图来解决；直墙的宽度也需要左视图或俯视图来解决。这样，挡土墙的三个组成部分除正视图外，都是另需一个左视图或俯视图。考虑到视图的合理布置和图纸的利用，选择正、左两视图表达挡土墙，如图 5 - 14 所示。

图 5 - 11 所示闸室，从其正视图（图 5 - 13）中可以看出：底板和边墩的特征未表达清楚。拱圈和底板只需要用正视图和左视图就能表达清楚，而边墩则需要用正视图和俯视图才能将闸门槽的形状和位置表达出来。因此，闸室必须选择正视图、俯视图和左视图三个视图，如图 5 - 15 所示。

三、画图步骤

（一）选定比例，确定图幅

根据组合体的形状、大小和复杂程度等因素，按标准选择适当的比例和图幅。如果物体较小或较复杂，则应选用较大的比例。一般情况下，尽可能选用原值比例 1∶1，图幅则要根据所画三视图的面积以及标注尺寸和标题栏所需的区域而定。有时也可以先选定图幅的大小，再根据三视图的位置、尺寸标注及间距确定比例。

（二）布置视图

根据视图数量和标注尺寸所需位置，把各视图均匀地布置在图幅内，画出各视图的基准线以确定其位置。基准线一般选用对称线、中心线、回转轴线和物体底面轮廓线。

（三）画视图底稿

各视图的位置确定后，用细实线逐个画出各组成部分的视图底稿。画底稿的顺序以形体分析的结果进行，一般为：先主体后局部、先外形后内部、先曲线后直线。

在画每个基本形体的视图时，先从反映该形体特征的视图画起，三个视图配合作图，并使各视图之间符合“长对正、高平齐、宽相等”的投影关系。图 5 - 15 中，闸室的拱圈，应先画反映形体特征的正视图，再根据投影关系画左视图和俯视图。

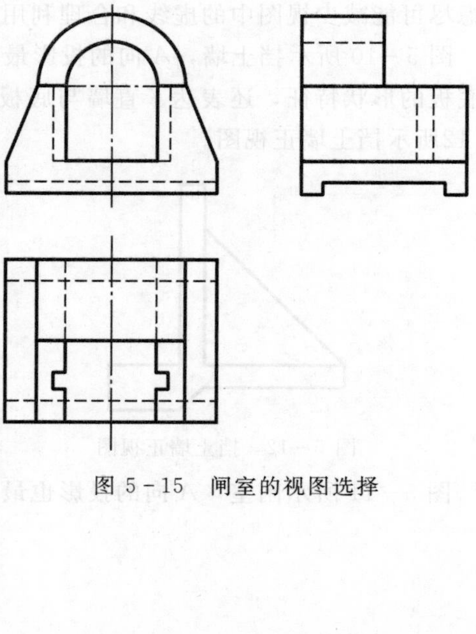

图 5 - 15 闸室的视图选择

每叠加（或切割）一个基本形体，就要分析与已画的其他基本形体的组合方式和表面连接关系，从而修正多画或少画的线。

（四）检查、加深图形

底稿画完后，须对照组合体检查各组成部分的投影以及它们之间的相互位置关系，看是否有缺少或多余的图线。如有错误应及时加以修改，无误后，根据制图标准用规定的线型加深。

应当注意：分解形体只是假想的一种分析方法，而组合体实际是个整体。所以基本形体的衔接处是否画线，要考虑相邻表面的连接关系，两表面之间平齐、相切不画线，相交、相错画线。

【例 5-1】 叠加型组合体视图的画法。

画叠加型组合体视图时，根据组合体中基本形体的叠加顺序，由下而上或由上而下地画出各基本形体的三视图，如图 5-16 闸室三视图的画法步骤。

【例 5-2】 切割型组合体视图的画法。

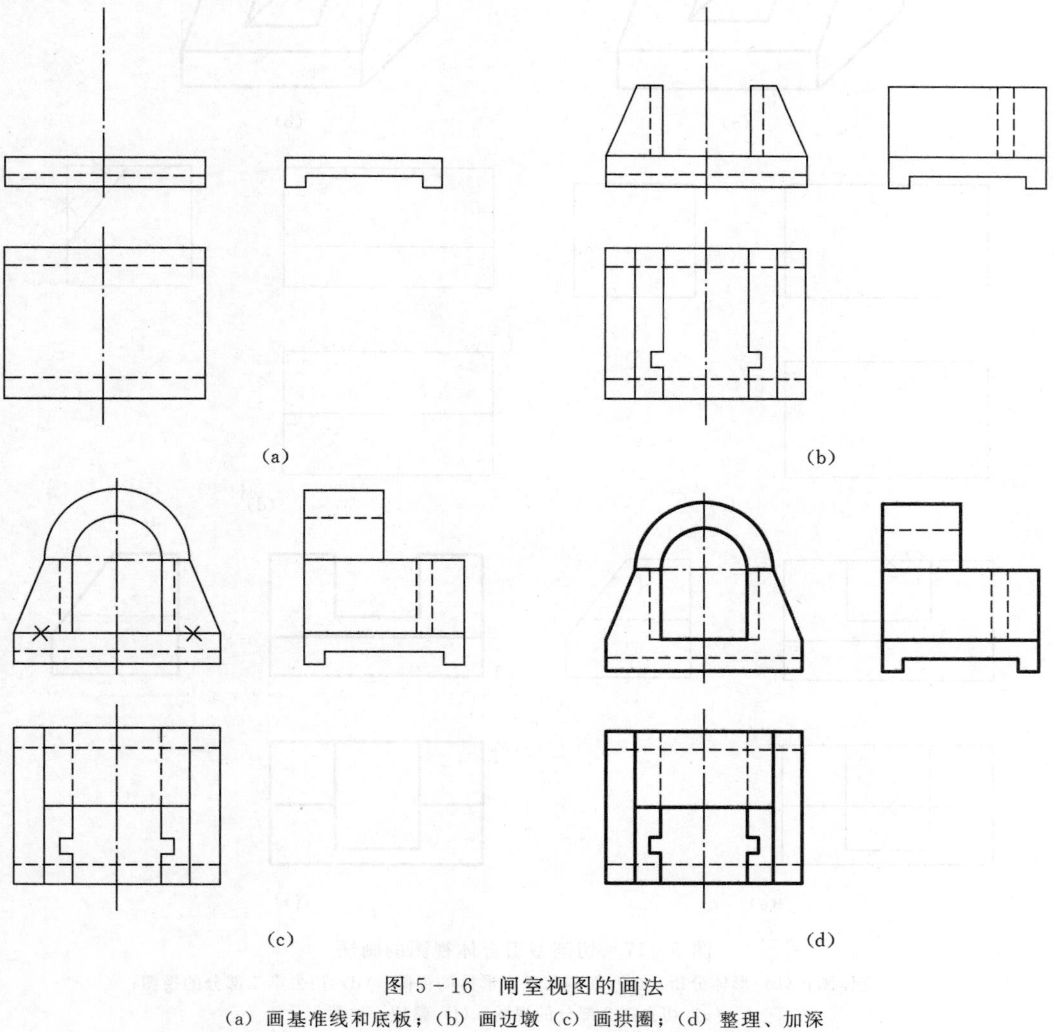

(a) (b) (c) (d)

图 5-16 闸室视图的画法

(a) 画基准线和底板；(b) 画边墩 (c) 画拱圈；(d) 整理、加深

画切割型组合体视图时，应先画出形体未被切割前的投影，然后按分析的切割顺序，依次画出切去部分的三视图。为避免错误，每切割一次，就要将被切去的图线擦去。

（1）图 5－17（a）所示立体为一平面几何体被切割，其视图的作图步骤如图 5－17（c）～图 5－17（f）所示。

（2）图 5－18（a）所示立体为一曲面几何体被切割，试画其视图。

分析：该立体为一圆柱体被一截平面所切割，其表面交线为截交线。由于截平面与圆

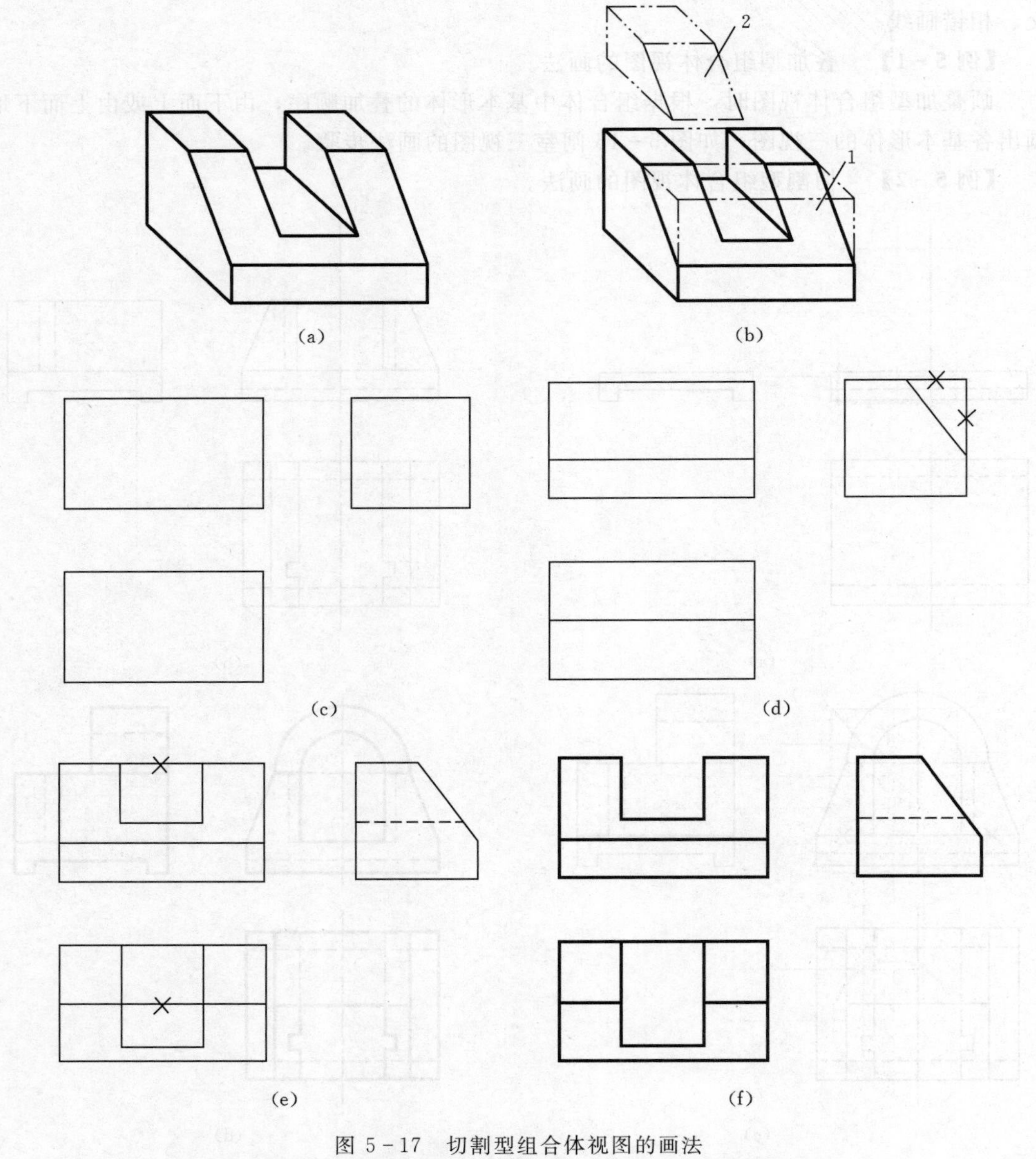

图 5－17 切割型组合体视图的画法

（a）立体图；（b）形体分析；（c）切割前基本形体的视图；（d）切去第 1 部分的视图；
（e）切去第 2 部分的视图；（f）整理、加深

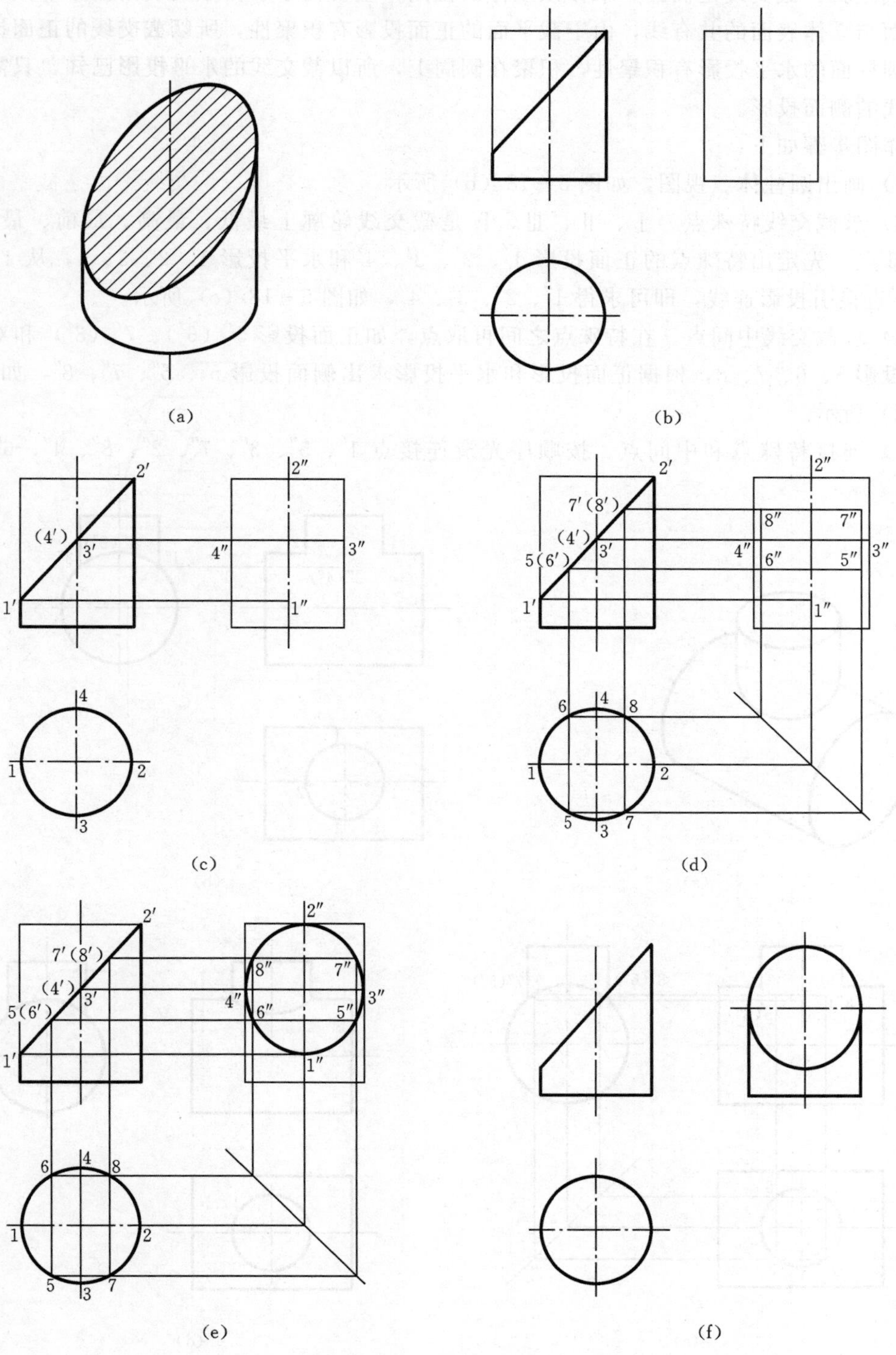

图 5-18　曲面切割体视图的画法

柱轴线倾斜，截交线是椭圆。求作该立体的视图，主要在于求作截交线的投影，截交线是截平面与立体表面的共有线，由于截平面的正面投影有积聚性，所以截交线的正面投影已知，圆柱面的水平投影有积聚性，积聚在圆周上，所以截交线的水平投影已知，只需求其截交线的侧面投影。

作图步骤如下：

1）画出圆柱体三视图，如图 5-18（b）所示。

2）求截交线特殊点。Ⅰ、Ⅱ、Ⅲ、Ⅳ是截交线轮廓上最低、最高、最前、最后点，即特殊点。先定出特殊点的正面投影 1′、2′、3′、4′和水平投影 1、2、3、4，从 1′、2′、3′、4′直接引投影连线，即可求得 1″、2″、3″、4″，如图 5-18（c）所示。

3）求截交线中间点。在特殊点之间再取点，如正面投影 5′（6′）、7′（8′）和对应的水平投影 5、6、7、8，根据正面投影和水平投影求出侧面投影 5″、6″、7″、8″，如图 5-18（d）所示。

4）连接特殊点和中间点。按顺序光滑连接点 1″、5″、3″、7″、2″、8″、4″、6″、1″，

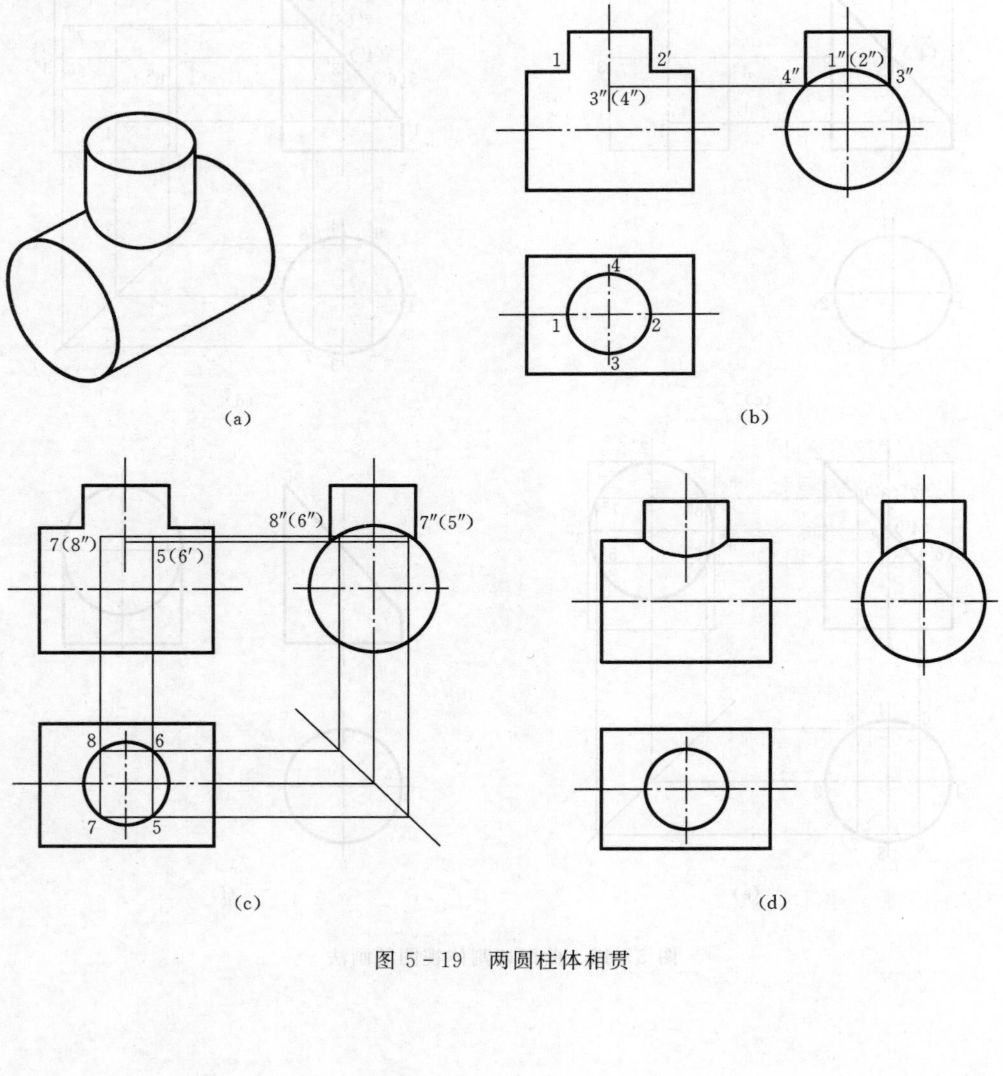

图 5-19 两圆柱体相贯

即得截交线的侧面投影，如图 5-18（e）所示。

5）整理、加深图形轮廓，如图 5-18（f）所示。

【例 5-3】　相贯型组合体视图的画法。

画法步骤与叠加型组合体基本相同，应当注意相贯线的画法。

图 5-19（a）所示为两圆柱体相贯，试画其三视图。

分析：该立体为一直立小圆柱体和一横放大圆柱体相贯，其表面交线即相贯线为空间曲线，欲求作该立体的三视图，关键在于如何求作相贯线的投影。相贯线是两相贯体的共有线，本例中小圆柱体的水平投影积聚在圆周上，所以相贯线的水平投影也在圆周上；横放大圆柱体的侧面投影积聚在圆周上，所以相贯线的侧面投影也在圆周上。根据分析已知相贯线的水平投影和侧面投影，通过求点（特殊点和中间点）的方法，求出相贯线的正面投影。由于该立体前后对称，其相贯线也前后对称，所以相贯线的正面投影中可见部分和不可见部分重合，应连成实线。

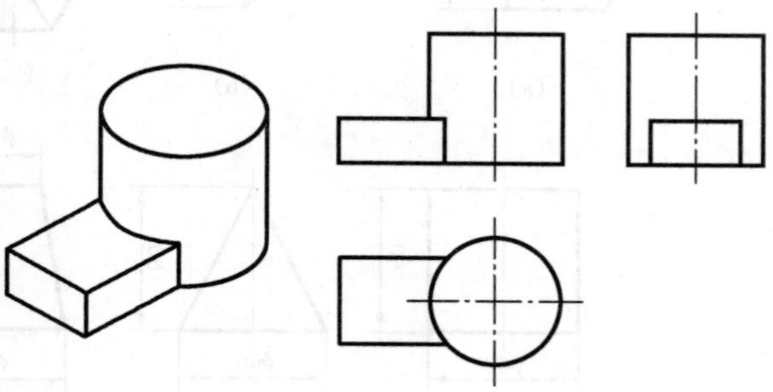

图 5-20　平面体和曲面体相贯

作图步骤如图 5-19（b）、（c）、（d）所示。

图 5-20 为一平面体和曲面体相贯的三视图。

第三节　组合体视图的尺寸标注

组合体的三视图只能表达它的形状，而各部分大小和各部分之间的相对位置关系，则必须由图上所标注的尺寸来表示，因此，在三视图上应标注尺寸。由于组合体是由基本几何体所组成，所以要标注好组合体的尺寸，应先了解基本几何体的尺寸注法。

一、基本几何体的尺寸注法

一般平面基本几何体要标注长、宽、高三个方向的尺寸，圆柱、圆锥、圆球、圆环等回转体，只需在一个视图上标注出带有直径符号的直径尺寸和轴向尺寸，就能确定它们的形状和大小。

如图 5-21 所示为常见基本几何体的尺寸注法。

二、标注尺寸的基本要求

标注尺寸的基本要求是：正确、完整、清晰、合理。

（1）正确。尺寸标注应符合制图标准的有关规定。

（2）完整。在视图上所注的尺寸要完全能确定物体的大小和各组成部分的相互位置关系，既不遗漏，也不重复。

（3）清晰。尺寸的布置要整齐、清楚，便于查看。

（4）合理。标注的尺寸便于测量并符合生产施工的要求。

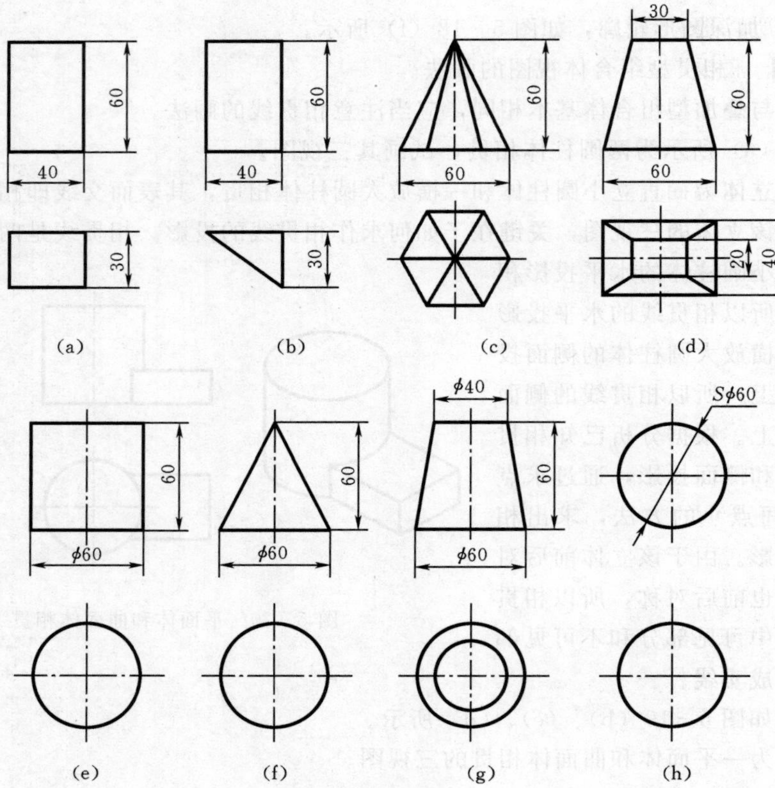

图 5-21 基本几何体的尺寸注法

三、组合体的尺寸标注

(一) 组合体尺寸的种类

组合体的尺寸可分为三类：

(1) 定形尺寸。定形尺寸是确定组合体中各基本几何体形状大小的尺寸。

(2) 定位尺寸。定位尺寸是确定组合体中各基本几何体之间相对位置的尺寸。

(3) 总体尺寸。总体尺寸是确定组合体总长、总宽、总高的尺寸。

(二) 尺寸基准

标注尺寸的起点，称为尺寸基准。在标注定位尺寸时，必须在长、宽、高三个方向分别选定尺寸基准，以便确定各部分左、右、前、后、上、下的相对位置。通常以组合体的底面、重要端面、对称平面以及回转体的轴线等作为尺寸基准。

(三) 尺寸注法

标注组合体尺寸时，首先要进行形体分析，熟悉各基本几何体的定形尺寸及确定它们相对位置的定位尺寸，然后选择尺寸基准。标注尺寸的顺序是先标注定形尺寸，然后标注定位尺寸，最后调整标注组合体的总体尺寸。

下面以图 5-22 所示闸室为例，说明如何标注组合体的尺寸。

(1) 形体分析，如图 5-11 所示。

(2) 选择尺寸基准。从总体看形体左右对称，所以选左右对称面为长度方向的基准；底板、边墩、拱圈后面共面，前、后端面均可作为宽度方向的尺寸基准，但考虑到门槽在靠前端部位，所以选前端面为宽度方向的基准；各部分为上下叠加，选底板的下底面为高度方向的基准，如图 5-22 (a) 所示。

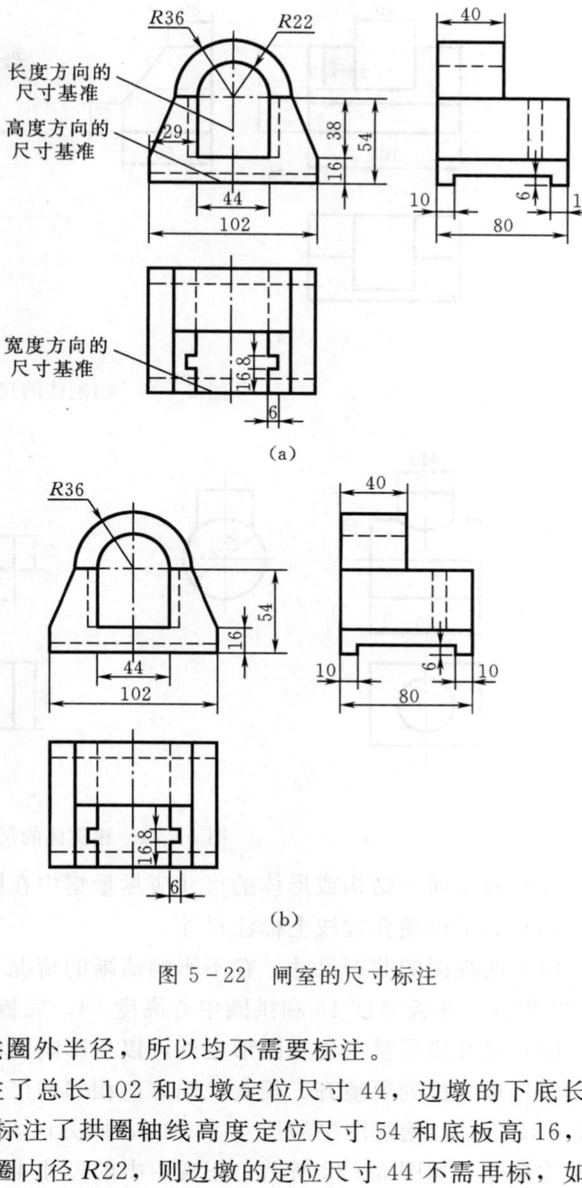

图 5-22 闸室的尺寸标注

(3) 标注定形尺寸。依次标注各基本形体的定形尺寸，如图 5-22 (a) 所示。

底板：长 102、宽 80、高 16；底板上齿坎的定形尺寸 10 和 6。

拱圈：两个半径 $R22$、$R36$ 和宽 40。

边墩：下底长 29、高 38，上底长由拱圈确定，不需标注，宽度与底板宽度相同，不再重标；边墩上门槽的定形尺寸 6 和 8。

(4) 标注定位尺寸，如图 5-22 (a) 所示。

边墩的定位尺寸 44，拱圈轴线高度定位尺寸 54，门槽的定位尺寸 16。

(5) 标注总体尺寸。由于组合体的总长与底板的长相同，总宽与底板的宽相同，总高等于拱圈中心高加上拱圈外半径，所以均不需要标注。

(6) 检查、调整和布置尺寸。标注了总长 102 和边墩定位尺寸 44，边墩的下底长就已确定，所以定形尺寸 29 不需再标；标注了拱圈轴线高度定位尺寸 54 和底板高 16，则边墩定形高度 38 不需再标，标注了拱圈内径 $R22$，则边墩的定位尺寸 44 不需再标，如图 5-22 (b) 所示。

图 5-23 为切割型组合体的尺寸标注。

图 5-24 为相贯型组合体的尺寸标注。

四、组合体尺寸标注的注意事项

为了使图面清晰便于读图，在视图上标注尺寸应注意以下几点：

(1) 尺寸应尽量标注在反映形体特征最明显的视图上，如图 5-22 所示，拱圈的半径 $R22$、$R36$ 标注在反映圆弧实形的正视图上，底板齿坎的尺寸 10、6 标注在反映形体特征的左视图上。

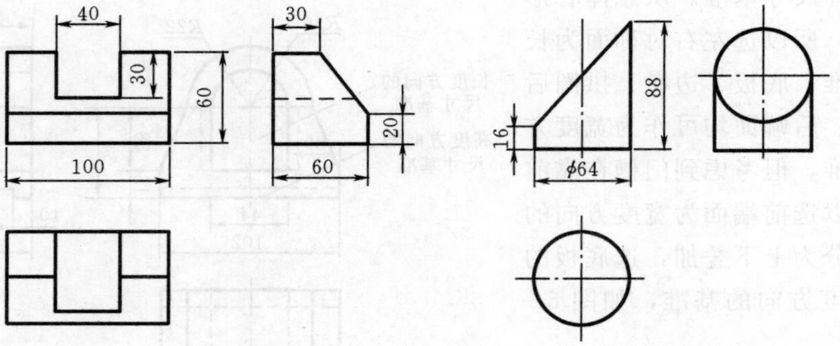

(a)　　　　　　　　　　　　　　(b)

图 5-23　切割体的尺寸标注

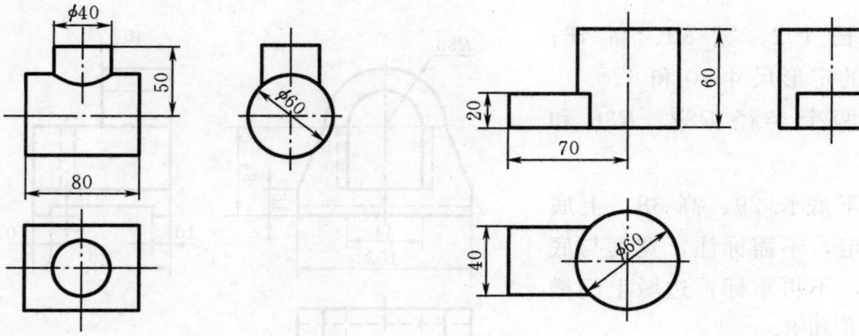

(a)　　　　　　　　　　　　　　(b)

图 5-24　相贯体的尺寸标注

（2）表示同一结构或形体的尺寸应尽量集中在同一视图上。

（3）尽量避免在虚线上标注尺寸。

（4）两视图的共有尺寸，在不影响清晰的情况下，应尽量标注在两个视图之间，如图 5-22 所示，底板厚度 16 和拱圈中心高度 54，底板长度 102。

（5）尺寸应尽量布置在图形之外，以免影响图形清晰。

（6）尺寸排列要整齐、美观。同方向相邻的尺寸，应尽量布置在同一条尺寸线上，如图 5-22 所示，俯视图中的尺寸 16 和 8；同方向多排尺寸，其间隔要均匀，小尺寸在里，大尺寸在外，如图 5-22 所示，正视图中的尺寸 44 和 102，左视图中的尺寸 10 和 80。

（7）相贯线、截交线以及相切处却不需要标注尺寸。

尺寸标注除应满足上述要求外，对于工程形体的尺寸标注还应满足设计和施工要求。这需要具备一定的专业知识后才能逐步做到。

第六章　组合体视图的识读

组合体读图是根据视图想象出物体空间形状的过程，是画图的相反过程。虽然二者所依据的投影概念与分析方法相同，但读图要求具备更高的空间想象能力。为提高空间想象能力，迅速准确地读懂图，一要掌握读图的基本知识和要求，二要熟练掌握正确的读图方法，三要通过典型例题认真读图反复实践。

第一节　读图的基本知识和要求

一、牢记读图依据，弄清线、框含义

（一）读图依据

熟记三视图的投影规律和方位关系、基本体三视图投影特征、各种位置直线与平面的投影特征、组合体的形体分析及表面连接处的画法等读图依据，才能读懂各种组合体图形。

（二）线与线框含义

物体三视图都是由若干封闭线框组成，每个线框又是由若干图线围成的，所以读图时必须弄清每一条图线和每一个线框的含义。

视图上一条线的含义：①一个平面或柱面的积聚投影；②两平面交线的投影；③曲面轮廓素线的投影。如图 6-1（a）所示。

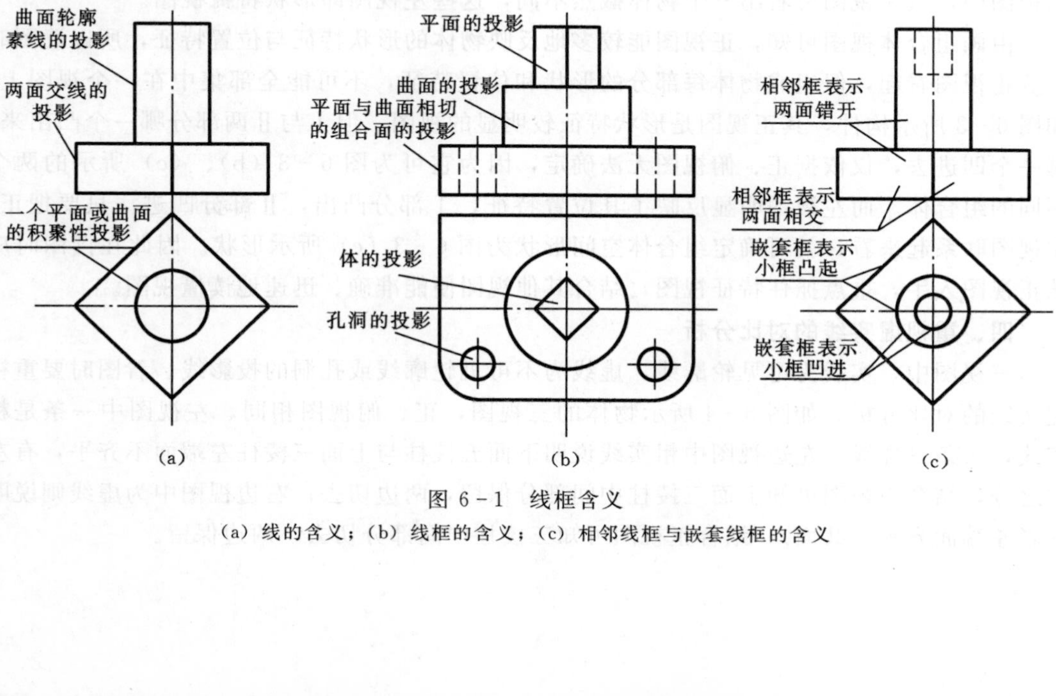

图 6-1　线框含义

（a）线的含义；（b）线框的含义；（c）相邻线框与嵌套线框的含义

视图上一个封闭线框可代表的空间含义：①物体一个面的投影，面可以是平面、曲面、平面与曲面相切的组合面；②体的投影；③孔洞的投影。如图 6-1（b）所示。

视图中任何相邻封闭线框必定是物体上相交或错位的两个面的投影；任何嵌套封闭线框表示物体是在大平面上凸起小平面物体或凹下小平面物体（或通孔）。如图 6-1（c）所示。

二、一组视图应结合识读

由于一个视图只能反映物体一个方向的形状，因此要确定物体的形状需要两个或两个以上的视图。读图时必须依据投影规律，将一组视图结合识读，分析构思才能想象出物体的空间形状。如图 6-2 所示，已知物体的正视图与俯视图，仍然不能确定物体的空间形状，它可构思出不同形状。只有结合左视图一起看，才能区分它们的空间形状。

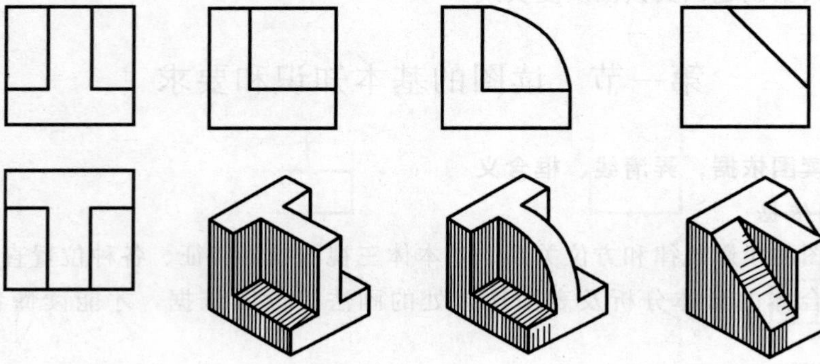

(a)　(b)　(c)　(d)

图 6-2　物体三视图（一）

三、特征视图须重点识读

特征视图，就是反映物体形状特征以及相对位置最为充分的视图。如图 6-2 所示的三视图中，从左视图可看出三个物体截然不同，这些左视图即形状特征视图。

由画组合体视图可知，正视图能较多地反映物体的形状特征与位置特征，所以读图时应从正视图看起，但组成物体每部分的形状和位置特征，不可能全部集中在一个视图上。如图 6-3 所示构件，其正视图是形状特征较明显的视图，但Ⅰ与Ⅱ两部分哪一个凸出来，哪一个凹进去，仅依据正、俯视图无法确定，因为它可为图 6-3（b）、（c）所示的两个不同的组合体。而左视图明显反映了其位置特征，Ⅰ部分凸出，Ⅱ部分凹进。只要把正、左视图联系起来看，就可确定组合体空间形状为图 6-3（c）所示形状。因此在读图时应从正视图入手，重点抓住特征视图，结合其他视图便能准确、迅速地读懂视图。

四、重视虚实线的对比分析

三视图中，实线为可见轮廓线，虚线为不可见轮廓线或孔洞的投影线。看图时要重视虚实线的对比分析。如图 6-4 所示物体的三视图，正、俯视图相同。左视图中一条是粗实线，一条是虚线。左边视图中粗实线说明下面五棱柱与上面三棱柱左端面不齐平，有左右之分，结合正视图可知上面三棱柱中间部分保留，两边切去；右边视图中为虚线则说明两者左端面齐平（共面），结合正视图可知三棱柱中间部分切去，两边保留。

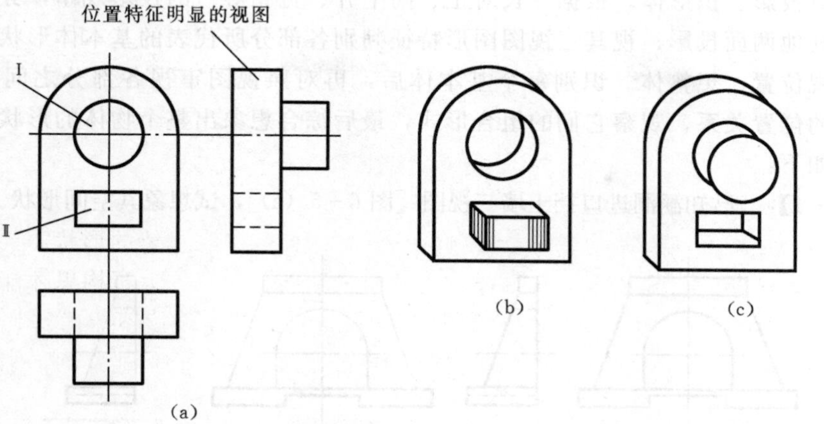

图 6-3 物体三视图（二）

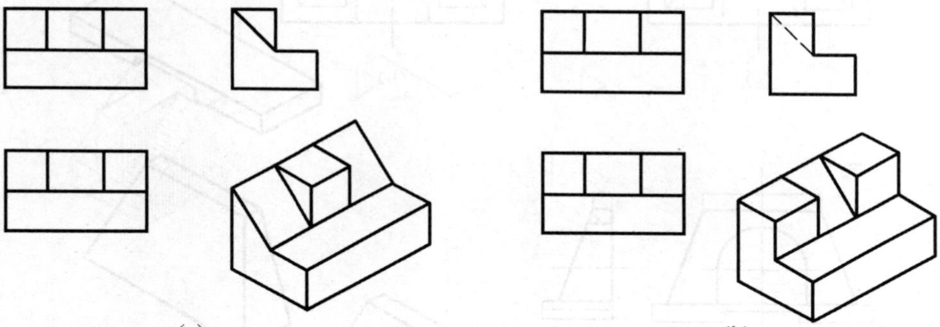

图 6-4 物体三视图（三）

第二节 读图的基本方法——形体分析法

形体分析法是读图的基本方法。适用于叠加类组合体或切割比较明显的组合体。为了能准确读懂组合体的三视图，对各种基本体的三视图和立体图必须非常熟悉。这对用形体分析法迅速准确读懂视图至关重要。

一、形体分析法读图的思路

形体分析法读图是以基本形体为读图单元，先分解组合体的三视图为几个简单线框（空间意义即是把形体分成几部分），再判别每一线框代表的基本体形状，最后根据各部分的相对位置综合想象出整体的形状。

二、形体分析法读图的步骤

形体分析法读图就是一部分一部分地看，其读图步骤如下：

(1) 看视图、分线框。弄清三视图投影方向及其与空间物体之间的方位关系。从形体的正视图入手，抓住特征视图，将视图按线框分为几部分，每框代表一个基本体某方向的投影。

（2）对投影、识形体。根据“长对正、高平齐、宽相等”的投影规律，分别找出各部分对应的其他两面投影；视其三视图图形特征判别各部分所代表的基本体形状。

（3）视位置、想整体。识别每个基本体后，再对照视图审视各部分之间的上下、左右、前后的位置关系，观察它们的组合形式，最后综合想象出整个物体的形状。

举例如下：

【例 6-1】 已知涵洞进口挡土墙三视图［图 6-5（a）］，试想象其空间形状。

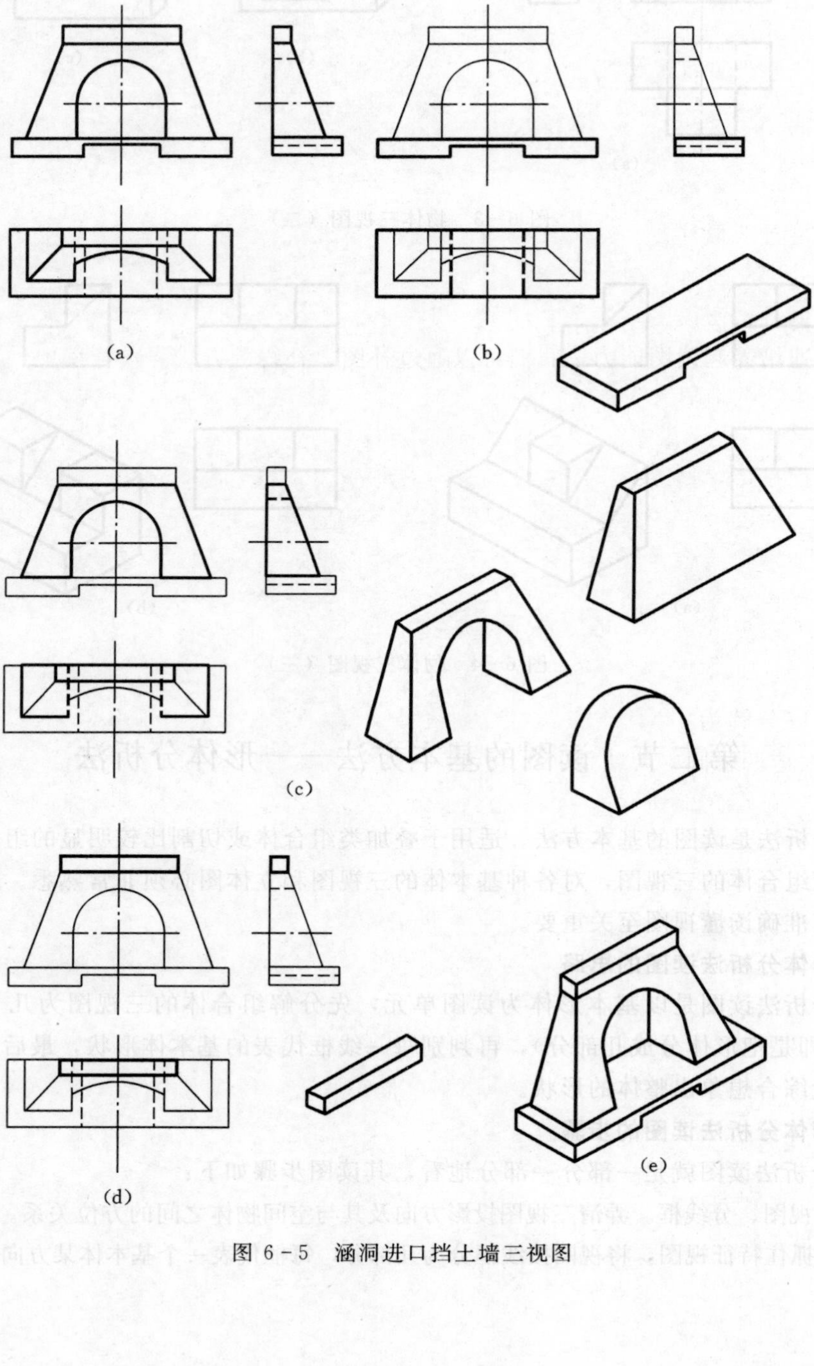

图 6-5 涵洞进口挡土墙三视图

分析：

（1）看视图、分线框。由图 6-5（a）可知，左视图为位置特征图，三粗实线框将形体分为上、中、下三部分，且反映了上部分的形状特征。正视图反映了形体中间部分与下部分的形状特征。

（2）对投影、识形体。按投影规律找出三线框在正、俯视图中对应的线框。下部分形体识读如图 6-5（b）所示，正视图为一倒放的凹字多边形（形状特征），左视图与俯视图为一矩形线框，且内含虚线。形体为长方体中间下方切去一前后贯通的小长方体，即倒置凹形柱。图 6-5（c）表示中间部分，左视图为梯形线框内有一根前后贯通虚线，正视图为两嵌套线框，外框为梯形，内框为倒 U 形，则可知倒 U 形为通孔。结合俯视图可知形体为直角四棱台的中下方切去一 U 形柱。上部分投影为三个矩形框，形体为图 6-5（d）所示长方体。

（3）视位置、想整体。由左视图可知长方体在上，中间是贯穿倒 U 形孔的直角四棱台，底部是倒置凹形柱，且三部分后面齐平。由正视图可知形体左右对称。组合体形状如图 6-5（e）所示。

三、形体分析法读图举例

若想快速培养起读图能力，我们可以通过补图、补线的方式强化训练，进而达到举一反三、熟能生巧的境界。

（一）补图

已知两面投影，据此想出空间形状，补画所缺的第三面投影，即补图。由于题中只知两视图，要读懂图形，需要反复构思才能确定整体。画图前，首先用形体分析法进行分析，抓住特征视图，结合其他视图读出组合体整体形状。补图时，一般叠加型物体可先画局部后画整体，切割型物体可先画原体再进行切割。下面举例说明。

【例 6-2】 已知扶壁挡土墙的两面投影［图 6-6（a）］，试补画左视图。

分析：图 6-6（a）中，正视图为特征视图，反映了形体的组合特征，它由四部分叠加而成，可以分解为 1′、2′、3′、4′四个线框。看俯视图按长对正找对应投影 1、2、3、4。其中 3′对应两相同的 3 投影，如图 6-6（b）所示。根据基本体投影特征可知：Ⅰ是长方形底板，位于底部；Ⅱ是四棱柱形直墙，位于底板右上方，且与底板同宽；Ⅲ是两块五棱柱形扶壁，在直墙左方，底板上方且前后对称放置；Ⅳ是三棱柱形贴角与底板同宽，位于底板上方、直墙右下侧。所以为叠加型组合体，整体形状如图 6-6（c）所示。

作图：形体为叠加型组合体，根据投影规律依次画出底板、直墙、扶壁、贴角的左视图，分解步骤见图 6-6（d）。在作完各部分投影后，要检查各部分连接处图线是否多余、遗漏或改为虚线，确定无误后加深图线。

【例 6-3】 已知正视图与左视图［图 6-7（a）］，试补画俯视图。

分析：图 6-7（a）中左视图为七边形，原体为七棱柱，正视图补齐外框为矩形；左上与右上对称切去两个角，切割面为正垂面。所以组合体为切割型，整体形状如图 6-7（b）所示。

作图：

（1）作七棱柱的俯视图，如图 6-7（c）所示。

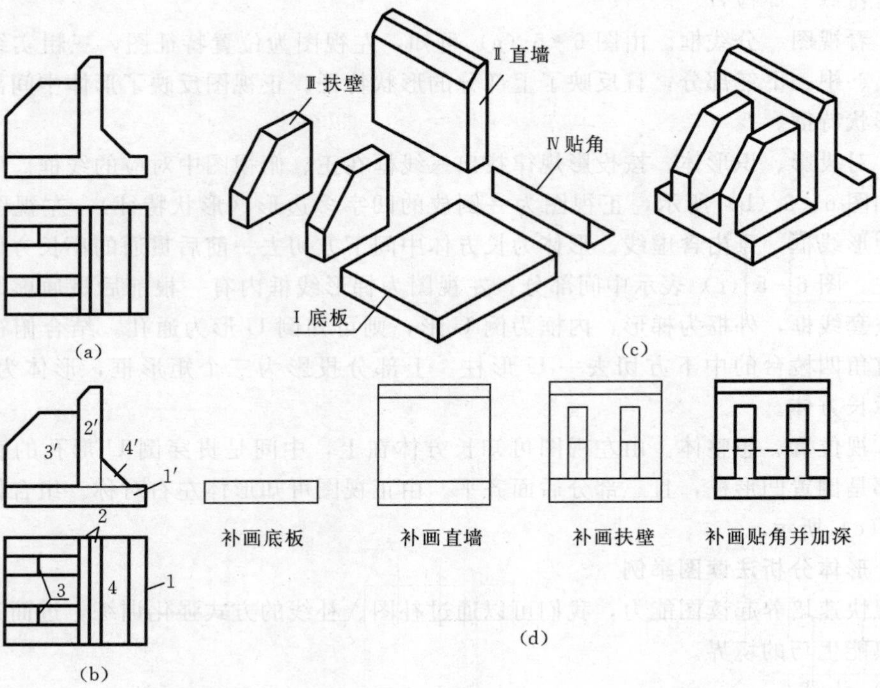

图 6-6 扶壁挡土墙补视图

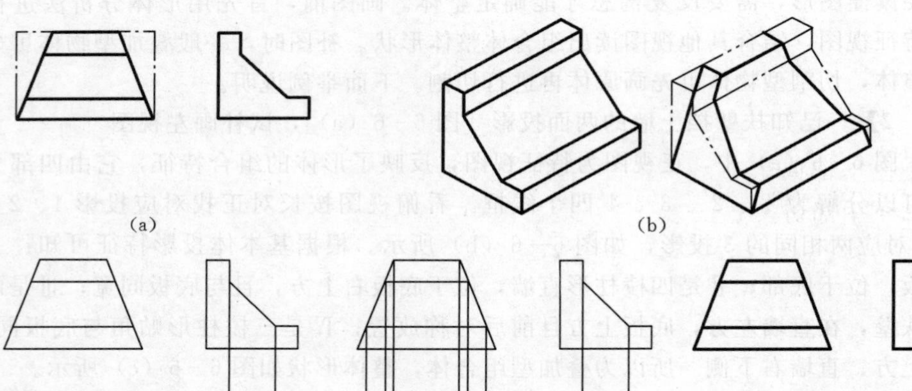

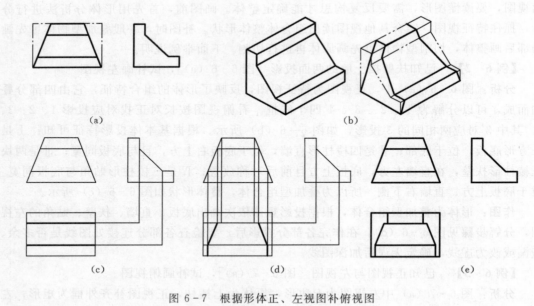

图 6-7 根据形体正、左视图补俯视图

（2）作左右缺口的俯视图，如图 6-7（d）所示。因其被正垂面所切，正面积聚为一斜线段，侧面对应七边形，根据类似性水平投影必为左右对称两七边形，长对正引线找点、连点即为所求。

(3) 对照立体检查正确后加深，如图 6-7 (e) 所示。

(二) 补线

给出的视图已经把形体的形状确定，只是有些细部投影线没画全，在读懂视图的基础上补画缺少的投影线（包括可见与不可见轮廓线），即补线。

【例 6-4】　已知三视图［图 6-8 (a)］，请补全漏线。

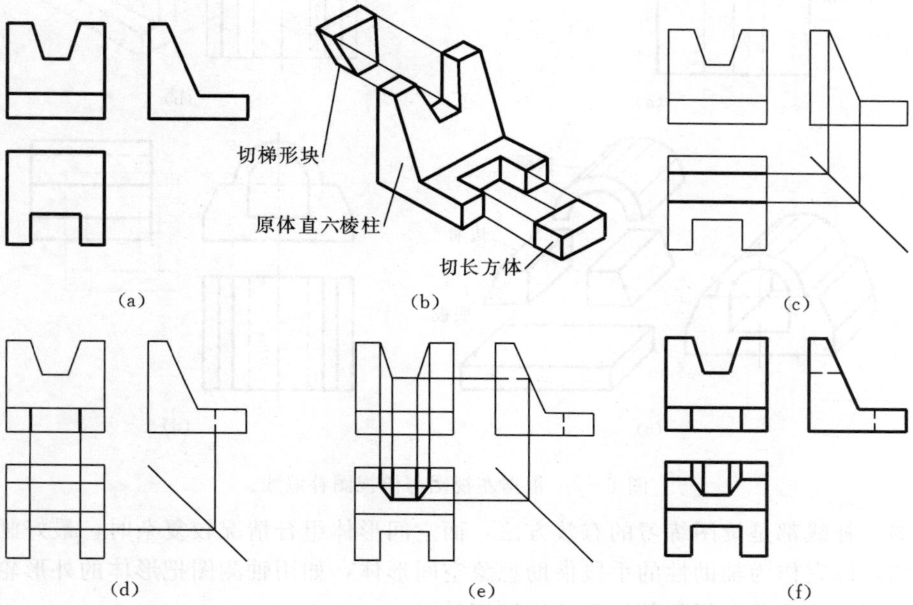

图 6-8　根据形体三视图补漏线

分析：图 6-8 (a) 所示形体的左视图的外形轮廓为六边形，说明原基本体为直六棱柱；正视图上部凹形框，说明在基本体中上部切去一个梯形块；俯视图为凹形框，说明基本体下中部切去一长方体。所以形体为切割型组合体，立体形状如图 6-8 (b) 所示。

作图：

(1) 补齐直六棱柱的投影，如图 6-8 (c) 所示。

(2) 根据投影规律补出切去的长方体的正面、侧面投影，如图 6-8 (d) 所示。

(3) 根据投影规律补出切去的梯形块的水平、侧面投影，如图 6-8 (e) 所示。

(4) 对照立体检查三视图是否正确，确定无误后加深图线，图 6-8 (f) 所示。

【例 6-5】　试补出左视图与俯视图中的图线（图 6-9）。

分析：由图 6-9 (a) 可知，正视图为特征视图，将其划分为四个线框，上部一个半圆弧框、左右两梯形框、底部一个矩形框。结合俯视图与左视图可知形体同宽。按投影规律读出它们所对应基本体分别为：半圆筒体拱圈、两梯形块边墙、长方体底板。所以为叠加型组合体，见图 6-9 (c)。

补线：画边墙漏线：水平投影两粗实线，侧面投影一粗实线。画拱圈漏线：水平投影两粗实线，侧面投影一虚线。最后检查无误后加深，如图 6-9 (d) 所示。

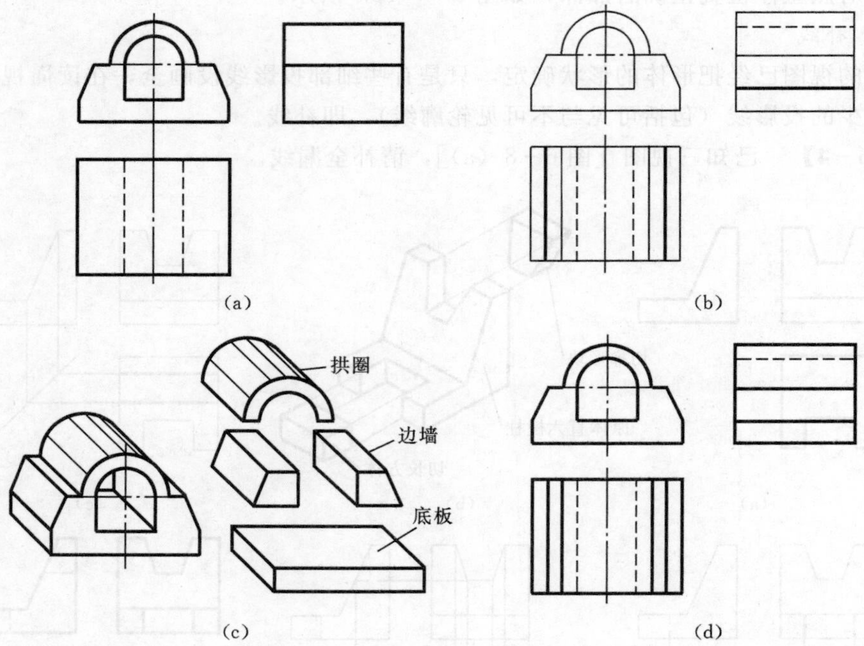

图 6-9 根据左视图与俯视图补漏线

补图、补线都是读图练习的有效方法，而空间形体组合情况较复杂时，最好画出形体的轴测图，以它作为辅助性的手段借助想象空间形体，如用轴测图把形体的外形轮廓先表达出来，再以此为基础想象其细部就比较容易了。

第三节 读图的疑难解决方法——线面分析法

一、基础知识

线面分析法是以线、面的投影规律为基础，分析组成形体投影图的线段、线框的形状和相互位置，综合想象出组合体的整体结构形状。对一些形状与基本体相差较大或斜面较多，难以用形体分析法读懂其空间形状的物体常采用此法。

二、读图步骤

线面分析法看图就是一个面一个面地看。其读图步骤如下：

（1）看视图、分线框。读三视图，弄清投影方向，建立物图关系，分解视图为若干线框。

（2）对投影、识面形。按上述分解的线框分别找出它们的其他投影，根据平面的投影特性，识别各面的形状。注意在线面分析法中，一个面形的三个投影之间，要么具有积聚性，要么具有类似性。

（3）视位置、想整体。想象出每个表面的形状后，再核对各线面的上下左右前后位置关系，最后把这些综合起来，就可想象出形体空间形状。

【例 6-6】 已知如图 6-10（a）所示涵洞进口一侧的三视图，试想象其形状。

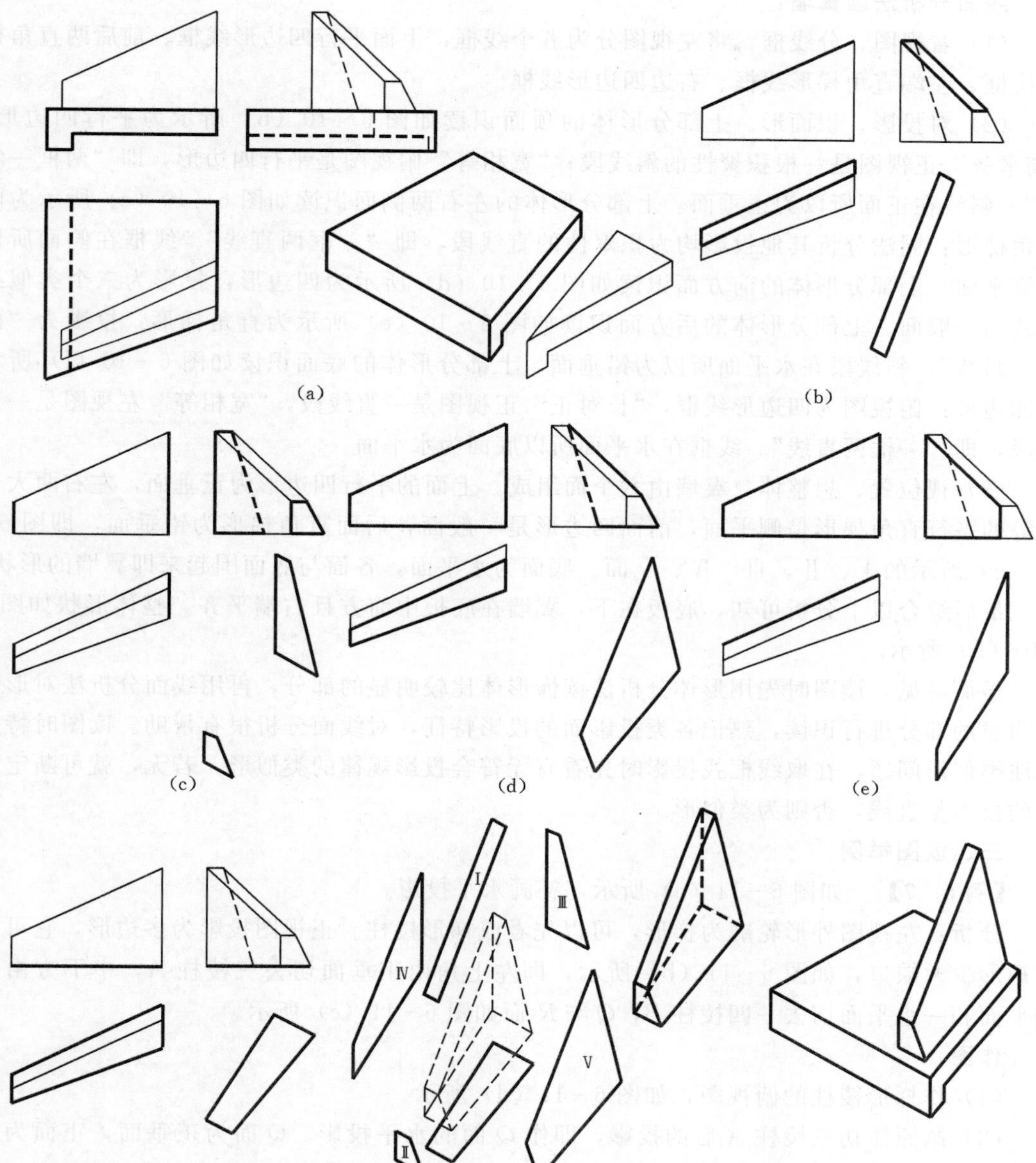

图 6-10　涵洞进口三视图

分析：读三视图，由正、左视图可知形体有上下两部分组成，分别是底板和翼墙。先读底板，正视图为放倒的 L 形，即形状特征图；俯视图为四边形（长方形切去一个角），内有一根前后贯通的虚线；左视图外框是矩形，内含虚线。所以形体为放倒的 L 形柱体切去一个角，即如图 6-10（a）中所示的底板。上部分翼墙三视图用形体分析法不易看懂，需要用线面分析法读图。

线面分析法读翼墙：

（1）看视图、分线框。将左视图分为五个线框：上面平行四边形线框、前后两直角梯形线框、左端直角梯形线框、右边四边形线框。

（2）对投影、识面形。上部分形体的顶面识读如图 6－10（b）所示为平行四边形："高平齐"正视图是一根积聚性的斜线段；"宽相等"俯视图是平行四边形，即"两框一斜线"。斜线在正面所以为正垂面。上部分形体的左右两侧面识读如图 6－10（c）所示为两直角梯形：同法分析其他投影均为积聚性的直线段，即"一框两直线"。线框在侧面所以为侧平面。上部分形体的前方面识读如图 6－10（d）所示为四边形：投影为三个类似线框故为一般面。上部分形体的后方面识读如图 6－10（e）所示为直角梯形：投影为"两框一斜线"，斜线段在水平面所以为铅垂面。上部分形体的底面识读如图 6－10（f）所示为四边形：俯视图为四边形线框，"长对正"正视图是一直线段，"宽相等"左视图是一直线段，即"一框两直线"。线框在水平面所以底面为水平面。

（3）视位置、想整体。翼墙由六个面组成。上面的平行四边形为正垂面，左右两大小不等的平行直角梯形是侧平面，前面四边形是一般面，后面直角梯形为铅垂面，即图 6－10（g）所示的Ⅰ、Ⅱ、Ⅲ、Ⅳ、Ⅴ面。底面为水平面，各面与底面围起来即翼墙的形状。

最后综合以上分析可知，底板在下，翼墙在底板中前方且右端平齐。整体形状如图 6－10（h）所示。

显而易见，读图时先用形体分析法读懂形体比较明显的部分，再用线面分析法对形体不明显的部分进行识读，熟记各类投影面的投影特征，对线面分析很有帮助。读图时特别关注类似形问题，在取线框找投影时先看有无符合投影规律的类似形。若无，就可断定对应的投影是直线，否则为类似形。

三、读图举例

【例 6－7】 如图 6－11（a）所示，补画水平投影。

分析：左视图外形轮廓为梯形，可以先看成梯形棱柱。正视图投影为多边形，它可看成矩形少两缺口，如图 6－11（b）所示，即左上角由正垂面切去三棱柱 A，中下方由两侧平面和一水平面切去一四棱柱 B，Q 与 R 面如图 6－11（c）所示。

作图：

（1）作梯形棱柱的俯视图，如图 6－11（d）所示。

（2）画原体切三棱柱 A 后的投影，即作 Q 面的水平投影。Q 面为正垂面，正面为斜直线，侧面对应梯形框，根据类似性俯视图为梯形框，如图 6－11（e）所示。

（3）画原体再切四棱柱 B 后的投影，先作侧垂面 R 面的水平投影。R 面有两个且前后对称。由于正面投影为九边形，侧面为斜直线，俯视图必为类似九边形。由于切割四棱柱 B 后，底部为空，故水平投影为两根虚线，如图 6－11（f）所示。

检查无误，加深图线，如图 6－11（g）所示。

【例 6－8】 如图 6－12（a）所示，补齐侧面投影。

分析：正视图为特征视图，结合俯视图可以分解为三个线框：底部Ⅰ线框正视图为八边形，俯视图对应为矩形且前后贯通、左右对称有四根虚线，说明形体为八棱柱；左上Ⅱ线框，正视图为矩形，俯视图对应为三角形，说明形体为三棱柱；右上Ⅲ线框，要结合线

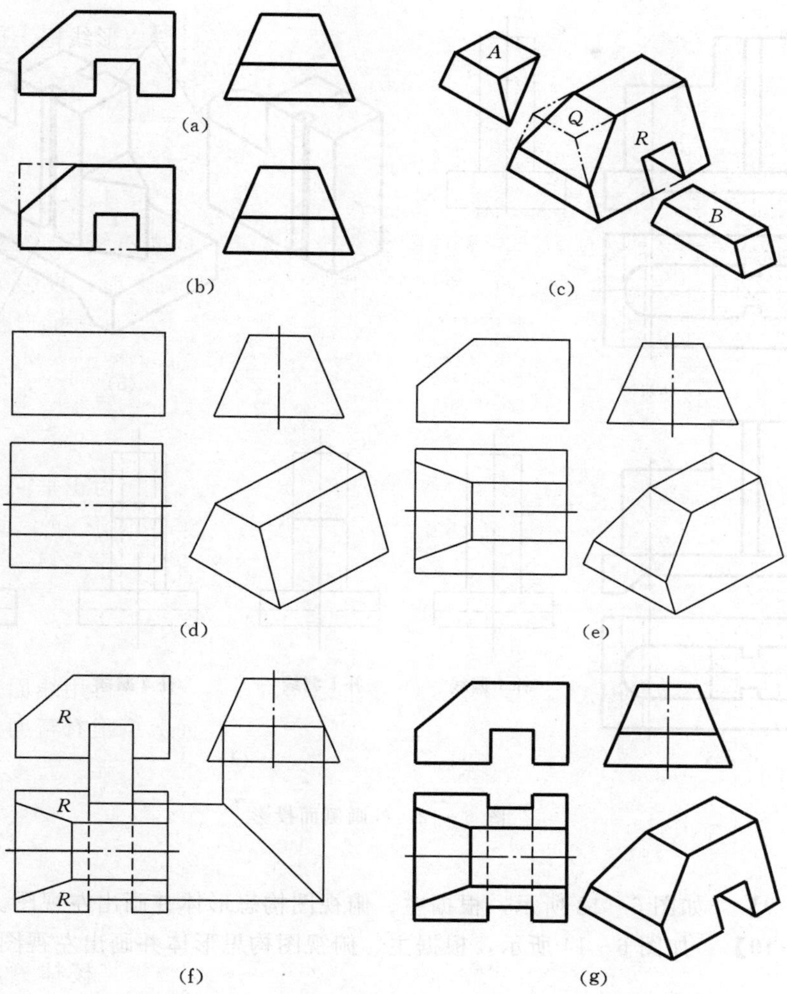

图 6-11　补画水平投影

(a)、(b)题目；(c)分析；(d)画出四棱柱的水平投影；(e)画出四棱柱被切去形体 A 后的水平投影；(f)画出四棱柱被切去形体 B 后的水平投影；(g)检查并描深

面分析法来读。俯视图为形状特征图，俯视图左端矩形框前后对称挖去两矩形缺口，右端 U 形框，结合正视图左高右低且分界处无线，则相邻框表示错位。而正视图外框为五边形，可知形体为组合柱右上方切去一 U 形柱。正视图五边形内有两根实线，水平投影对应两矩形缺口，说明在此组合柱前后对称又挖去两长方体。所以组合体为综合式形体，整体形状如图 6-12（b）所示。

补线：如图 6-12（c）所示，根据投影规律依次补出Ⅰ、Ⅱ、Ⅲ部分侧视图，检查正确后，加深图线，见图 6-12（d）。

四、组合体构形

在补画三视图的训练中，对于某些题目来说，可补画出不同的第三视图，构想出不同

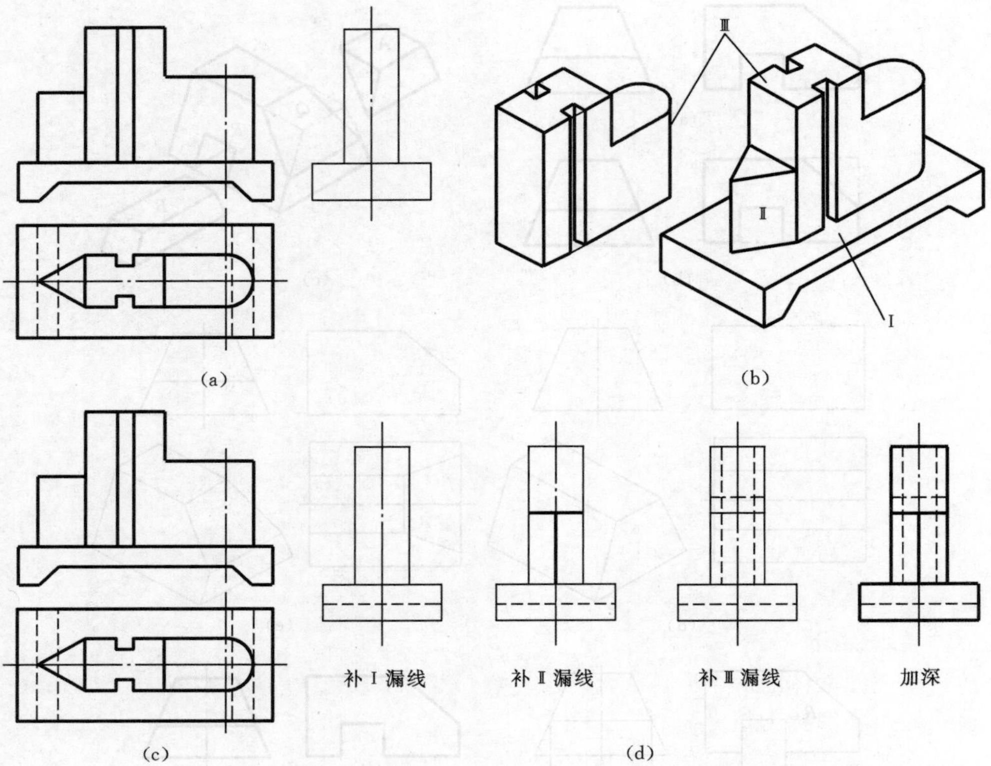

图 6-12 补画侧面投影

形体。

【例 6-9】 如图 6-13 所示，根据主、俯视图构思形体并画出左视图。

【例 6-10】 如图 6-14 所示，根据主、俯视图构思形体并画出左视图。

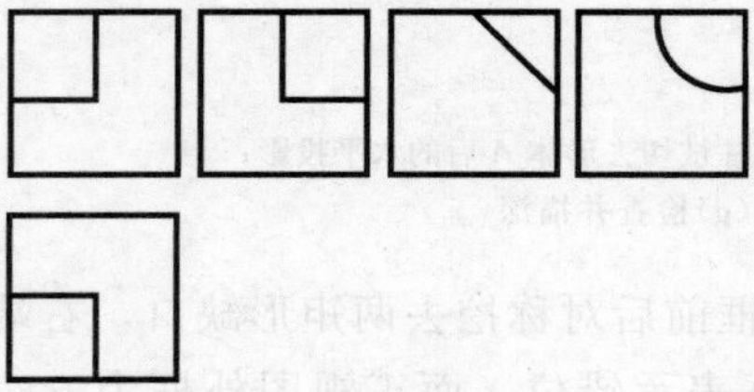

图 6-13 构思形体（一）

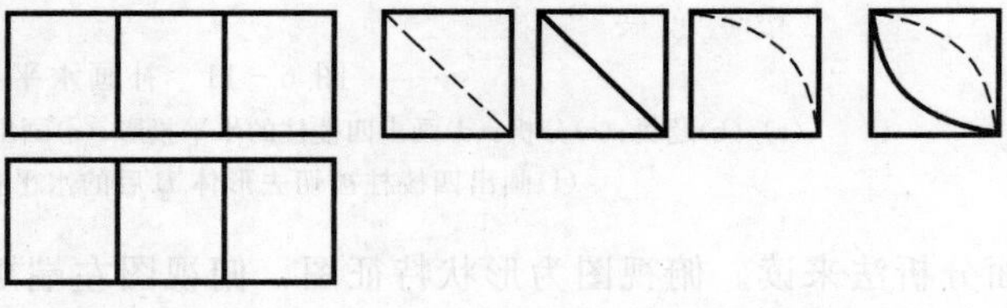

图 6-14 构思形体（二）

第七章　工程形体的表达方法

工程形体与组合体相比形状与结构均复杂得多，仅用三视图难以将其形状与结构完整、清晰、准确的表达。为满足实际工程的需要，国家标准中规定了多种表达方法，画图时可根据工程结构的具体情况合理选用。本章着重介绍视图、剖视图、剖面图、简化画法及规定画法等常用的表达方法。

第一节　视　　图

用多面正投影法绘制出物体的图形称为视图。视图主要用于表达形体的外部结构和形状，其种类有基本视图和特殊视图，其中特殊视图包括向视图、局部视图和斜视图。

一、基本视图

将一个正六面体的六个面作为基本投影面，将物体放在其中分别向六个投影面作正投影，所得六个视图称为基本视图，如图 7－1 所示。

正视图：从前向后投影所得的视图。

俯视图：从上向下投影所得的视图。

左视图：从左向右投影所得的视图。

右视图：从右向左投影所得的视图。

仰视图：从下向上投影所得的视图。

后视图：从后向前投影所得的视图。

将六个投影面展开到一个平面上，六个视图的位置如图 7－2 所示。展开后六个视图

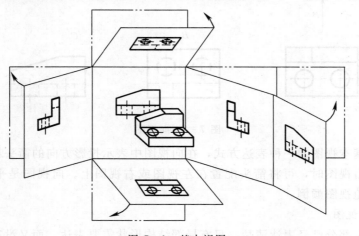

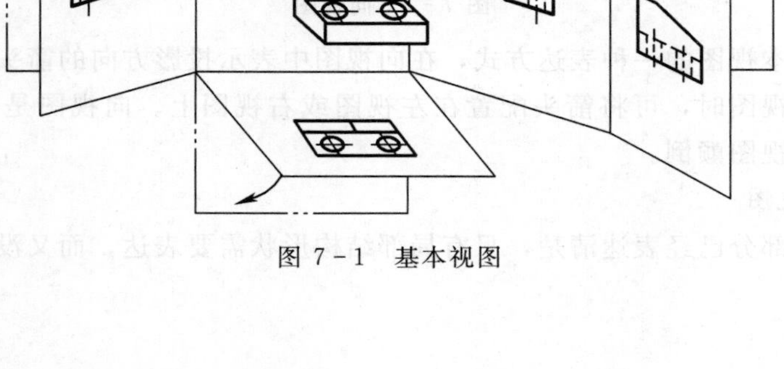

图 7－1　基本视图

仍符合“长对正、高平齐、宽相等”的投影规律。

在同一张图纸内按图 7－2 配置视图时，可不标注视图的名称。

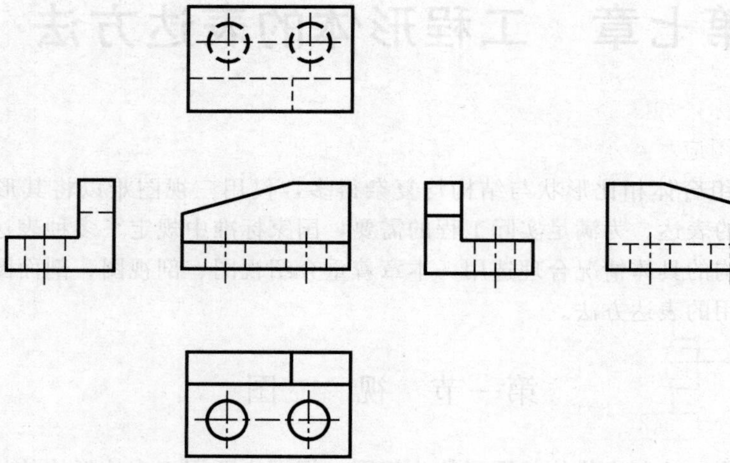

图 7－2 基本视图

二、特殊视图

（一）向视图

向视图是可以自由配置的视图。其表达方式为：在向视图的上方标注“×”或“×向”（“×”为大写拉丁字母），在相应视图的附近用箭头指明投影方向，并标注相同的字母，如图 7－3 所示。

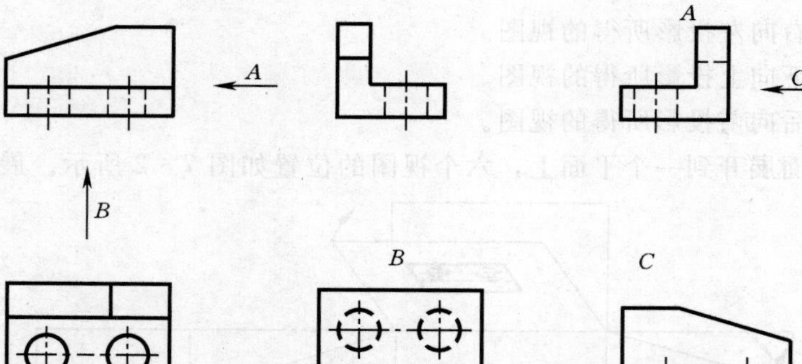

图 7－3 向视图

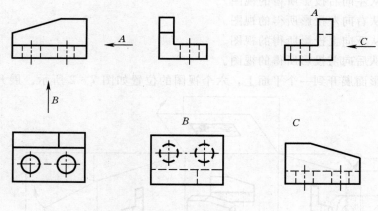

向视图是基本视图的一种表达方式，在向视图中表示投影方向的箭头尽可能配置在正视图上，表达后视图时，可将箭头配置在左视图或右视图上。向视图是平移后的基本视图，所以应避免视图颠倒。

（二）局部视图

当形体的大部分已经表达清楚，只有局部结构形状需要表达，而又没有必要画出完整的视图时，可将形体的局部结构向基本投影面投影，所得的视图称为局部视图。

画局部视图时应注意：

（1）局部视图的断裂边界用波浪线表示。但当所表达的局部结构是完整的，且外形轮廓又成封闭时，则波浪线可省略不画。

（2）必须用带字母的箭头指明投影部位及方向，并在该局部视图上方用相同的字母标注局部视图的名称，如图 7-4 所示。

（3）局部视图应尽量配置在箭头所指的方向，并与基本视图保持投影关系，如图 7-4 中的视图 B。由于布局等原因，也允许把局部视图配置在图幅其他适当的地方，如图 7-4 中的视图 A。

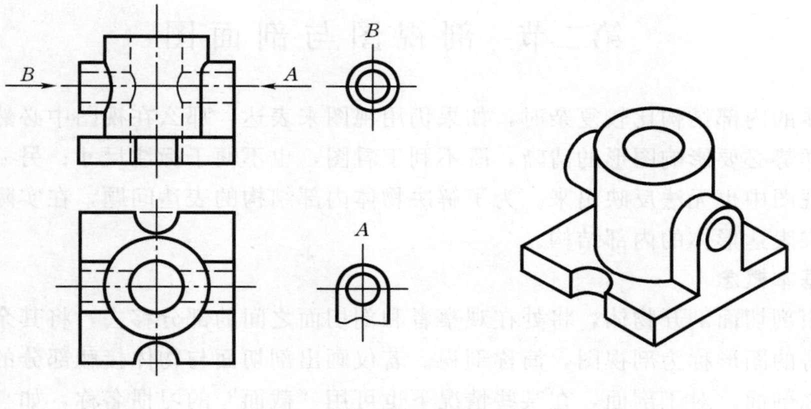

图 7-4 局部视图

（三）斜视图

当物体上具有不平行于基本投影面的倾斜部分时，在基本视图上就不能反映该倾斜表面的真实形状，如图 7-5（a）所示。为了表达倾斜部分的真实形状，可以选择一个新的辅助投影面，使它与物体倾斜部分平行，并垂直于一个基本投影面，然后将倾斜部分向辅助投影面投影，这样所得的视图称为斜视图，如图 7-5（b）所示。

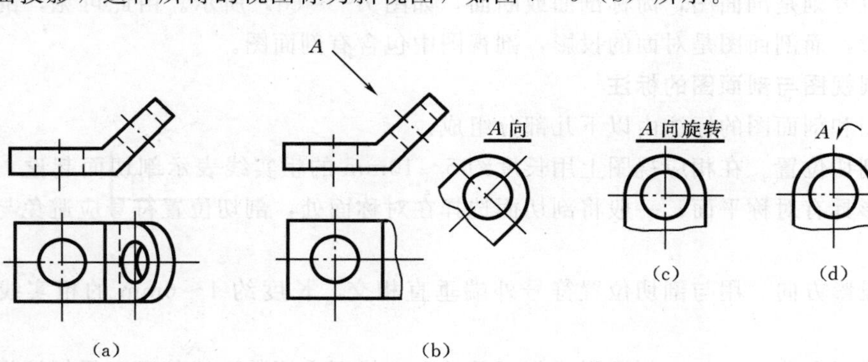

图 7-5 斜视图

画斜视图时要注意以下几点：

（1）斜视图通常只要求表达物体倾斜部分的实形，故其余部分不必全部画出而用波浪线断开。

（2）画斜视图时，必须在基本视图上用带字母的箭头指明投影部位及投影方向，并在斜视图上方用相同字母标注名称“×”，如图 7－5（b）所示。

（3）斜视图应尽量配置在箭头所指的方向，并与倾斜面保持投影关系。为了作图方便和合理利用图纸，也可以平移到其他适当的位置。在不致引起误解时，允许将图形旋转，使图形的主要轮廓线或中心线成水平或垂直位置，如图 7－5（c）所示。表示该视图名称的大写字母应靠近旋转符号的箭头端，也允许将旋转角度标注在字母之后。无论哪种画法，标注字母和文字都必须水平书写，如图 7－5 所示。旋转符号为带箭头的半圆，用于表示旋转方向。旋转符号的方向要与实际旋转方向相一致，以便于看图，如图 7－5（d）所示。

第二节 剖视图与剖面图

当物体的内部结构比较复杂时，如果仍用视图来表达，那么在视图中必然要画出很多虚线，这样势必要影响图形的清晰，既不利于看图，也不便于标注尺寸；另一方面，结构的材料在视图中也无法反映出来。为了解决物体内部结构的表达问题，在实际工程当中常用剖视图来表达形体的内部结构。

一、基本概念

假想用剖切面剖开物体，将处在观察者和剖切面之间的部分移去，将其余部分向投影面投影所得的图形称为剖视图，简称剖视。若仅画出剖切面与物体接触部分的图形称为剖面图，简称剖面。对于剖面，在某些情况下也可用“截面”的习惯名称，如“钢筋截面”。

不论剖视图还是剖面图，均应在剖切面与物体接触部分，即断面区域画上剖面材料符号。

图 7－6（a）所示为一台阶的三视图，左视图中的踏步线不可见，故用虚线表示。图 7－6（b）中，假想以侧平面为剖切平面沿对称线位置将台阶剖开，把剖切面连同台阶左半部分移开，将剩余部分向右投影到 W 投影面上画成视图，并在断面区域画上剖面材料符号，就是剖视图，如图 7－6（c）所示。若只画出断面部分的图形，并在断面区域画上剖面材料符号则是剖面图，简称剖面或断面，如图 7－6（d）所示。由此可见，剖视图是对体的投影，而剖面图是对面的投影，剖视图中包含有剖面图。

二、剖视图与剖面图的标注

剖视图和剖面图的标注由以下几部分组成：

（1）剖切位置。在相应视图上用长度约 5～10mm 的粗实线表示剖切面起讫、转折位置，若图形具有对称平面，一般将剖切面选择在对称面处，剖切位置符号应避免与图形轮廓线相交。

（2）投影方向。用与剖切位置符号外端垂直相交、长度约 4～6mm 的粗实线表示投影方向。

（3）视图名称。一般在剖视图或剖面图的上方或下方用数字或拉丁字母标注视图的名称“×－×”或“×－×剖视图”，并在剖视方向线的端部注写相同的字母或数字。

剖视图和剖面图的标注如图 7－6（c）、（d）所示。

允许省略标注的情况：

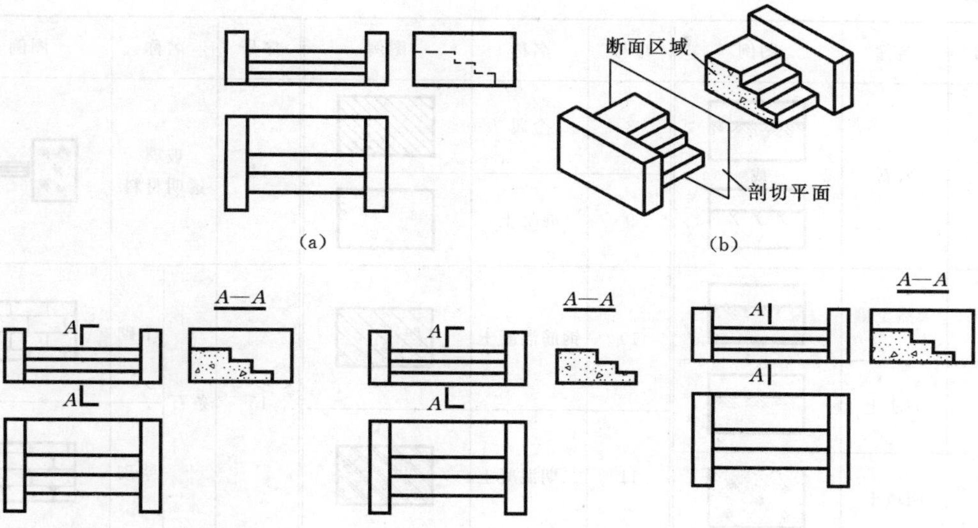

(a)　(b)　(c)　(d)　(e)

图 7-6　剖视图和剖面图

(a) 三视图；(b) 剖切情况；(c) 剖视图；(d) 剖面图；(e) 省略标注

(1) 当视图按投影关系配置，中间又没有其他图形隔开时，可省略投影方向。如图 7-6 (e) 所示的剖视图。

(2) 当剖切面通过形体的对称或基本对称面，视图按投影关系配置，中间又没有其他图形隔开时，可完全省略标注，如图 7-7 (a) 所示。

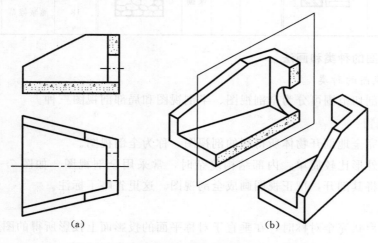

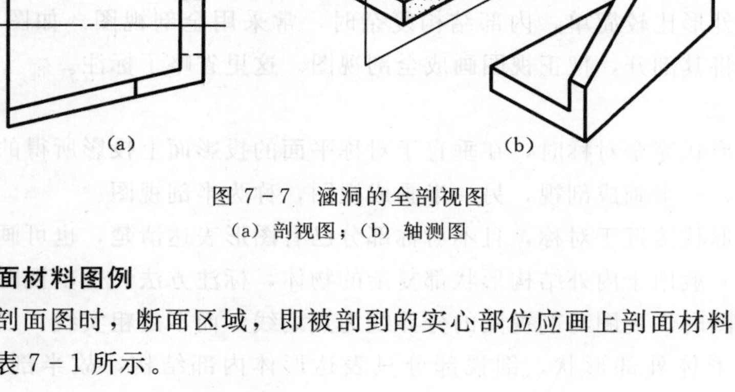

(a)　(b)

图 7-7　涵洞的全剖视图

(a) 剖视图；(b) 轴测图

三、常用剖面材料图例

画剖视图和剖面图时，断面区域，即被剖到的实心部位应画上剖面材料符号，常用的剖面材料图例如表 7-1 所示。

表 7－1　　常用剖面材料图例

序号	名称	图例
1	岩石	 或 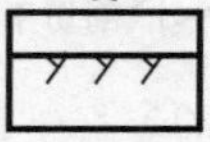
2	天然土壤	
3	夯实土	
4	回填土	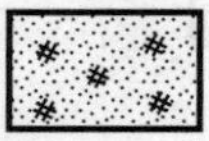
5	黏土	
6	水、液体	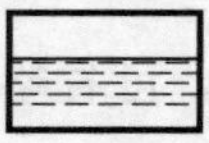
7	砖	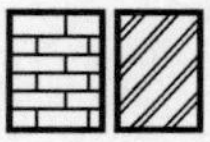
8	金属	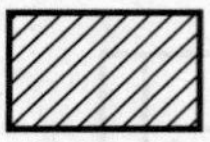
9	混凝土	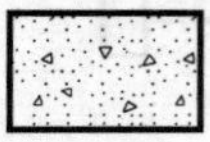
10	钢筋混凝土	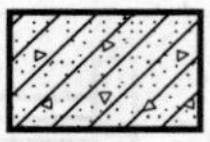
11	二期混凝土	
12	砂、灰土、水泥砂浆	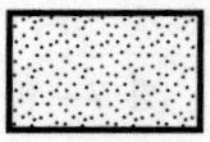
13	块石　干砌	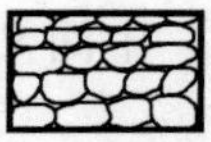
	块石　浆砌	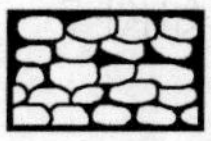
14	玻璃透明材料	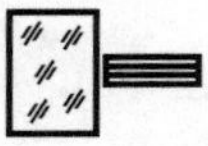
15	条石　干砌	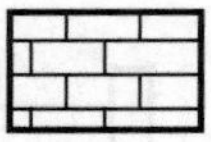
	条石　浆砌	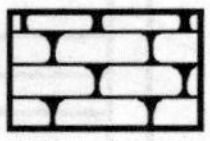
16	木材　纵剖面	
	木材　横剖面	
17	塑料、橡皮沥青、填料	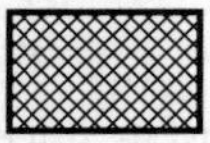
18	灌浆帷幕	

四、剖视图的种类和画法

（一）剖视图的种类

剖视图按剖切范围可分为全剖视图、半剖视图和局部剖视图三种。

1. 全剖视图

用剖切面完全地剖开物体所得到的剖视图，称为全剖视图。

当物体的外形比较简单，内部结构复杂时，常采用全剖视图。如图 7－7 所示涵洞，沿前后对称面将其剖开，把正视图画成全剖视图。这里省略了标注。

2. 半剖视图

当物体的形状完全对称时，在垂直于对称平面的投影面上投影所得的图形，可以以对称中心线为界，一半画成剖视，另一半画成视图，称为半剖视图。

若物体的形状接近于对称，且不对称部分已有图形表达清楚，也可画成半剖视图。

半剖视图一般用于内外结构形状都复杂的物体，标注方法和全剖视图相同。

画半剖视图时，视图与剖视图的分界线为点划线，而不是粗实线。以对称线为界，视图部分只表达形体外部形状，剖视部分只表达形体内部结构，故半剖视图中不应出现虚线。

如图 7－8 所示钢筋混凝土杯形基础，形状完全对称，正视图和左视图都画成半剖视图。这里省略了标注。

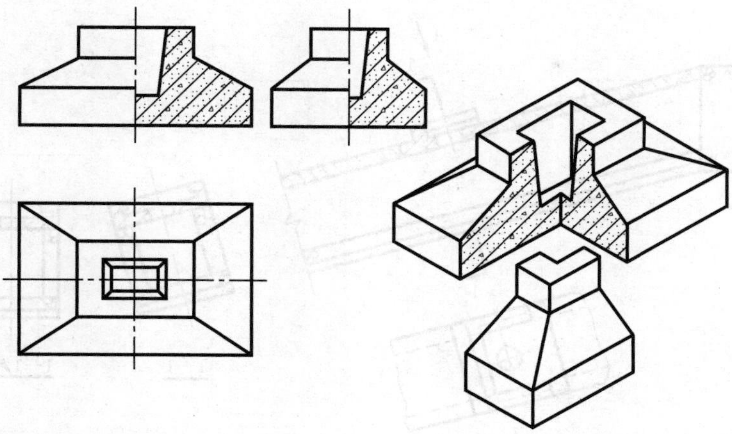

(a)　　(b)

图 7－8　完全对称形体的半剖视图

(a) 剖视图；(b) 轴测图

3. 局部剖视图

用剖切面局部地剖开物体所得到的剖视图称为局部剖视图。如图 7－9 所示的局部剖视图，是在钢筋混凝土圆管接口处局部剖切后所得。

局部剖视图是一种灵活且应用广泛的表达方法，剖开的部位表达物体的内部结构，不剖的部分则表达物体的外形。这种方法适用于内、外部结构都需要表达的不对称形体，或部分内部结构需要表达，而没有必要画成全剖视的形体。但在一个视图中，采用局部剖视图的部位不宜过多，否则会影响图形的清晰。

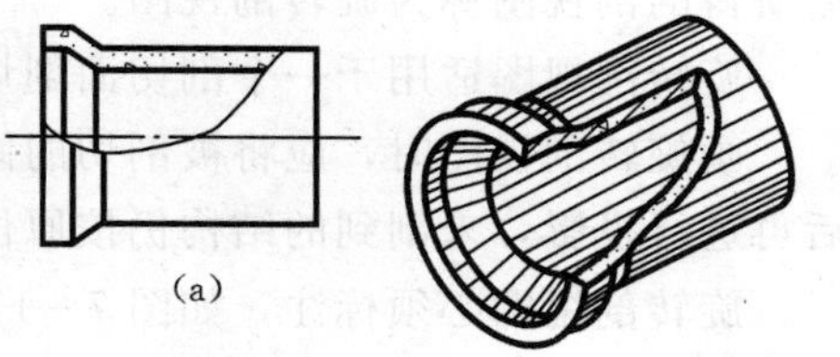

(a)　　(b)

图 7－9　局部剖视图

剖切范围以波浪线作为分界，波浪线不应与现有的图线重合或画在其延长线上，不应穿越孔洞部位，也不能超出视图之外，局部剖视图一般不需标注。

(二) 剖切面的种类

剖切面的种类分为单一剖切面、两相交的剖切平面（交线垂直于某一投影面）、几个平行的剖切平面和组合的剖切平面。根据物体的结构特点，可选择恰当的剖切方法。

1. 单一剖切面

(1) 当单一的剖切面平行于某基本投影面时，剖切后得到的全剖视图、半剖视图、局部剖视图是最常用的剖视图。

(2) 当单一的剖切面不平行于任何基本投影面时，剖开物体所得的剖视图称为斜剖视图。斜剖视图用于表达物体倾斜部位的实际形状。如图 7-10 所示，为表达卧管及进水口的真实形状，选用正垂面作剖切平面，将卧管完全剖开后向与剖切面平行的辅助投影面投影，即得如图 7-10 所示的斜剖视图。

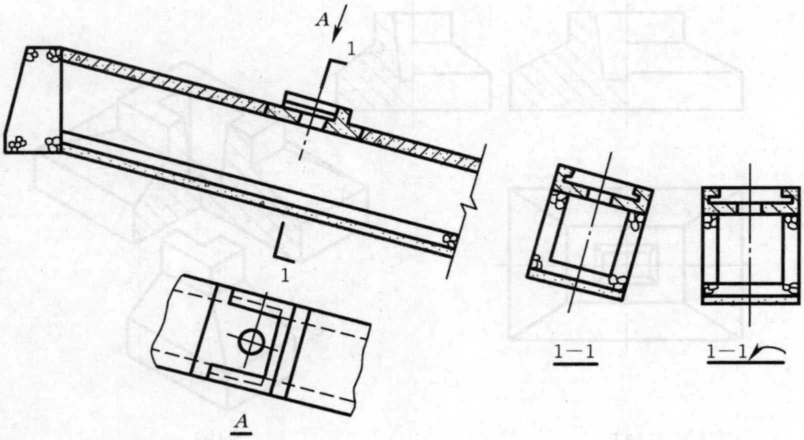

图 7-10 斜剖视图

辅助投影面的设置应满足下述两项条件：一是辅助投影面要平行于倾斜结构部分（以便反映实形）；二是辅助投影面应垂直于基本投影面。

2. 两相交的剖切面（交线垂直于某一投影面）

用两个相交的剖切面剖开形体，将与基本投影面倾斜的部分旋转到与基本投影面平行后所得的剖视图称为旋转剖视图。

旋转剖视图适用于一个剖切面剖切无法表达内部结构，又具有固转轴的形体。

画旋转剖视图时，应将被剖切的倾斜结构及有关部分旋转到与选定的基本投影面平行后再进行投影，未剖到的结构仍按原位置投影。

旋转剖视图必须标注，如图 7-11 所示。

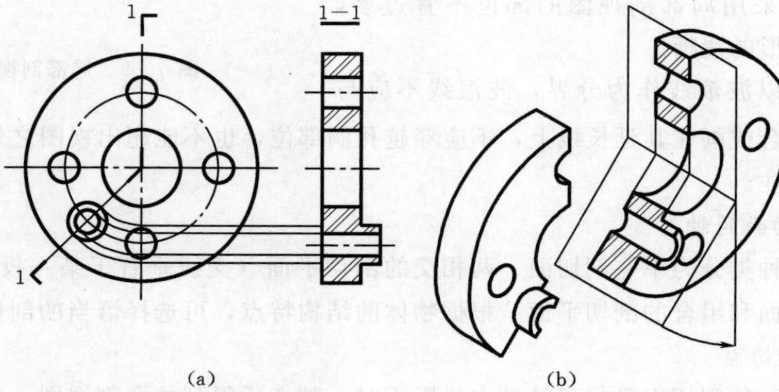

图 7-11 旋转剖视图
(a) 剖视图；(b) 轴测图

3. 几个平行的剖切平面

用几个互相平行的剖切平面剖开形体所得的剖视图称为阶梯剖视图。

阶梯剖视图适用于有较多内部结构需要表达，用一个剖切面不能同时剖到这些内部结构的形体。

阶梯剖视图的标注，如图 7-12（a）所示。剖切面的转折处不应与图上轮廓线重合，当转折处地方有限时，也可省略字母。

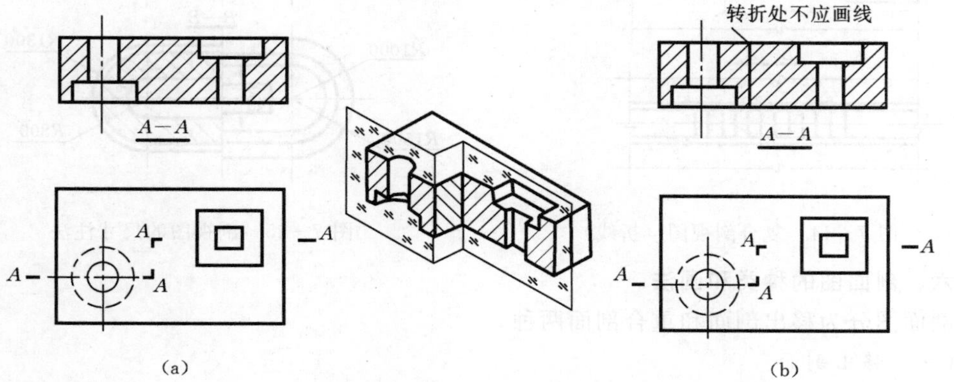

（a）　（b）

图 7-12 阶梯剖视图
（a）正确画法；（b）错误画法

画阶梯剖视图时，由于是假想剖切，剖切面转折处的界线不应画出，图 7-12（b）所示为错误的画法。同时应正确选择剖切面位置，图形内不能因剖切而产生不完整要素。仅当两个要素具有公共对称轴线时，才可出现不完整要素，此时两要素应以对称轴线为界，各画一半，如图 7-13 所示。

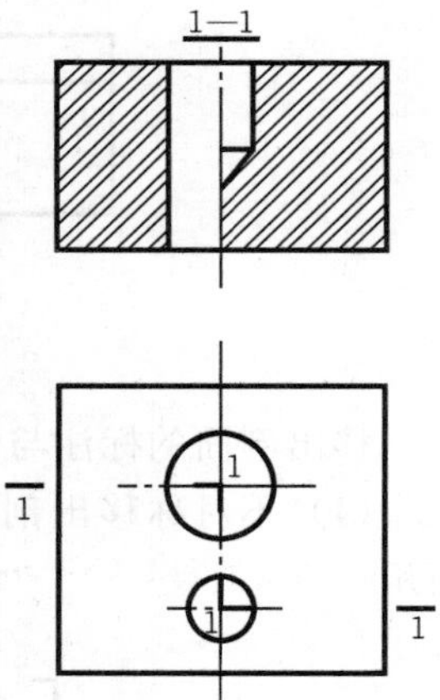

图 7-13 允许出现不完整要素的阶梯剖视图

4. 组合的剖切平面

除阶梯剖视、旋转剖视以外，用几个剖切平面剖开物体所得到的剖视图，称为复合剖视图，简称复合剖视。图 7-14 所示为混凝土坝内廊道的视图表达，其俯视图即为复合剖视图，是由三个剖切平面剖切而获得的。

复合剖视图的标注方法与阶梯剖视、旋转剖视相同。按剖切范围来分，复合剖、阶梯剖、旋转剖都属于全剖视图。

五、剖视图的尺寸标注

在剖视图上标注尺寸的基本要求与组合体的尺寸标注相同。为使标注清晰，根据剖视图的表达特点，在剖视图上标注尺寸应注意：①物体的外形尺寸应尽量标注在视图附近，表达内部结构的尺寸尽量标注在剖视图附近；②在半剖视图上标注内部结构尺寸时，只画一边的尺寸界线和箭头，尺寸线稍许超过对称中心线，但尺寸数字应按完整结构注写，如图 7-15 中的尺寸“3200”、“4600”等。

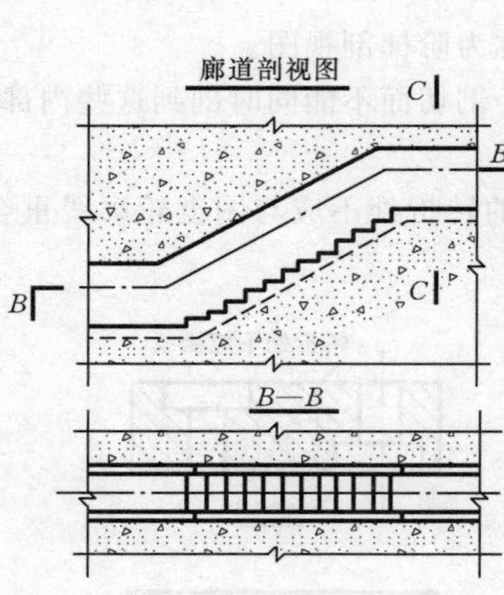

图 7－14 复合剖视图（折线）

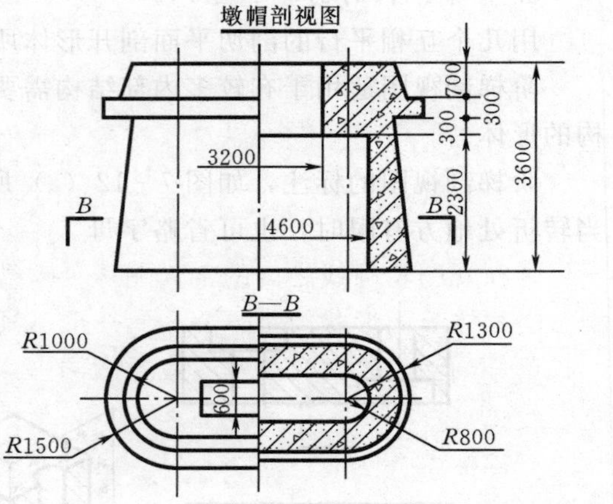

图 7－15 剖视图的尺寸注法

六、剖面图的种类和画法

剖面图分为移出剖面和重合剖面两种。

（一）移出剖面

画在视图轮廓线之外的剖面图称为移出剖面图。

移出剖面的轮廓线用粗实线绘制，可配置在剖切符号的延长线上，也可配置在其他适当位置，剖面图形对称时也可画在视图的中断处，如图 7－16 所示。

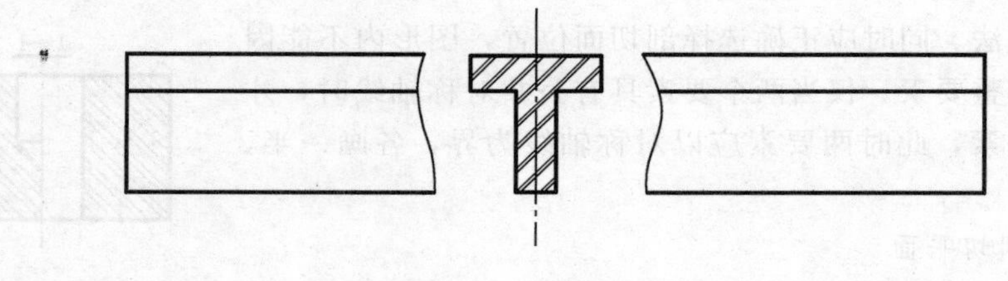

图 7－16 移出剖面图

移出剖面的标注与剖视图相同，但有时也存在省略标注的情况：

（1）不对称移出剖面图配置在剖切符号延长线上时，可省略名称，如图 7－17（a）所示。

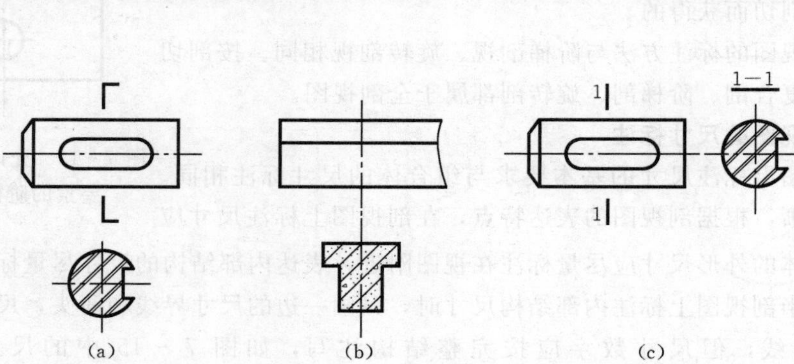

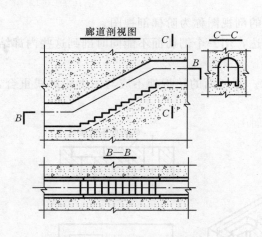

图 7－17 移出剖面的标注

（2）对称移出剖面配置在剖切符号延长线上时，可完全省略标注，仅用细点划线表示剖切位置，如图 7-17（b）所示。

（3）对称移出剖面图画在视图的中断处时，可完全省略标注，如图 7-16 所示。

（4）对称移出剖面，以及按投影关系配置的不对称移出剖面，可省略投影方向，如图 7-17（c）所示。

（二）重合剖面

画在视图轮廓线之内的剖面图称为重合剖面图。

当物体断面形状简单，不影响图形清晰的情况下，可采用重合剖面。

重合剖面的轮廓线用细实线绘制，当视图中轮廓线与重合剖面轮廓线重叠时，视图中轮廓线仍连续画出，不可间断。

对称的重合剖面可完全省略标注，如图 7-18（a）所示；不对称的重合剖面，不必标注名称，但应标注剖切位置和投影方向，如图 7-18（b）所示。

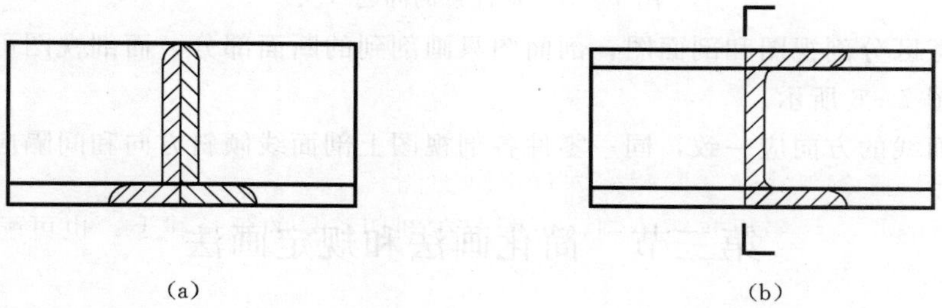

图 7-18 重合剖面

（a）对称；（b）不对称

七、画剖视图和剖面图应注意的问题

（1）剖视图和剖面图是假想将形体剖切后得到的图形，因此，形体某一视图画成剖视后，未取剖视的视图不受影响，仍完整画出，如图 7-19 所示。

（2）画剖视图时，未剖到的可见轮廓线应画出，不要漏线，如图 7-20 所示。

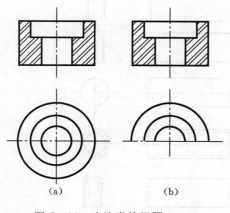

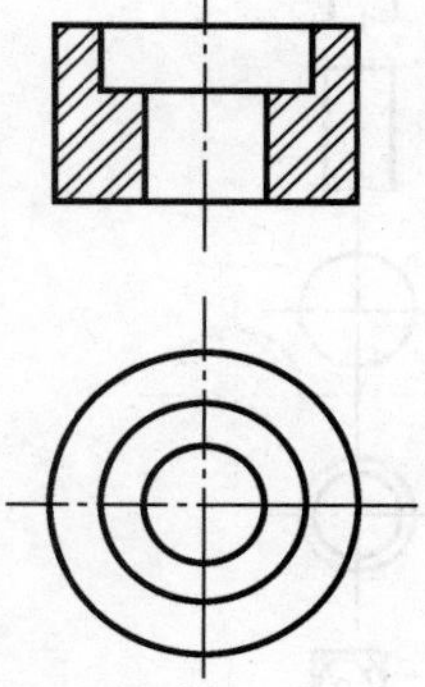

图 7-19 应注意的问题（一）

（a）正确；（b）错误

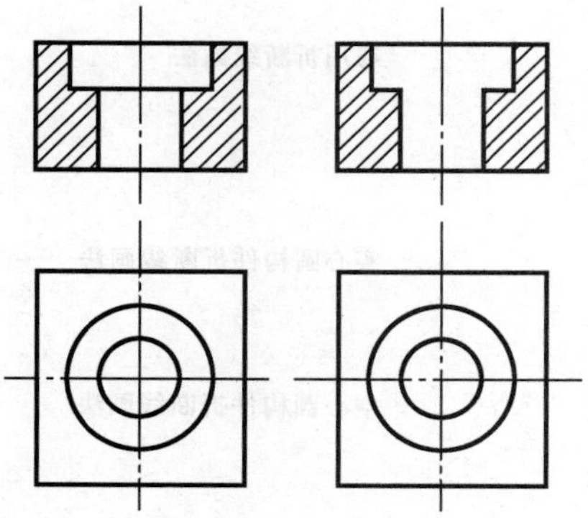

图 7-20 应注意的问题（二）

（a）正确；（b）错误

(3) 在其他视图上已经表达清楚的结构，在剖视图上的虚线一般省略不画。同理，在剖视图上已经表达清楚的结构，在其他视图上的虚线也省略不画，如图 7-21 所示。

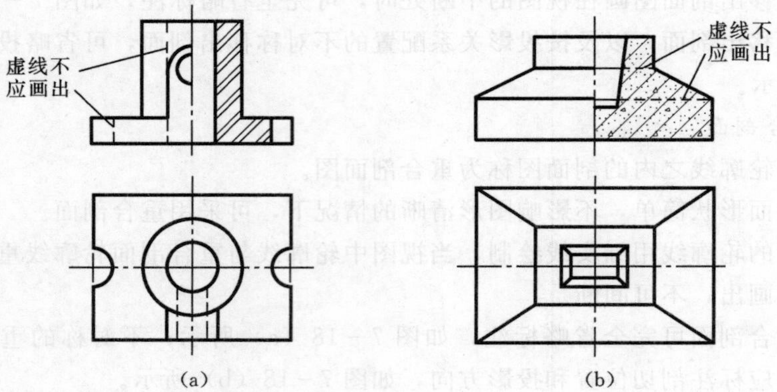

图 7-21 应注意的问题（三）

(4) 注意区分剖视图和剖面图，剖面图只画剖到的断面部分，而剖视图可见轮廓线都应画出，如图 7-6 所示。

(5) 剖面线的方向应一致，同一零件各剖视图上剖面线倾斜方向和间隔应一致。

第三节 简化画法和规定画法

在完整清晰地表达形体结构形状的前提下，采用简化画法和规定画法，可使绘图、看图简便，减少绘图工作量。常用的简化画法有以下几种。

一、折断画法、断开画法和连接画法

（一）折断画法

当只需表达形体某一部分的形状时，可假想将不需要表达的部分折断，只画出需要的部分，并在折断处画出折断线。不同形状和材料的形体，折断线的画法如图 7-22 所示。

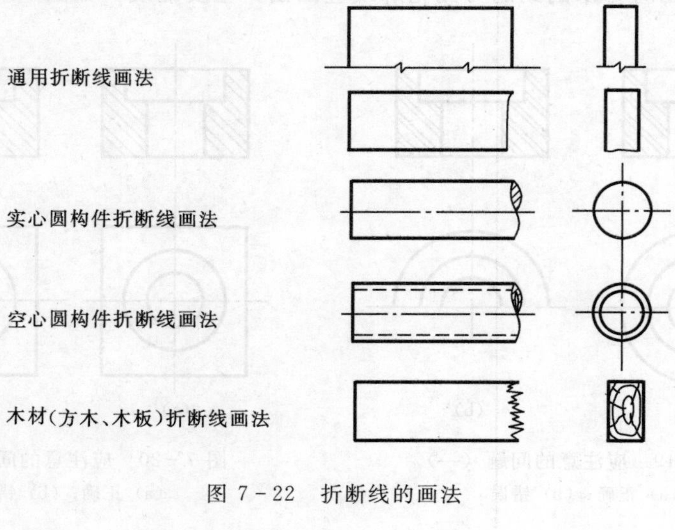

图 7-22 折断线的画法

（二）断开画法

对于较长，且沿长度方向的断面形状一致或按一定规律变化的形体，可断开后缩短绘制，断裂处用波浪线或折断线表示，但尺寸应按总长标注，如图 7-23 所示。

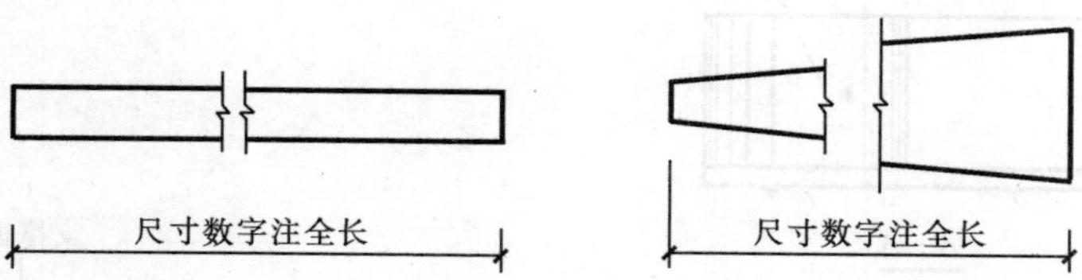

图 7-23 断开画法

（三）连接画法

当形体较长，图纸空间有限，形体需全部表达时，可采用连接画法将其分段绘制，并标注连接符号和字母表示图形的连接关系，如图 7-24 所示。

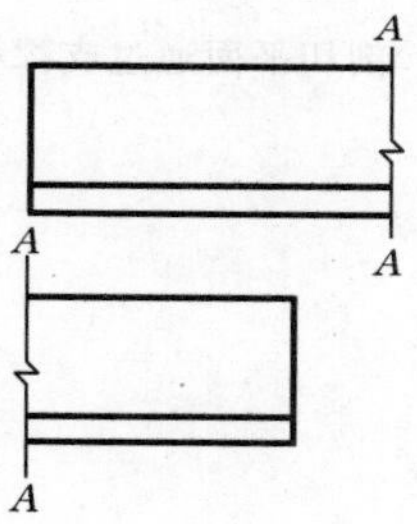

图 7-24 连接画法

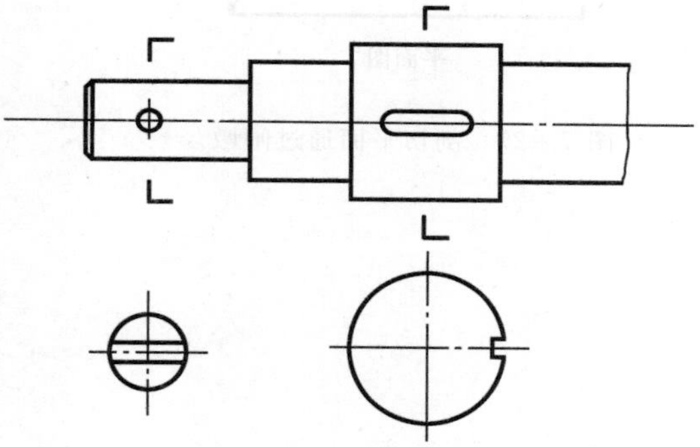

图 7-25 剖面符号省略

二、剖面符号省略画法

在不致引起误解时，移出剖面图的剖面材料符号可以省略，但剖切位置和剖面图必须遵照规定标注，如图 7-25 所示，两个移出剖面均为省略画法。

三、对称图形的简化画法

在不致引起误解的情况下，对称的形体可以只画一半或四分之一，并画出对称符号，如图 7-26 所示。

四、规定画法

(1) 对于形体上的肋、支撑板、薄壁以及实心的柱、墩、桩、杆、梁、轴等，如按纵向剖切，这些结构都不画剖面材料符号，并用粗实线将其与邻接的部分隔开，若按横向剖切，则这些结构仍画剖面材料符号，如图 7-27、图 7-28 所示。

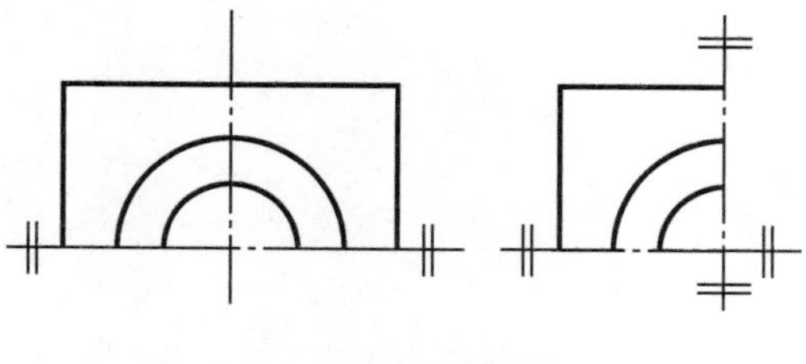

图 7-26 对称图形的简化画法

(2) 当剖切平面通过由回转面形成的

孔或凹坑轴线时，这些结构应按剖视图绘制，如图 7-25 中表达轴上圆孔的剖面图（孔封口）。

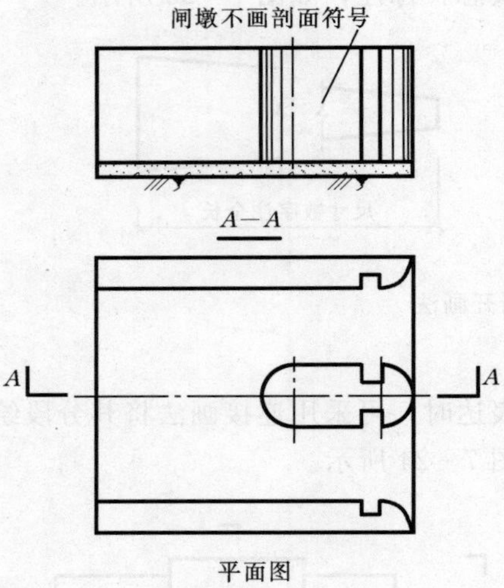

图 7-27 剖切平面通过闸墩

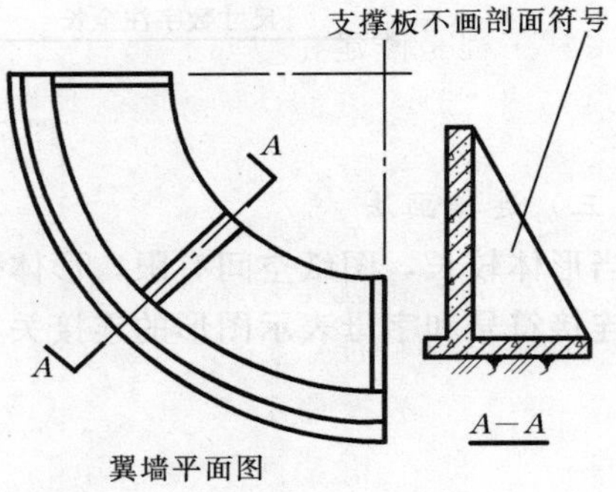

图 7-28 剖切平面通过支撑板

第八章　标　高　投　影

水利工程是修建在地面上的，在水利工程的设计和施工中，常需画出地面形状和地面上的水工建筑物，以便从图上解决有关工程上的问题。由于地面形状复杂，起伏不平，轮廓又不明显，长度方向的尺寸比高度方向的尺寸要大得多，不便于用前面讲的三视图和轴测图来表示，而标高投影则适于表示地形面和复杂的曲面。

所谓标高投影就是在物体的水平投影上加注某些特征点、线、面的高度数值的单面正投影。如图 8－1（a）是一个四棱台的两面投影，水平投影确定后，正面投影主要提供四棱台的高度（2m）。若用标高投影来表示，我们只需画出四棱台的水平投影，并加注其顶面和底面的高度数值 2.000 和 0.000。为了增强图形的立体感，在斜面上还画出长短相间等距的示坡线以表示坡面。再给出绘图的比例或比例尺，该四棱台的形状和大小就完全能确定了。

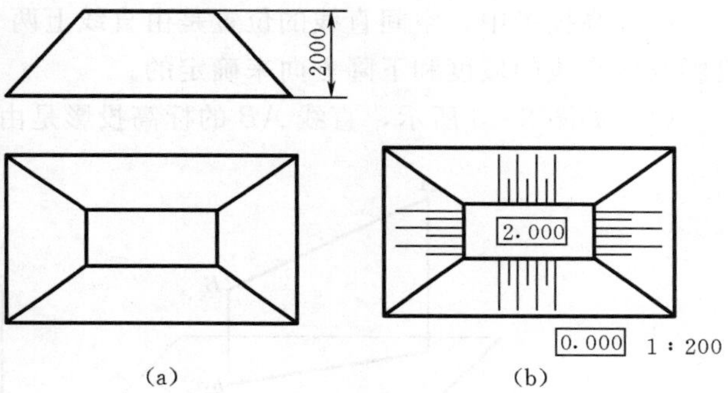

图 8－1　标高投影的概念

第一节　点　和　直　线

一、点的标高投影

在点的水平投影右下角，标注出该点与水平投影面的高度距离，即得该点的标高投影。

如图 8－2（a）所示，选择水平面 H 作为基准面，设其高程为零，基准面以上的高程为正，基准面以下的高程为负。空间有三个点 A、B、C，A 点高出 H 面 3 个单位，B 点在 H 面上，C 点低于 H 面 2 个单位，分别作出 A、B、C 三点在 H 面上的正投影。在投影图上字母 a、b、c 的右下角分别标出它们距离 H 面的高度数值 3、0、－2，得 a_3、b_0 和 c_{-2}，即为 A、B、C 三点的标高投影，如图 8－2（b）所示。数字 3、0、－2 分别为 A、B、C 各点的高程（又称标高）。

应当指出，标高是以某水平面为基准面的。在水利工程中的高程，则采用与测量相一致的基准面，即以青岛黄海平均海平面作为我国统一的高程起算面。标高投影中必须附有绘图比例（或画出图示比例尺）及其长度单位，否则就无法根据投影图来确定点在空间的位置。高程的单位一般为（m），在图上不需注明。

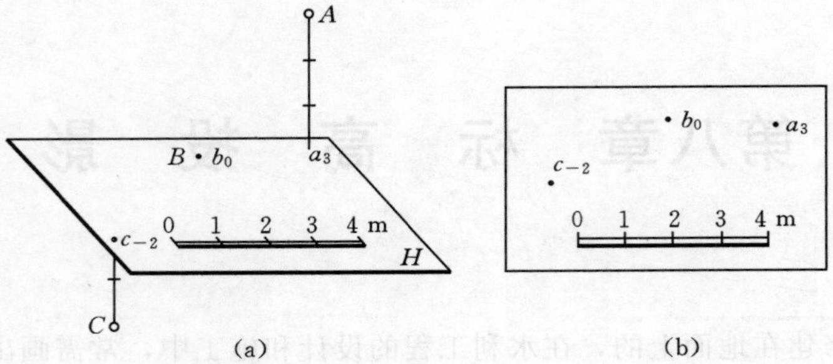

图 8-2 点的标高投影

二、直线的标高投影

1. 直线的标高投影表示法

在标高投影中，空间直线的位置是由直线上两个点的标高投影或直线上一个点的标高投影及该直线的坡度和下降方向来确定的。

（1）如图 8-3 所示，直线 AB 的标高投影是由 A、B 两点的标高投影连接而成的。

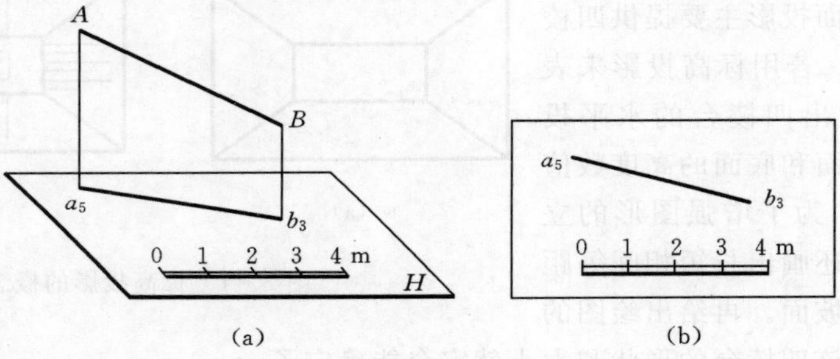

图 8-3 直线的标高投影

（2）如图 8-4 所示，直线是用直线上一个点的标高投影并加注直线的坡度和下降方向来表示的。

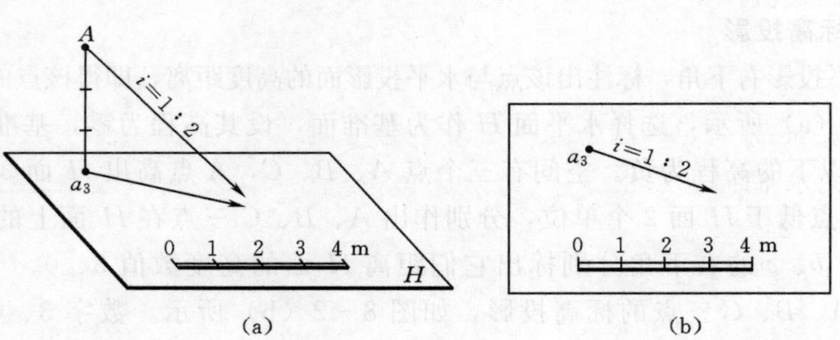

图 8-4 直线的表示方法

2. 直线的坡度和平距

直线上两点之间的高度差与水平距离（水平投影长度）之比称为直线的坡度，用符号 i 表示，如图 8-5 所示。

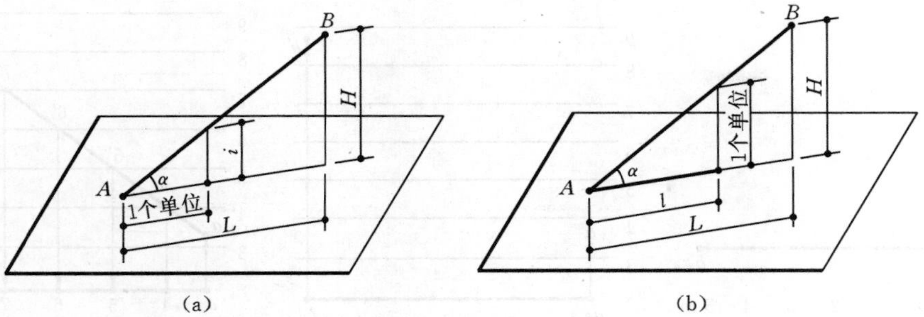

图 8-5 直线的坡度和平距

(a) 坡度；(b) 平距

$$坡度(i)=\frac{高度差(H)}{水平距离(L)}=\tan\alpha$$

上式表明：两点间的水平距离为1个单位（m）时，其高度差即等于坡度。式中 α 为直线的水平倾角，因此，坡度也可以说是直线对水平面的倾角的正切。

当直线上两点间的高度差为1个单位（m）时，其水平距离称为平距，用符号 l 表示，如图8-5所示。

$$平距(l)=\frac{水平距离(L)}{高度差(H)}=\cot\alpha=\frac{1}{i}$$

可见直线的坡度和平距是互为倒数的，即 $i=1/l$。坡度越大，则平距越小；坡度越小，则平距越大。

平行于基准面的直线，其坡度为零，平距为无限大，直线上各点的高程都相等，该直线为水平线。这时，线上只需注明其高程。

【例8-1】 已知直线 AB 的标高投影为 $a_{36}b_{12}$，如图8-6所示，求直线 AB 的坡度与平距，并求直线上 c 点的标高。

分析：欲求坡度与平距，先求出 H 和 L，H 可由直线上的两点的标高数值计算取得，L 可按比例由标高投影度量取得，然后利用 $i=H/L$ 及 $l=1/i$ 确定。

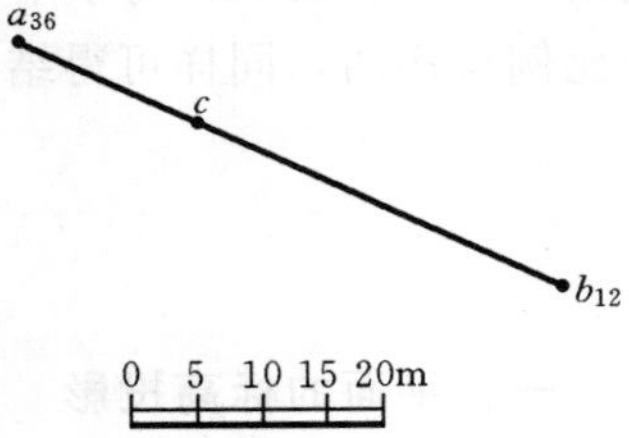

图 8-6 求点的标高投影

作图：

(1) H_{ab} 为 A、B 两点的高度差，$H_{ab}=36-12=24$，L_{ab} 为 A、B 两点的水平距离，由比例尺量得 $a_{36}b_{12}$ 的长度 $L_{ab}=48$，因此坡度 $i=24/48=1/2$。

(2) 直线 AB 的平距 $l=1/i=2$。

(3) 按比例量得 ac 间距离为16，据 $i=H/L$ 得

$$\frac{1}{2}=\frac{H_{ac}}{16} \qquad 即\ H_{ac}=8$$

于是，c 点的标高应为 $36-8=28$。

【例8-2】 已知直线 AB 的标高投影 $a_{3.3}b_{8.6}$，如图8-7（a）所示，求该直线上的整数标高点。

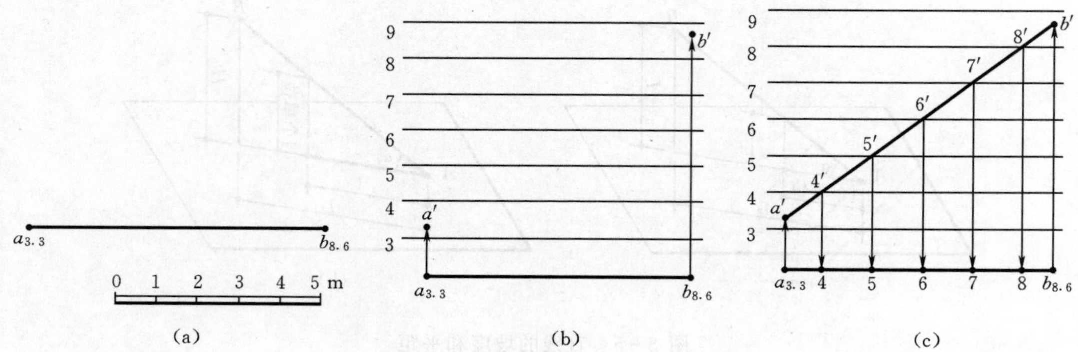

图 8-7 求直线上整数标高点

(a) 已知条件；(b) 作图过程；(c) 作图结果

分析：直线上 A、B 两点的标高数字并非整数，需要在直线的标高投影上定出各整数标高点，称为刻度。为此，需在适当位置作一组与 $a_{3.3}b_{8.6}$ 平行等距的整数标高直线，再进一步求 AB 直线与相应标高直线的交点。

作图：

(1) 在适当位置按比例尺作若干条间距等于 1m，既平行于 $a_{3.3}b_{8.6}$ 又相互平行的辅助直线，将靠近直线 $a_{3.3}b_{8.6}$ 的一条定为比 3.3 小的整数标高 3，其余依次类推为 4、5、6、7、8、9 的标高直线，一直作到比 8.6 大的整数标高 9，如图 8-7（b）所示。

(2) 过点 $a_{3.3}$、$b_{8.6}$ 分别作 $a_{3.3}b_{8.6}$ 的垂线，并在此垂线上分别求出 3.3 单位的 a' 和 8.6 单位的 b'，如图 8-7（b）所示。

(3) 连接 $a'b'$，它与各平行线相交得 $4'$、$5'$、$6'$、$7'$、$8'$ 各点，并由各点向 $a_{3.3}b_{8.6}$ 作垂线，各垂足即为所求的整数标高点，如图 8-7（c）所示。

必须指出：按［例 8-2］的作图方法，求得 $a'b'$ 就是线段 AB 的实长，它与辅助线的夹角，反映直线 AB 与水平面的倾角 α。当然，辅助线也可不平行于 $a_{3.3}b_{8.6}$，也可不按图中比例尺作图，同样可得结果，但不能得到 AB 直线的实长和倾角。

第二节 平 面 和 曲 面

一、平面的标高投影

1. 等高线

平面上的水平线称为平面上的等高线。平面上的等高线可以看做是许多间距相等的水平面与该平面的截交线。水平面的间距也就是等高线的高差。从图 8-8（a）中不难看出平面上等高线有以下三个特性：

(1) 等高线都是直线。

(2) 等高线互相平行。

(3) 当高差相等时，等高线的间距也相等。

上述三个特性同样也反映在它的标高投影图上，如图 8-8（b）所示。平面上等高线

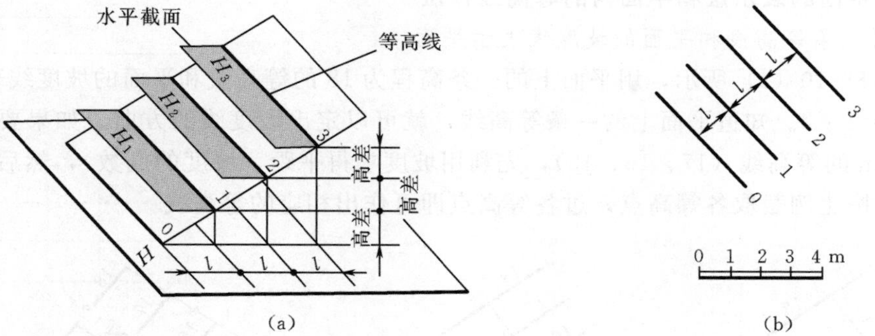

图 8-8 平面上的等高线

之间的实际距离在 H 面上的投影就是等高线的水平距离，当等高线的高差为 1 个单位时，相邻两条等高线间的水平距离称为平距，即为图 8-8 中所示的 l。为了正确地绘出平面上等高线的标高投影图，需要求出等高线的平距，等高线的平距与平面的坡度有着密切关系。

2. 坡度线

平面对水平面的倾斜度称为平面的坡度，它是用平面上对 H 面的最大斜度线的坡度来表示的。平面上对水平面的最大斜度线，就是平面上的坡度线。

如图 8-9 所示，平面上的坡度线有下列特性：

(1) 平面上的坡度线与等高线互相垂直，它们的水平投影也互相垂直。

(2) 平面上坡度线的坡度代表平面的坡度，坡度线的平距就是平面上等高线的平距。

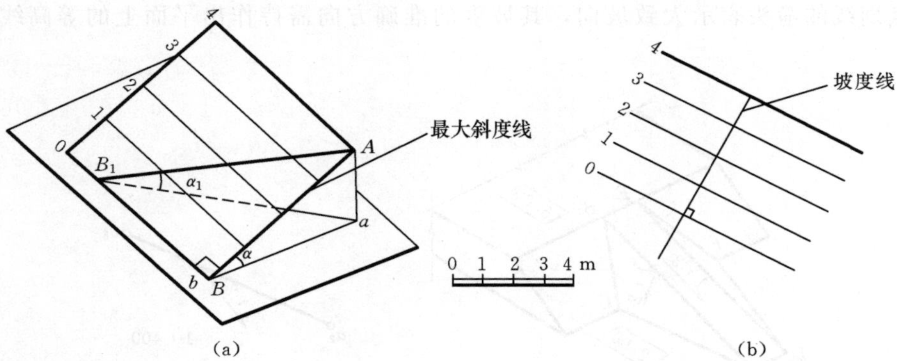

图 8-9 平面上的坡度线

3. 示坡线

为区分水平面与斜坡面，斜坡面上应加画示坡线，示坡线即为坡面上对水平投影面的最大斜度线。由于示坡线的方向就是坡面上坡度线的方向，所以示坡线应垂直于坡面上的等高线。规定：示坡线用长短相间的细实线从坡面较高的一边画出，间距要相等，长短要整齐，一般长线为短线的 2～3 倍，如图 8-1 所示。

二、平面的表示法和平面内的等高线作法

1. 用一条等高线和平面的坡度线表示平面

如图 8-10（a）所示，用平面上的一条高程为 18 的等高线和平面的坡度线表示平面，其坡度 $i=1:2$。知道平面上的一条等高线，就可以定出坡度线的方向。如果要作平面上间距为 1m 的等高线（17、16、15），先利用坡度求得平距（坡度的倒数），然后在等高线的垂线上按比例截取各等高点，过各等高点即可作出相应的等高线。

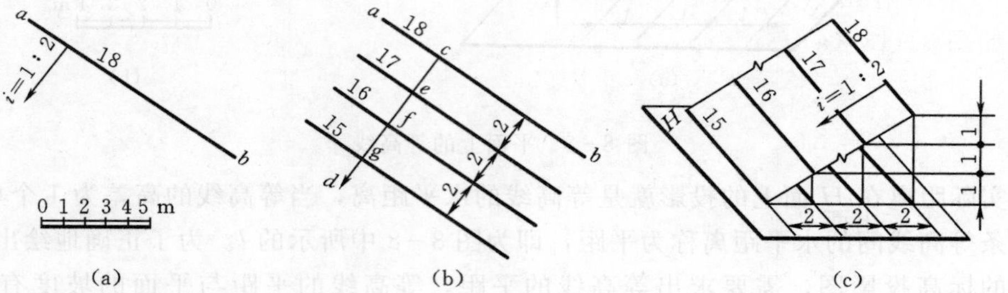

图 8-10 平面的表示法（一）

其作图方法如下：

（1）根据坡度 $i=1:2$，求出平距 $l=2$。

（2）在坡度线上从等高线 18 的交点 c 起，沿下坡方向按比例连续截取 3 个平距，得 e、f、g 三个截点。

（3）过各截点作等高线 18 的平行线，即为所求，如图 8-10（b）所示。

2. 用一条倾斜直线和平面的坡度表示平面

如图 8-11（b）所示，用平面上一条倾斜直线 a_2b_5 和平面的坡度 $i=1:2$ 来表示平面，双点划线的箭头表示大致坡向，其坡度的准确方向需待作出平面上的等高线后才能确定。

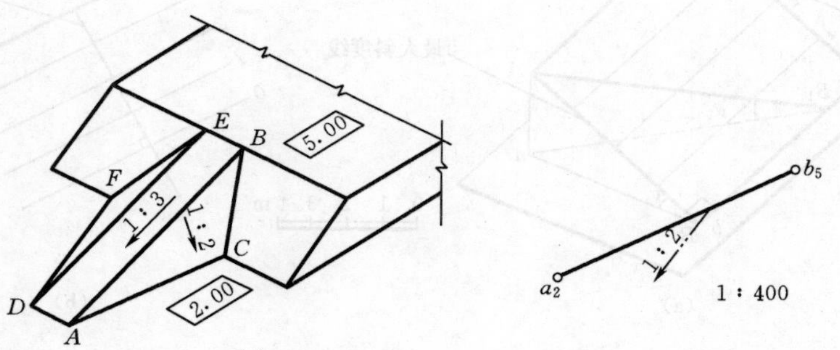

图 8-11 平面的表示法（二）

三、平面与平面的相交

在标高投影中，求两平面的交线时，通常采用辅助平面法，即用水平辅助面与两已知平面相交，其交线为两条同高程等高线，这两条同高程等高线的交点，就是两已知平面交线上的点（共有点），分别作出交线上两个点，连接起来即为两平面的交线。如图 8-12 所示，

求 P、Q 两平面的交线。用高程为 1 和 2 的水平面 H_1、H_2 作辅助平面，分别与 P、Q 两平面相交，其交线是高程为 1 和 2 的两对等高线，两对等高线的交点为 A、B，连接 A、B 即为 P、Q 两平面的交线。

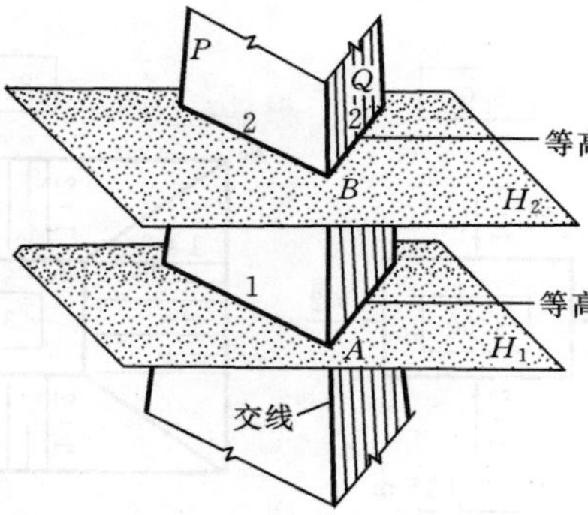

图 8-12 求 P、Q 两平面的交线

【例 8-3】 已知平面 P 由两条等高线 20 和 16 表示，平面 Q 由一条等高线 18 和坡度 1∶1.5 表示，如图 8-13（a）所示，求两平面的交线。

分析：求两平面的交线，主要是找两平面上的相同等高线的交点。

作图：

（1）分别作出两平面的两对同高程的等高线。如图 8-13（b）中的标高为 18、16 的等高线。

（2）两条高程 18 的等高线相交于 a 点，两条高程 16 的等高线相交于 b 点。

（3）连接 a、b 两点，则 ab 即为所求两平面交线的标高投影。

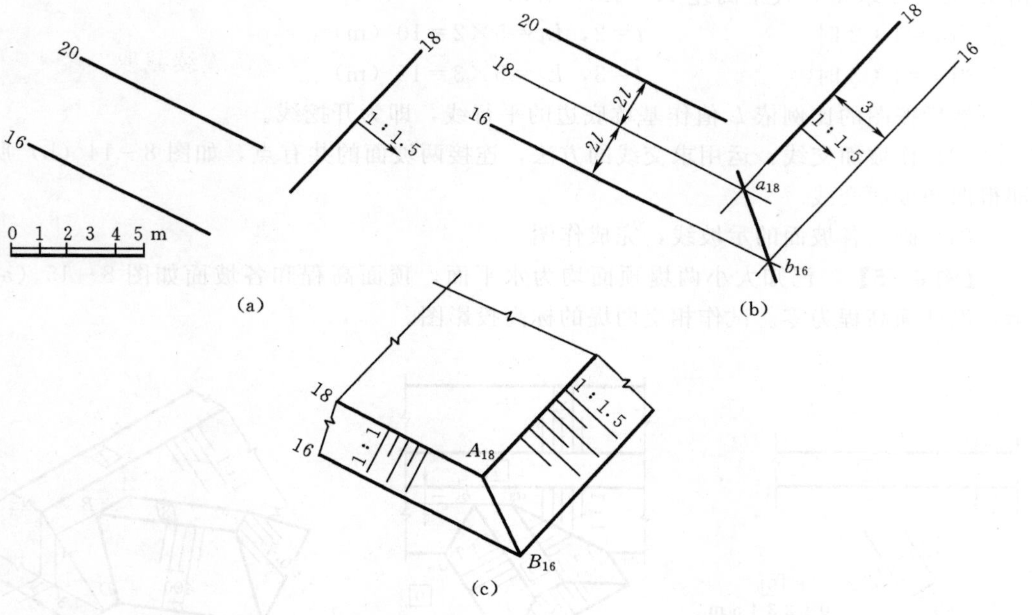

图 8-13 两平面的交线

（a）已知条件；（b）作图结果；（c）立体图

【例 8-4】 已知地面高程为 8，基坑底面的高程为 3，坑底的大小和各坡面的坡度如图 8-14（a）所示。试作基坑开挖完成后的标高投影图。

分析：如图 8-14（c）所示，因坑底和地面均为水平面，地面高程为 8m，主要求各坡面与地面的交线（开挖线），即坡面上与地面上同高程的等高线（标高为 8m 的等高线）以及相邻坡面间的交线。

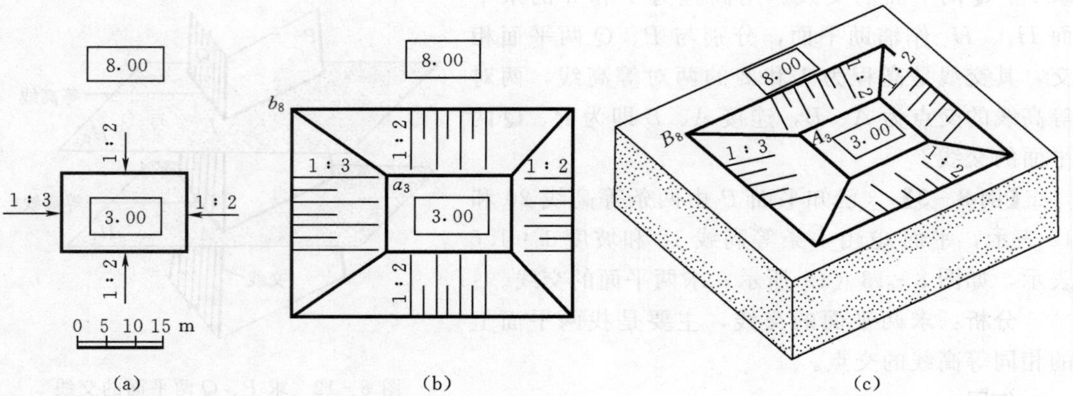

图 8-14 作基坑的标高投影图

(a) 已知条件；(b) 作图结果；(c) 立体图

作图：

(1) 作开挖线：各坡面上标高为 8 的等高线分别与基坑底的边线平行，其水平距离可由 $L=l\times H$ 求得，式中高差 $H=5$m，所以

当 $i=1:2$ 时 $l=2$，$L_1=5\times2=10$（m）

当 $i=1:3$ 时 $l=3$，$L_2=5\times3=15$（m）

然后按图的比例依 L 值作基坑底边的平行线，即为开挖线。

(2) 作坡面交线：运用求交线的方法，连接两坡面的共有点，如图 8-14（b）所示，即得四条坡面交线。

(3) 画出各坡面的示坡线，完成作图。

【例 8-5】 已知大小两堤顶面均为水平面，顶面高程和各坡面如图 8-15（a）所示，设地面高程为零。试作相交两堤的标高投影图。

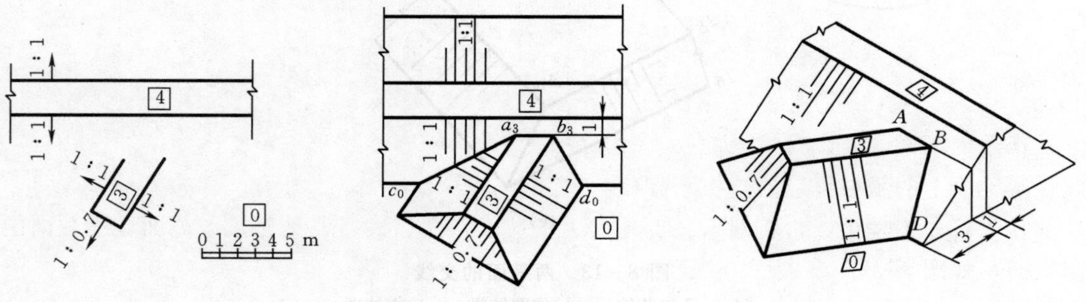

图 8-15 两堤斜交的标高投影图

(a) 已知条件；(b) 作图结果；(c) 立体图

分析：［例 8-4］是开挖，本例为堆筑。从求交线的角度来看，两者性质是相同的。本例是以建筑物顶面轮廓线作为已知的等高线，而求的是坡脚线和坡面交线，如图 8-15（c）所示。

作图：

（1）求坡脚线。坡脚线是指堤的坡面与地面的交线，这与例 8－4 开挖边界线的性质是相同的。现以小堤的尽端坡面与地面交线为例说明坡脚线的作法。

小堤尽端坡面 $i=1:0.7$，坡顶线与坡脚线的高差为 3m，则水平距离为 $3\times0.7=2.1$m。沿坡度线方向按图中比例截取 2.1m 作一条与尽端坡顶线平行的直线，即为尽端坡面的坡脚线。其余的坡脚线均可按此法作出。

（2）求各坡面之间的交线。小堤的堤顶高程为 3，它与大堤坡面的交线就是大堤前坡面上高程为 3 的等高线中 a_3b_3 一段。大堤与小堤的坡脚线交于 c_0 和 d_0，连接 a_3c_0 和 b_3d_0 即得大堤和小堤两坡面之间的交线。小堤尽端处的坡面交线可直接得出。

（3）在各坡面上加画示坡线，如图 8－15（b）所示。

四、正圆锥面

如果用一组等距离的水平面来截割正圆锥面，就可得到一组水平的截交线，即为等高线，如图 8－16（a）所示。画出这些等高线的水平投影并标明它们的高程，即得正圆锥面的标高投影。若水平面的高差为一定值时，正圆锥面的等高线有如下特点：

（1）等高线是一组同心圆。

（2）高差相同时等高线之间的水平距离相等。

（3）圆锥正立时，等高线越靠近圆心，其高程越大，如图 8－16（b）所示；圆锥倒立时，等高线越靠近圆心，其高程越小，如图 8－16（c）所示。

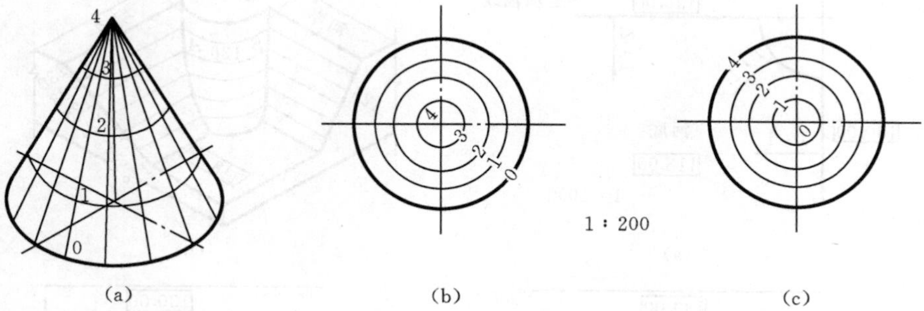

图 8－16 圆锥面的标高投影图

正圆锥面上的素线对水平面具有相同的倾角，即各素线均为正圆锥面上的坡度线。因此，圆锥面上的示坡线应通过锥顶。

在土石方工程中，常将建筑物的侧面做成坡面，而在其转角处作成与侧面坡度相同的圆锥面，如图 8－17（a）、（b）所示。

【例 8－6】 在土坝与河岸的连接处，常用圆锥面护坡。如图 8－18（a）所示，各坡面坡度已知，河底高程为 118.00m，河岸、土坝、圆锥台顶面高程为 130.00m。完成该连接处的标高投影。

分析：本题需求两类交线：①坡脚线，共有三条，其中两斜面与河底面的交线是直线，圆锥面与河底面的交线是圆曲线；②坡面交线，共有两条，它是两斜面与圆锥面的交线，是非圆曲线，该曲线可由斜坡面与圆锥面上一系列同高程等高线的交点确定，如图 8－18（b）所示。

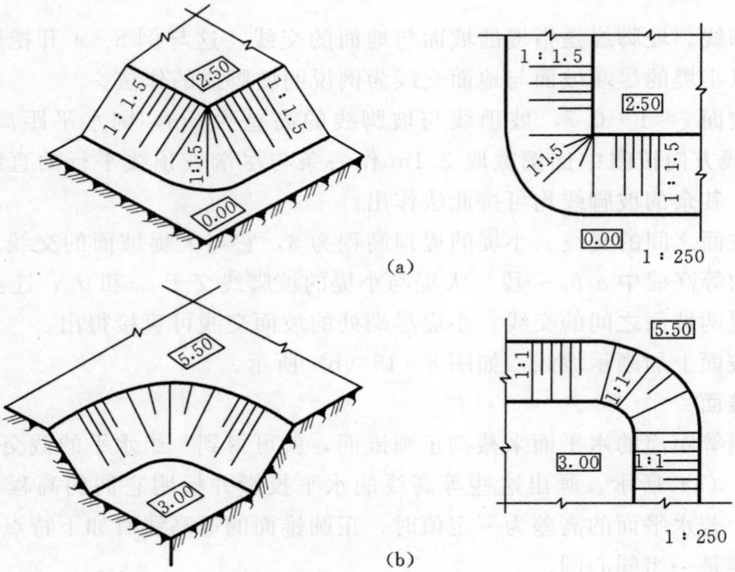

图 8-17 圆锥面应用实例

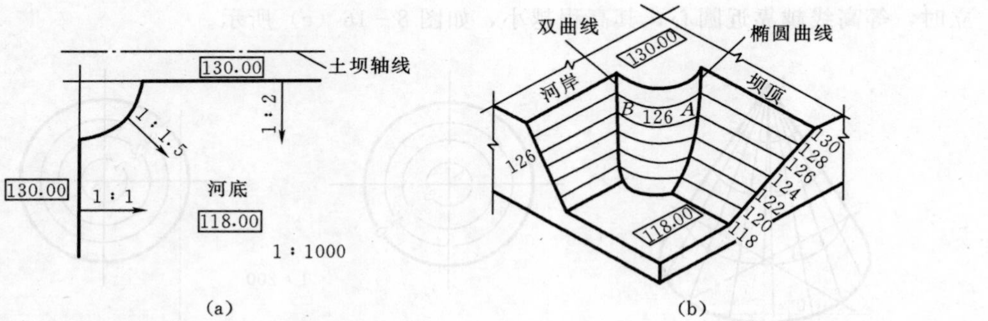

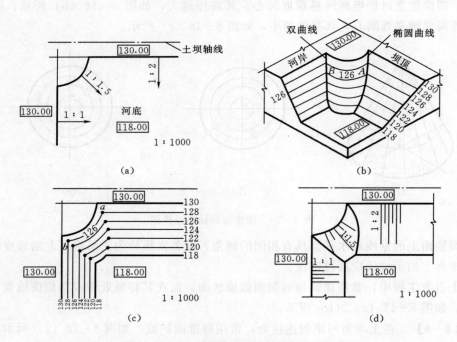

图 8-18 土坝与河岸连接处的标高投影

作图：

（1）求坡脚线。因河底面是水平面，各面与河底面的交线是各坡面上高程为 118.00m 的等高线，坝顶轮廓线是各坡面上高程为 130.00m 的等高线，两等高线的水平距离为：$L_{坝坡}=\Delta H/i=$（130−118）/（1/2）=24（m），$L_{河坡}=\Delta H/i=$（130−118）/（1/1）=

12（m），$L_{锥坡}=\Delta H/i=$（130－118）/（1/1.5）＝18（m），沿着各坡面上坡度线的方向量取相应的水平距离，就可以作出各坡面的坡脚线。其中圆锥面的坡脚线是圆锥台顶圆的同心圆，如图 8－18（c）所示。

（2）求坡面交线。在各坡面上作出高程为 128.00，126.00，…一系列等高线，得相邻面上同高程等高线的一系列交点，即为坡面交线上的点，如图 8－18（c）所示。依次光滑连接各点，即得交线。画出各坡面的示坡线，加深完成作图，如图 8－18（d）所示。

第三节　建筑物的交线

一、地形面的标高投影

地面的形态是比较复杂的，为了能简单而清楚地表达地形高低起伏，工程上常用等高线来表示。池塘的水面与岸边的交线就是一条地面上的等高线，如果池塘中的水面不断下降，就会出现许多不同高程的等高线。池塘中的水面就是一个水平面，因此，地形等高线也就是水平面与地面的交线。

假想用一组间距相等的水平面 H_1、H_2、H_3 截切山丘，就可以得到一组高程不同的等高线，如图 8－19（a）所示。画出这些等高线的水平投影并标明它们的高程，再加绘比例尺和指北针等，即得到一幅反映地形面形状和大小的标高投影图，如图 8－19（b）所示。如果再画上地物（居民点、桥梁、农作物）符号，就成为一幅完整的地形图。

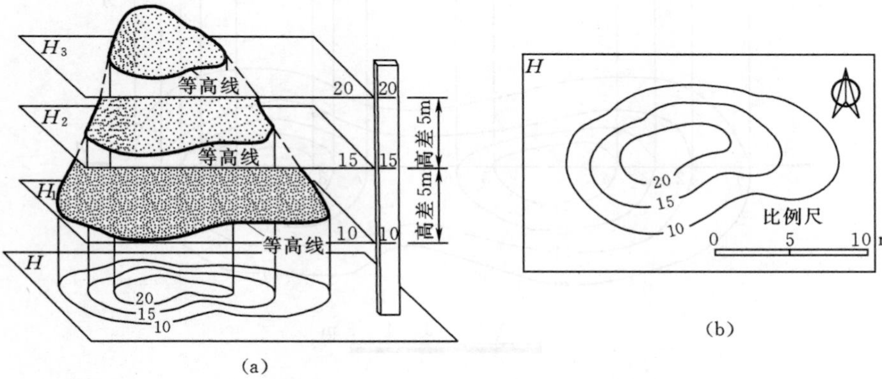

图 8－19　地形面的标高投影（一）

为了便于读图，一般地形图每隔四条等高线应将一条（高程为 5 的倍数）等高线加粗，加粗的等高线称为计曲线，其余四条称为首曲线，如图 8－20 所示。

地形图上的等高线有以下特性：

（1）等高线是各点高程相等的闭合曲线。

（2）除悬崖峭壁外，等高线不相交或重合。

（3）高差相等时，等高线越密，地面坡度越陡；等高线越稀，地面坡度越缓。

二、地形剖面图

在水利工程的设计或施工中，有时还需要画出地形剖面图，地形剖面图就是用一铅垂

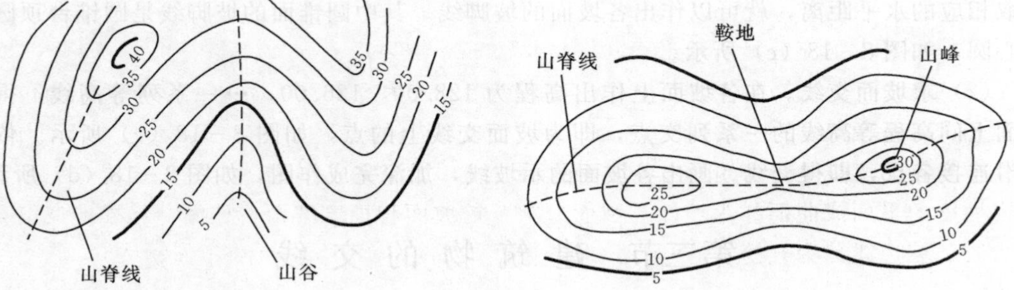

图 8-20 地形面的标高投影（二）

面剖切地形面，画出剖切平面与地形面的交线和材料图例，即得地形剖面图。

【例 8-7】 如图 8-21 所示，作出 A—A 处的地形剖面图。

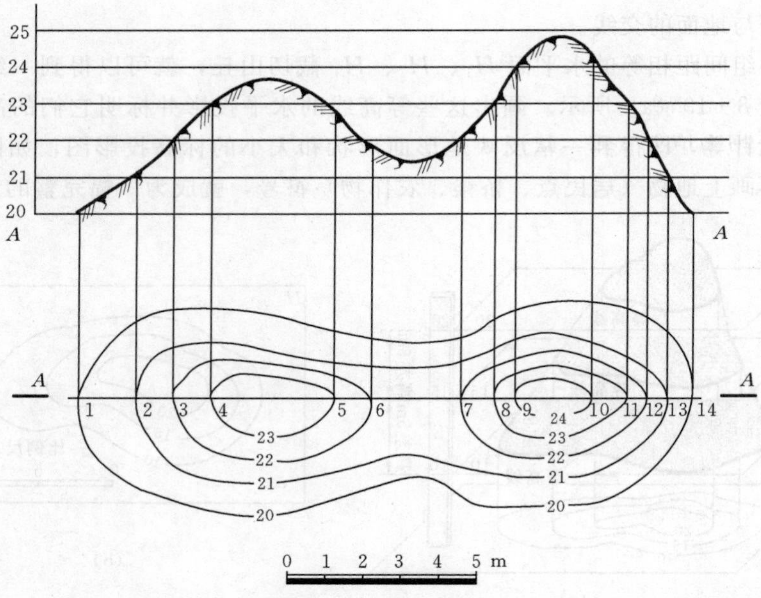

图 8-21 地形剖面图

分析：铅垂面在地形图上积聚成一直线，该直线为地形面的剖切线，用 A—A 表示。剖切线与各等高线有不同高程的交点，如图 8-21 中的 1、2、3、…点，由此可以作出地形剖面图。

作图：

(1) 建立以高程为纵坐标，A—A 剖切线为横坐标的直角坐标系。将地形图上各等高线高程标注在纵坐标轴上，并由各高程点作平行于横坐标轴的高程线。

(2) 将剖切线 A—A 与等高线的交点 1、2、3、…各点等距移至横坐标轴上。

(3) 自 1、2、3、…各点作纵坐标轴的平行线与相应的高程线相交。

(4) 徒手将各交点顺势连接成曲线，再根据地质条件画上剖面材料图例，如图 8-21

所示。

注意：

(1) 有时为了充分显示地形面的起伏情况，允许采用不同的纵横比例。

(2) 地形剖面图布置在剖切线的铅垂方向上，有利于作图，也可画在其他适当位置。

三、工程建筑物的交线

建筑物的交线是指建筑物本身坡面间的交线以及坡面与地面的交线。土建施工后具有一定坡度的平面或曲面称为坡面，坡面分为开挖坡面和填筑坡面，坡面与地面的交线称为坡边线。坡边线分为开挖坡边线（简称开挖线）和填筑坡边线（简称坡脚线）。坡边线需用粗实线绘制。

由于建筑物的表面可能是平面或曲面，地面可能是水平地面或不规则地形面。因此，它们的交线性质也不同，但求解交线的基本方法仍然是用辅助平面法求共有点。若交线为直线，只需求两个共有点相连即得交线；若交线为曲线，则需求一系列共有点，然后依次连接即得交线。下面举例说明求交线的方法。

【例 8-8】 在河道上修一土坝，位置如图 8-22（a）中坝轴线所示，坝顶宽 6m，高程 61.00m，上游边坡 1∶2.5，下游边坡由 1∶2 变为 1∶2.5，马道高程为 52m，宽 4m，试作土坝的标高投影图。

分析：土坝为填方工程。从图 8-22（b）可以看出，坝顶、马道以及上、下游坡面与地面都有交线，这些交线均为不规则的曲线。要画出这些交线，必须求得土坝坡面上等高线与地面上同高程等高线的交点。然后把求出的一系列同高程等高线的交点依次光滑连接起来，即得土坝各坡面与地面的交线。

作图：

(1) 作坝顶平面图。如图 8-22（c）所示，在坝轴线两侧各量取 3m，画出坝顶边线。坝顶高程为 61m，用内插法在地形图上用虚线画出 61m 等高线，从而确定出坝顶面的左右边线。注意坝顶左、右边线是高程为 61m 的不规则曲线而非直线（可徒手连接）。

(2) 求上游坡面的坡脚线。在上游坡面上作与地形面相应的等高线，根据上游坡面坡度 1∶2.5，知平距 $l=2.5$，坡面等高线高差取 2m（与地形等高线高差一致），可得坡面等高线水平距离 $L=2\times2.5=5$（m），按比例即可作出与地形面相应的等高线 60、58、…，然后求出坝坡面与地面同高程等高线的交点，顺次连接各点即得上游坡面的坡脚线。

(3) 求下游坡面的坡脚线。下游坡面坡脚线的做法与上游坡面坡脚线相同，只因下游为变坡度坡面，马道以上按 1∶2 坡度作坡面等高线［等高线间水平距离为 $L=2\times2=4$（m）］。

当作出坡面上 52m 等高线（即马道内边线）时，需要先确定马道宽（4m），同时即得马道外边线（高程也是 52m），然后再变坡度为 1∶2.5 作坡面等高线，此时 $L=2\times2.5=5$（m）。依次连接所求出的一系列共有点，即得到下游坡面的坡脚线。注意：河道最低处应顺势连接。

(4) 画出上、下游坡面上的示坡线，并注明坝顶、马道高程和各坡面的坡度，即完成

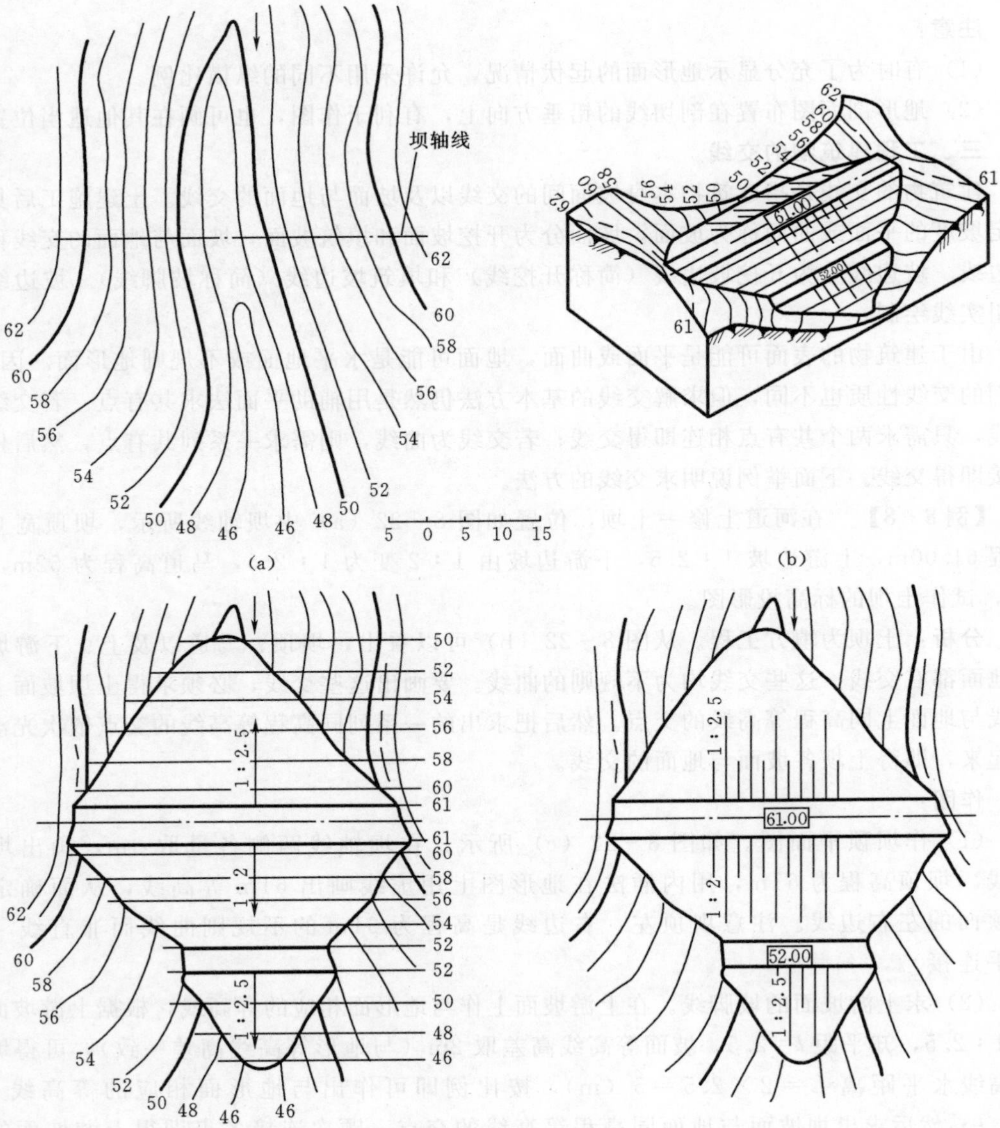

图 8-22 作土坝的标高投影图

作图，如图 8-22（d）所示。

第九章 识读水利工程图

水利工程是指能对自然界的水进行有效地控制和调配，并达到兴利除害的目的而修建的各项工程措施。水利工程中采用的各种建筑物称为水工建筑物。按所起的作用，水工建筑物包括挡水建筑物（如拦河坝、拦河闸），泄水建筑物（如溢流坝、溢洪道、隧洞），取水建筑物（如水闸、扬水站），输水建筑物（如渠道、渡槽），整治建筑物（如丁坝、顺坝、护岸）及专门建筑物（如船闸、电站厂房）。在水域的适当地点集中布置若干个水工建筑物，各自发挥不同作用并协调工作的综合体称为水利枢纽，如三峡水利枢纽主要建筑物由大坝、水电站、通航建筑物等三大部分组成。

表达水利工程规划、枢纽布置和水工建筑物形状、尺寸及结构的图样称为水利工程图，简称水工图。水利工程往往综合性较强，在一套工程图中，除表达水工建筑外，一般还有机械、电气、工程勘测及水土保持等专业的内容。绘制水工图需参照行业制图标准，本章将参照现行的 SL 73—95《水利水电工程制图标准》的规定讲述水工图的表达方法。

第一节 水工图的特点和分类

一、水工图的特点

水工图与机械图相比，虽然画图的基本原理是相同的，但是也有很多不同的地方，主要是由于水工建筑物与机器相比有以下几个特点：

（1）水工建筑物的形体都比较庞大，比一般的机器要大得多，其水平方向尺寸与铅垂方向尺寸相差较大。

（2）水工建筑物都建造在地面上，而且下部结构都是埋在地下的，它是由下而上分层施工构成一个整体，不像机器那样由许多零、部件装配而成。

（3）水工建筑物总是与水密切相关，因而处处都要考虑到水的问题。

（4）水工建筑物所用的建筑材料种类繁多。

由于水工建筑物有上述这些特点，因此，在水工图中必然有所反映，在绘图比例、图线、尺寸标注、视图的表达和配置等方面与机械图相比都有所不同。水工图的特点主要表现在以下几个方面：

（1）比例尺小。水工图常用缩小的比例尺。

（2）详图多。因画图所采用的比例尺小，细部构造不易表达清楚。为了弥补这一缺陷，水工图中常采用较多的详图来表达建筑物的细部构造。

（3）剖面图多。为了表达建筑物各部分的剖面形状及建筑材料，便于施工放样，水工图中剖面图（特别是移出剖面）应用较多。

(4) 考虑水和土的影响。任何一个水工建筑物都是和水、土紧密联系的，绘制水工图应考虑水流方向，并注意对建筑物地下部分的表达。

(5) 粗实线的应用。水工图中的粗实线，除用于可见轮廓线外，对于建筑物的施工缝、沉陷缝、温度缝等也应以粗实线绘制。

学习水工图必须了解并掌握水工图的特点和表达方法。

二、水工图的分类

水利工程的兴建一般需要经过勘测、规划、设计、施工和验收等五个阶段。各个阶段都要绘制相应的图样，不同阶段对图样有不同的要求。勘测阶段有地形图和工程地质图；规划阶段有规划图；设计阶段有枢纽布置图和建筑物结构图；施工阶段有施工图；验收阶段有竣工图等。下面介绍几种常见的水工图样。

(一) 规划图

规划图是在地形图上用图例和文字表示水利工程的布局、位置、类别等内容的图样。

规划图的特点是：表示范围大，图形比例小，绘图的比例在 1∶5000～1∶10000 之间，建筑物用图例来表示。表 9-1 是常见水工建筑物平面图例。图 9-1 是某水库灌溉渠系规划图。

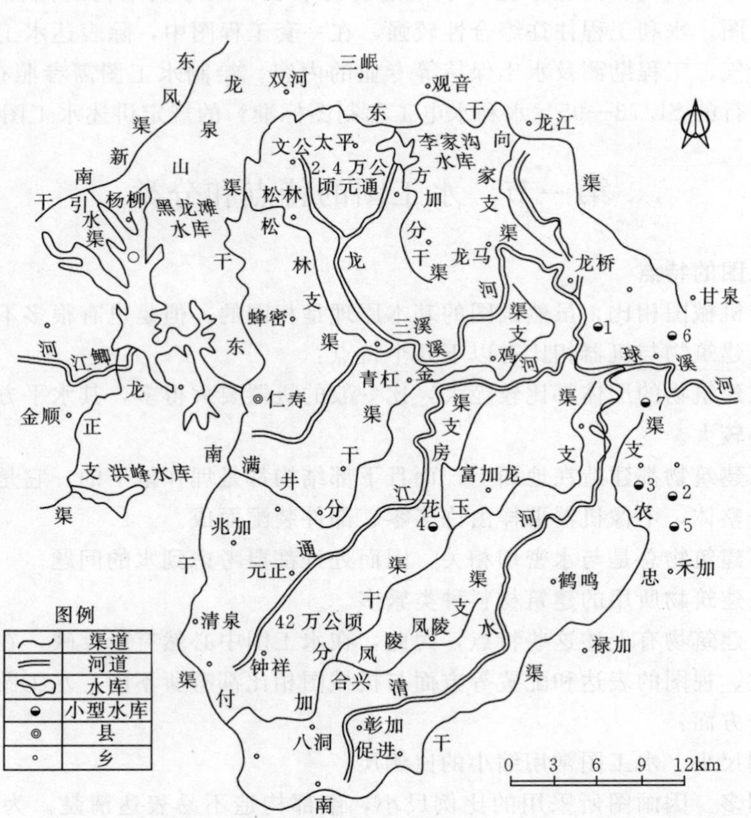

图 9-1 某水库灌溉渠系规划图

(二) 枢纽布置图

在水利工程中，由几个水工建筑物有机组合，互相协同工作的综合体称为水利枢纽。

兴建水利枢纽由于目的和用途的不同，所以类型也较多，有水库枢纽、取水枢纽和闸、站枢纽等多种。将整个水利枢纽的主要建筑物的平面图形画在地形图上，这样所得的图形称为水利枢纽布置图。

枢纽布置图一般包括下列主要内容：

表 9-1　　水工建筑物平面图例

序号	名称		图例	序号	名称		图例
1	水库	大型	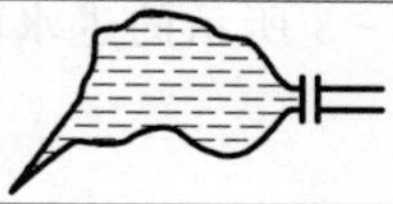	10	水位站		
		小型		11	船闸		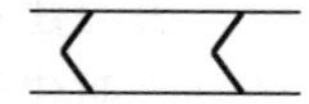
2	混凝土坝		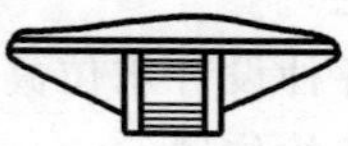	12	升船机		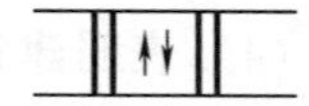
3	土、石坝		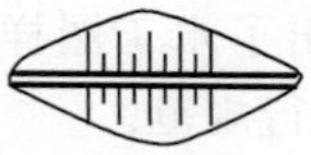	13	码头	栈桥式	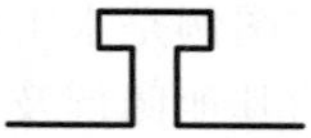
4	水闸					浮式	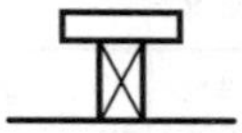
5	水电站	大比例尺		14	筏道		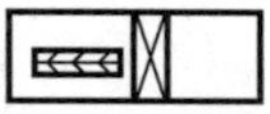
		小比例尺		15	鱼道		
6	变电站			16	溢洪道		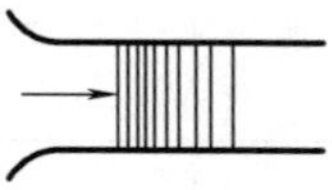
7	水力加工站水车		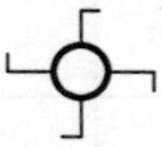	17	渡槽		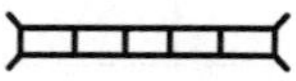
8	泵站			18	急流槽		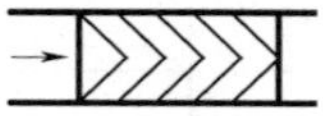
9	水文站			19	隧洞		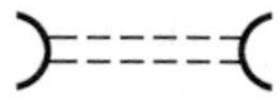

（1）表明水利枢纽所在地区的地形、地物、河流及水流方向（用箭头表示）、地理方位（用指北针表示）等。

（2）表明组成枢纽各建筑物的平面形状及其相互位置关系。

（3）表明各建筑物与地形面的交线和填挖方的边坡线。

(4) 表明各建筑物的主要高程和主要轮廓尺寸。

枢纽布置图主要是用来说明各建筑物的平面布置情况，作为各建筑物定位、施工放样、土石方施工以及绘制施工总平面图的依据，因此对各建筑物的细部形状既无必要也不可能表达清楚。

(三) 建筑物结构图

用来表示水利枢纽或单个建筑物的形状、大小、结构和材料等内容的图样称为建筑物结构图。如图 9－2 所示的砌石坝设计图、图 9－3 所示的进水闸结构图和图 9－4 所示的渡槽设计图等。

建筑物结构图一般包括下列主要内容：

(1) 表明建筑物整体和各组成部分的详细形状、大小、结构和所用材料。

(2) 表明建筑物基础地质情况及建筑物与地基的连接方法。

(3) 表明该建筑物与相邻建筑物的连接情况。

(4) 表明建筑物的工作条件，如上、下游各种设计水位高程、水面曲线等。

(5) 表明建筑物细部构造的情况和附属设备的位置。

图例是水工图的重要组成部分，表 9－2 列出了水工图样中部分建筑材料图例，水工图的其他图例及其他专业的图例可查阅相应的现行规范。

表 9－2　　建筑材料图例（部分）

序号	名称		图例	序号	名称		图例
1	岩石		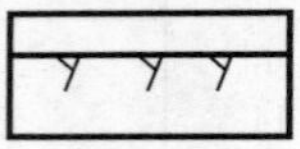 或 	6	块石	浆砌	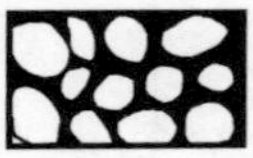
2	石材		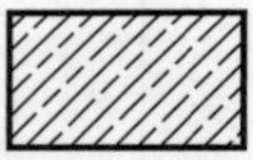	7	条石	干砌	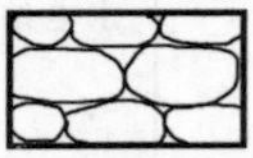
						浆砌	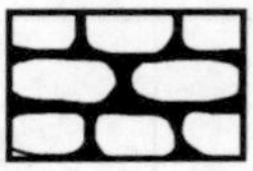
3	碎石		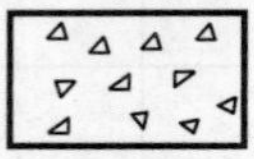	8	水、液体		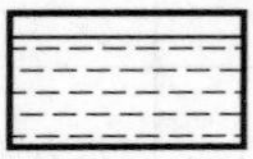
4	卵石		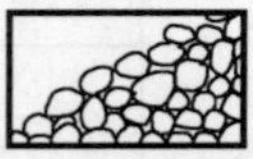	9	天然土壤		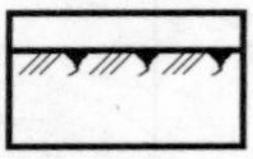
5	砂砾石		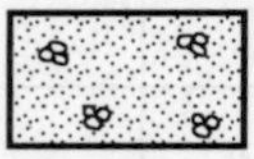	10	夯实土		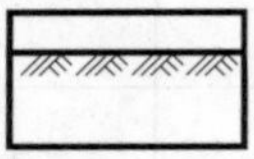
6	块石	堆石		11	回填土		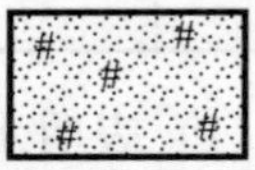
		干砌	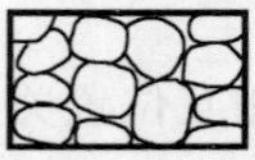	12	回填石渣		

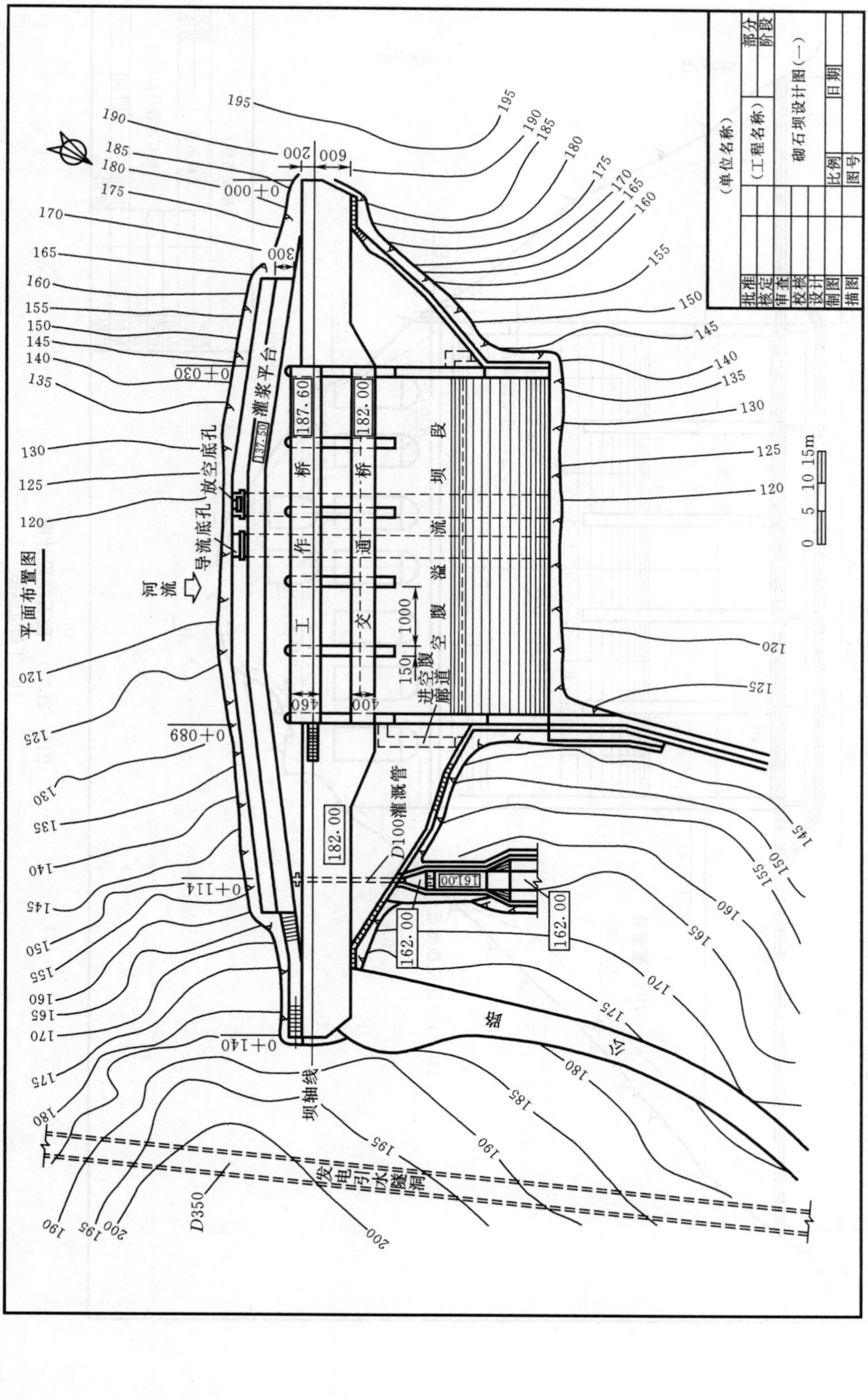

(a)

图 9-2(一)　砌石坝设计图

(a) 平面布置图

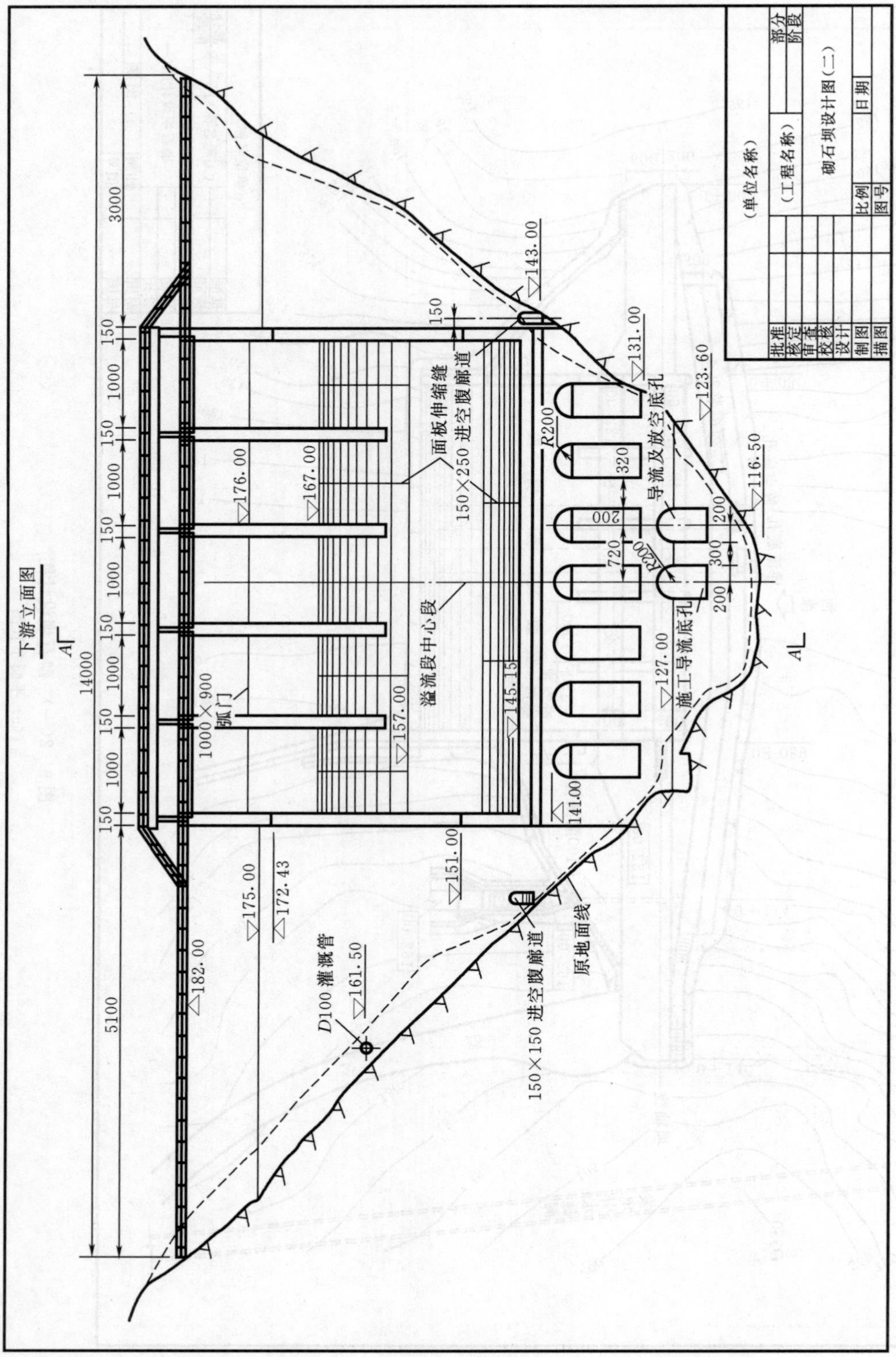

(b)

图 9-2(二) 砌石坝设计图

(b) 下游立面图

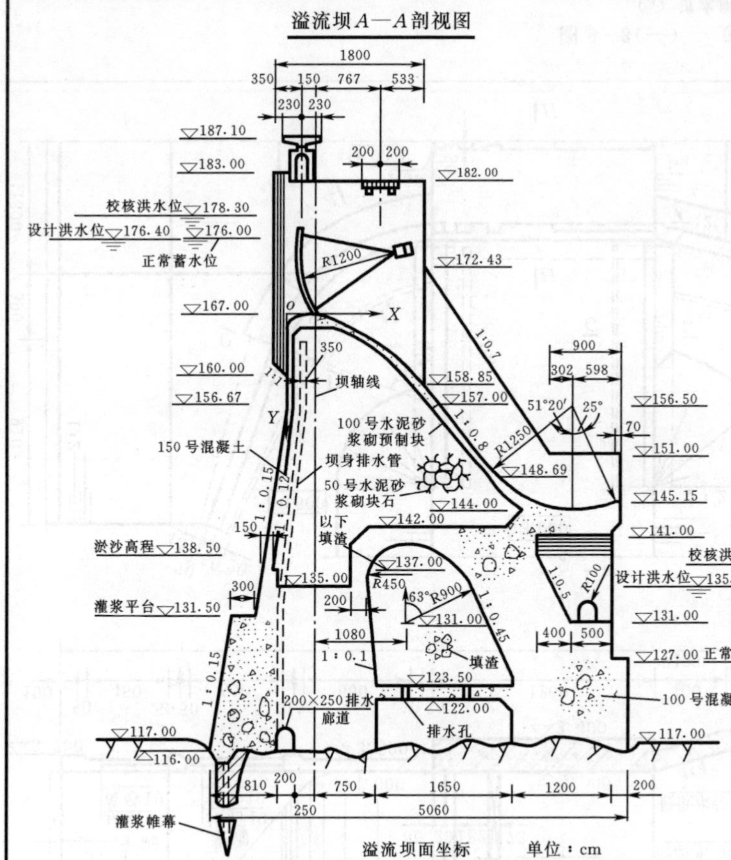

溢流坝面坐标　　单位：cm

X	0	100	200	300	400	500	600
Y	126	36	7	0	6	25	60
X	700	800	900	1100	1300	1500	1815
Y	100	146	198	321	475	661	1000

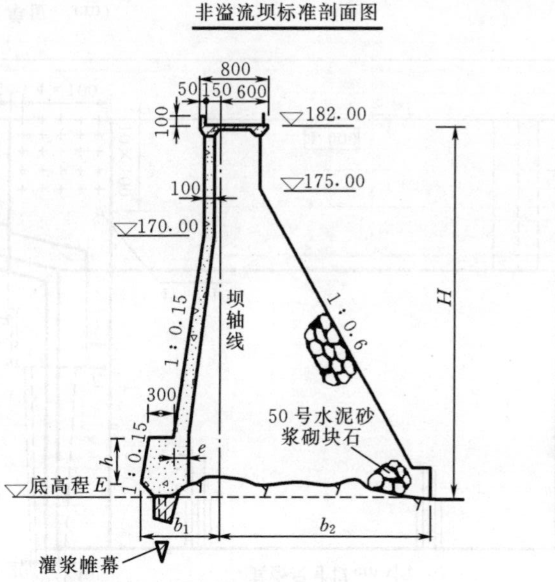

非溢流坝剖面尺寸

底高程E		130.00	140.00	150.00	160.00	170.00	182.00
坝高H		5200	4200	3200	2200	1200	顶面
坝底宽	b_1	1050	900	750	600	150	150
	b_2	3250	2650	2050	1450	850	850
灌浆平台高h		500	500	500	500	0	0
防渗面板厚e		180	160	130	100	100	0

(单位名称)				
批准			(工程名称)	部分
核定				阶段
审查			砌石坝设计图(三)	
校核				
设计				
制图			比例	日期
描图			图号	

(c)

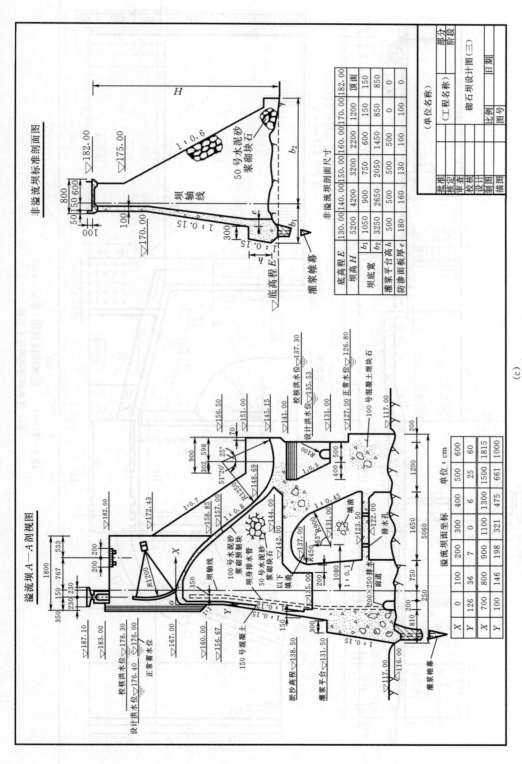

图 9-2(三)　砌石坝设计图

(c) 剖面图

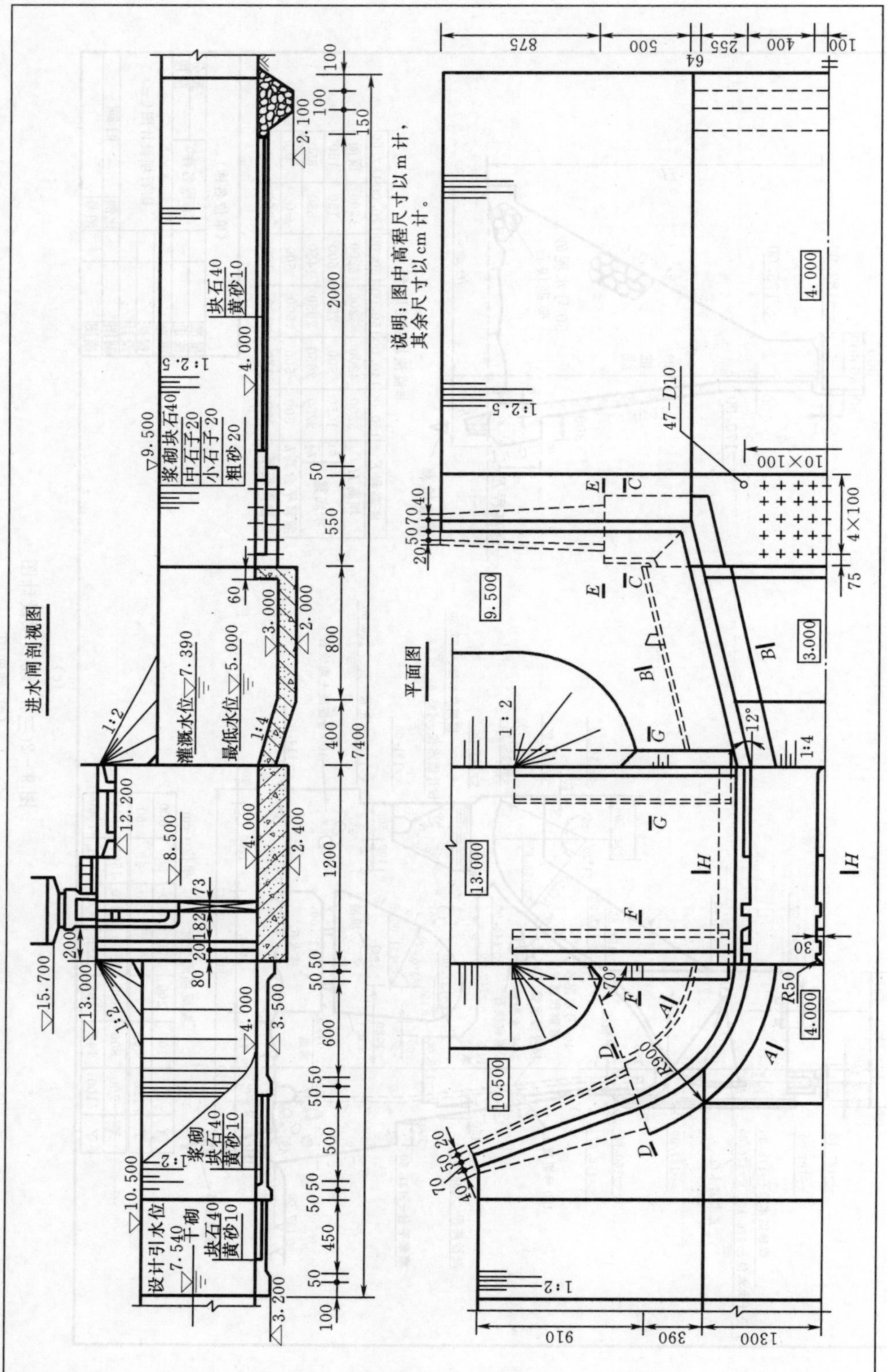

(a)

图 9-3(一) 进水闸结构图(单位: cm)

(a) 进水闸剖视图与平面图

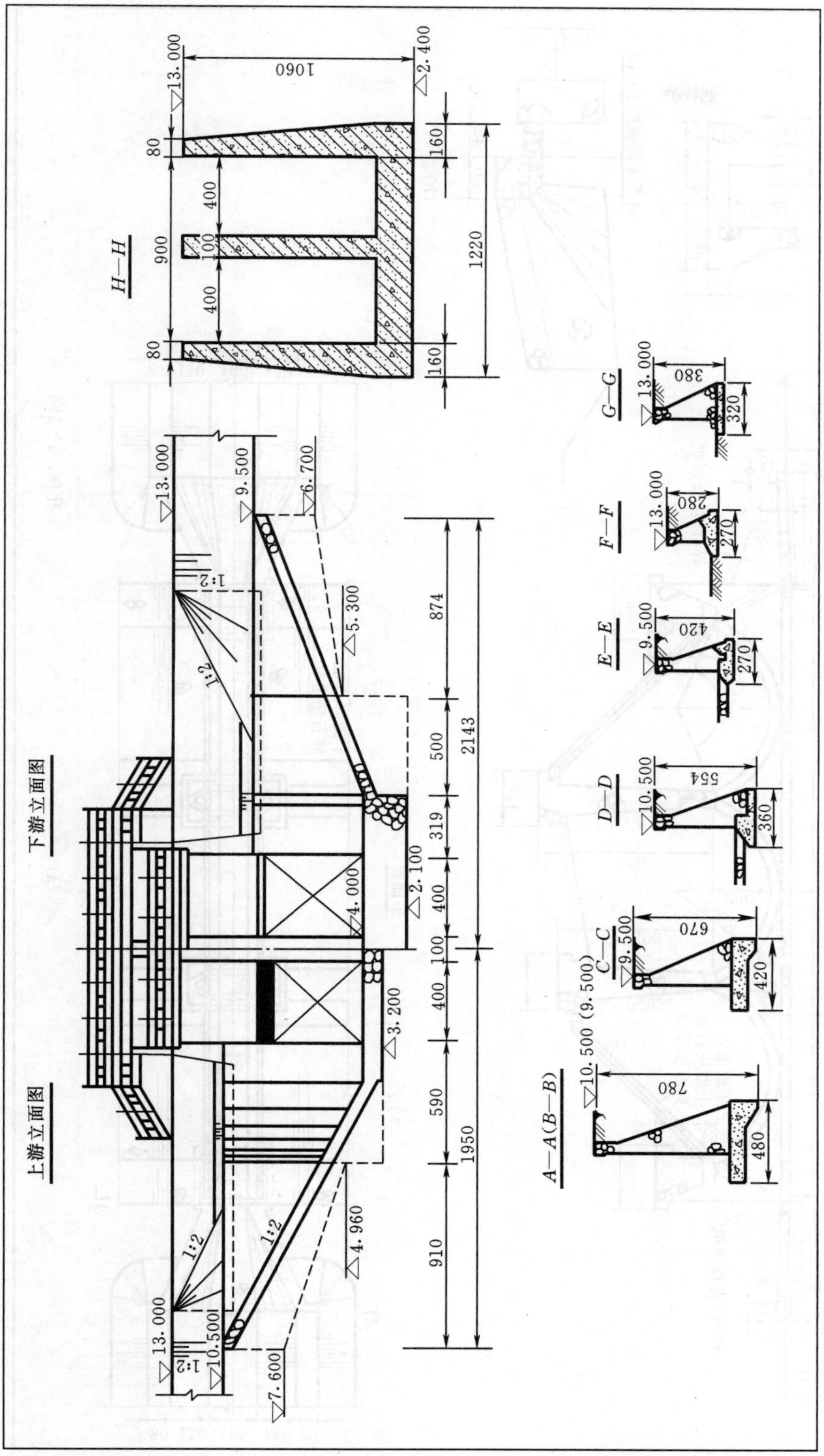

(b)

图 9-3(二)　进水闸结构图（单位：cm）

(b) 上、下游立面图

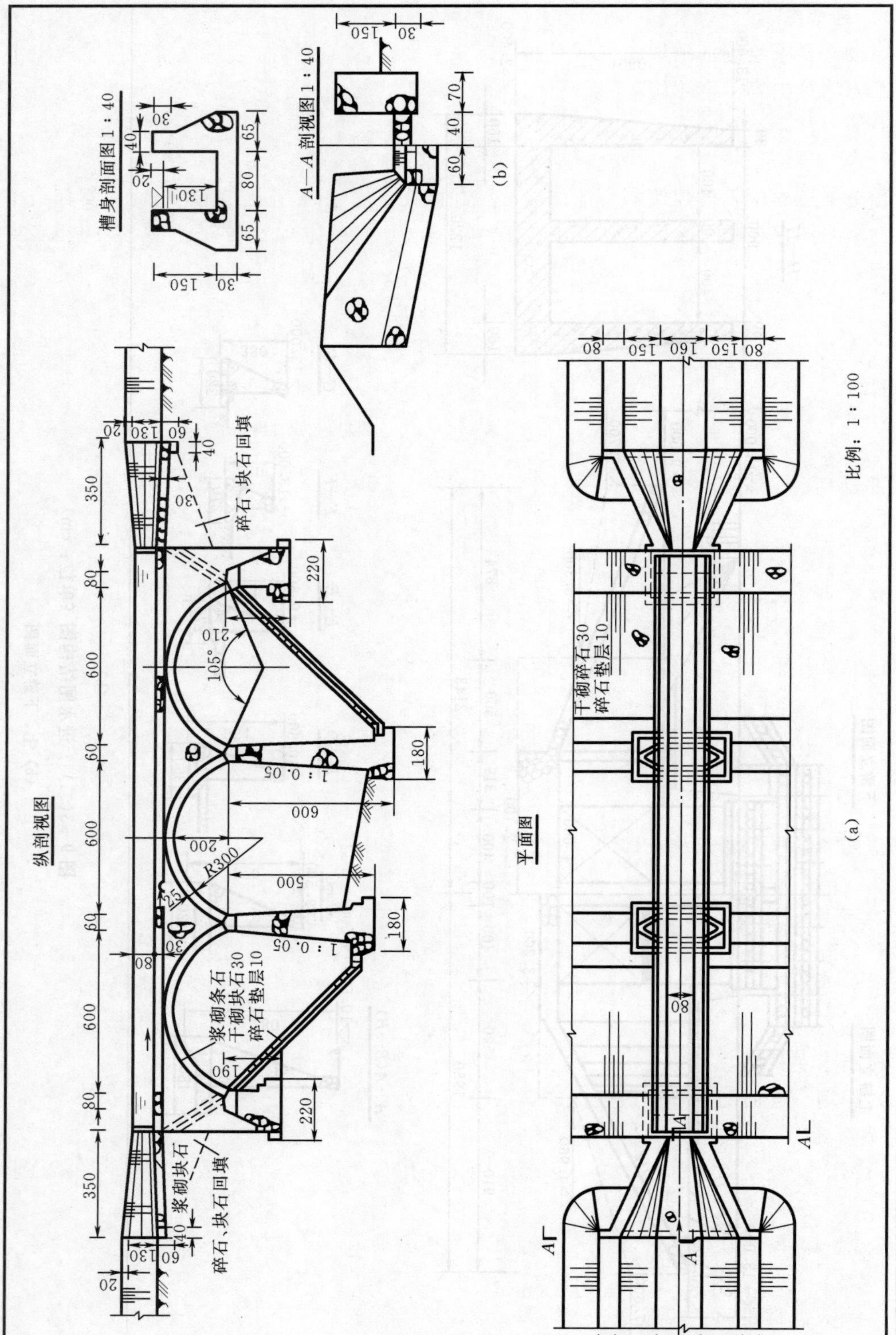

图 9-4 渡槽设计图（单位：cm）

（四）施工图

按照设计要求绘制的指导施工的图样称为施工图。施工图主要表达施工程序、施工组织、施工方法等内容。常用施工图如施工场地布置图、基础开挖图、混凝土分期分块浇筑图、钢筋图等。

（五）竣工图

工程施工过程中，对建筑物的结构进行局部修改是难免的，竣工后建筑物的实际结构与建筑物结构图存在差异。因此，应按竣工后建筑物的实际结构绘制竣工图，供存档和工程管理用。

第二节　水工图的表达方法

一、基本表达方法

（一）视图的名称及作用

1. 平面图

(1) 形成。平面图是由建筑物上方向下方作正投影所得，即“俯视图”。

(2) 作用。平面图是水工图的重要视图，它表达建筑物的平面形状及布置，表明建筑物的平面尺寸（长、宽）及平面高程、剖视图和剖面图的剖切位置及投影方向。

2. 剖视图

(1) 形成。平行于建筑物轴线或顺河流方向剖切所得，也可称为“纵剖视图”。如图9-3、图9-4中的纵剖视图。

(2) 作用。剖视图表达建筑物的内部结构形状及位置关系，表达建筑物的高度尺寸及特征水位，表达地形、地质情况及建筑材料。

在绘制平面图及剖视图时，按规定，图样中一般应使水流方向为自上而下（适用于挡水建筑物如挡水坝等）或从左向右（适用于过水建筑物如水闸等）。

对于河流，规定视向顺水流方向时，左边河岸叫左岸，右边河岸叫右岸。

3. 立面图

(1) 形成。正视图、左视图、右视图、后视图都反映物体的高度尺寸，可称为立面图或立视图。当视向与水流方向有关时，视向顺水流方向所得的立面图，可称为上游立面（立视）图；反之，视向逆水流方向时，可称为下游立面（立视）图。就水闸而言，上游立面图相当于左视图，下游立面图相当于右视图。

(2) 作用。立面图主要用以表达建筑物的立面外形。

4. 剖面图

(1) 形成。详见第七章第二节。水工图中多采用移出剖面，目的是不影响原图的清晰表达。

(2) 作用。剖面图主要表达建筑物组成部分的剖面形状及建筑材料。

5. 详图

(1) 形成。将建筑物的部分结构用大于原图所采用的比例画出的图形，称为详图，如图9-5所示。

(2) 画法。详图可以画成视图、剖视图、剖面图，与原图的表达方式无关。

(3) 标注。在原图的被放大部分处用细实线画小圆圈，并标注字母。详图用相同的字母标注其图名，并注写比例，如图 9-5 所示。

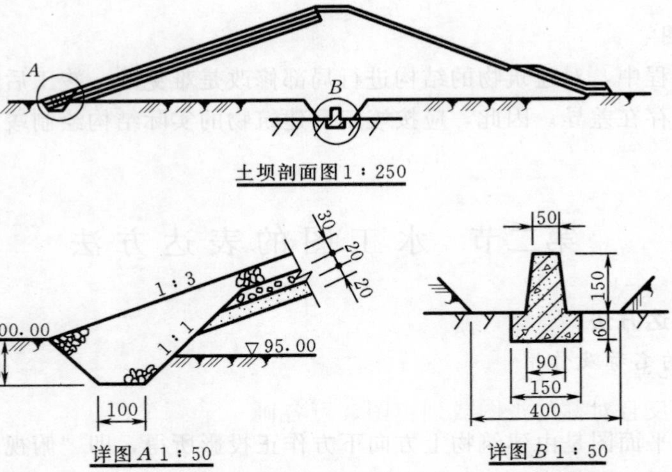

图 9-5 详图示例

（二）视图的配置

为便于读图，水工图中各视图应尽可能按投影关系配置。有时为合理利用图纸，将某些视图配置在图幅内适当的地方，也是允许的。大型水工建筑物的视图较大，可以将某一视图单独画在一张图纸上。

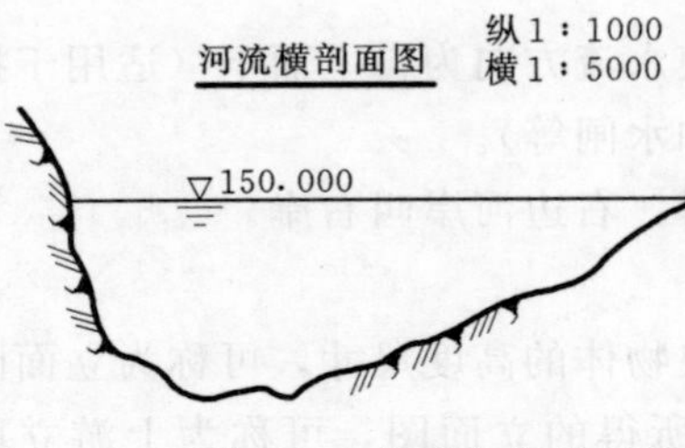

图 9-6 纵横比例的标注

（三）视图名称和比例的标注

为了明确各视图之间的关系，通常都将每个视图的名称和比例标注出来。当整张图纸中只采用一种比例时，比例应注写在标题栏中，否则应和视图名称一起标注，详见第一章。

当一个视图中的铅垂和水平两个方向采用不同比例时，应分别标注纵横比例，如图9-6所示。但这种图样会产生失真变形。

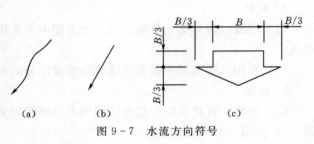

（四）水流方向符号及指北针

图样中表示水流方向的箭头符号，如图 9-7（a）、（b）、（c）所示的三种供选用。

平面图中的指北针有如图 9-8 所示的三种供选用，其位置一般在平面图的左上角或右上角。如图 9-1 所示，箭头所指的方向为北方。

水工图中可以有必要的文字说明，文字应简明扼要，正确表达设计意图，其位置宜放在图纸的右下角。

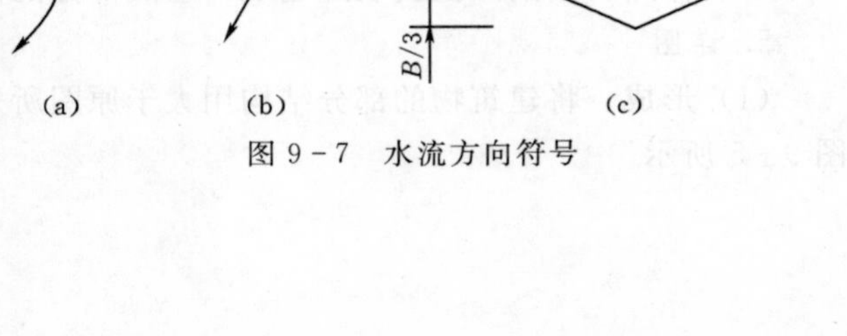

图 9-7 水流方向符号

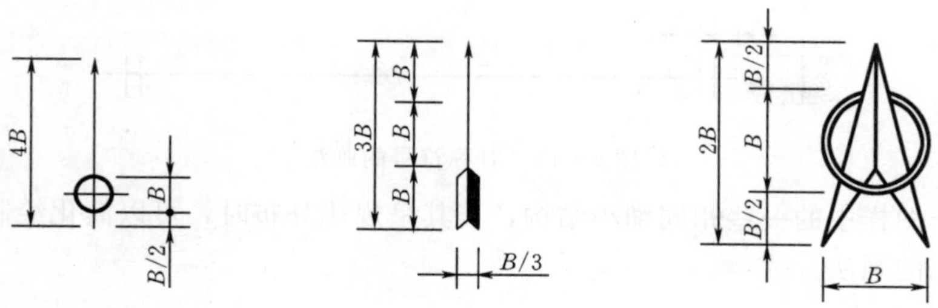

(a)　　(b)　　(c)

图 9-8　指北针

二、特殊表达方法

由于水工图的特殊性和复杂性，当用基本表达方法无法表达清楚或表达不够简洁时，可采用特殊表达方法。

（一）合成视图

两个视向相反且对称的视图或剖视图，可各画一半组合在一起，中间用点划线分开，这样形成的图形称为合成视图，如图 9-9 所示。

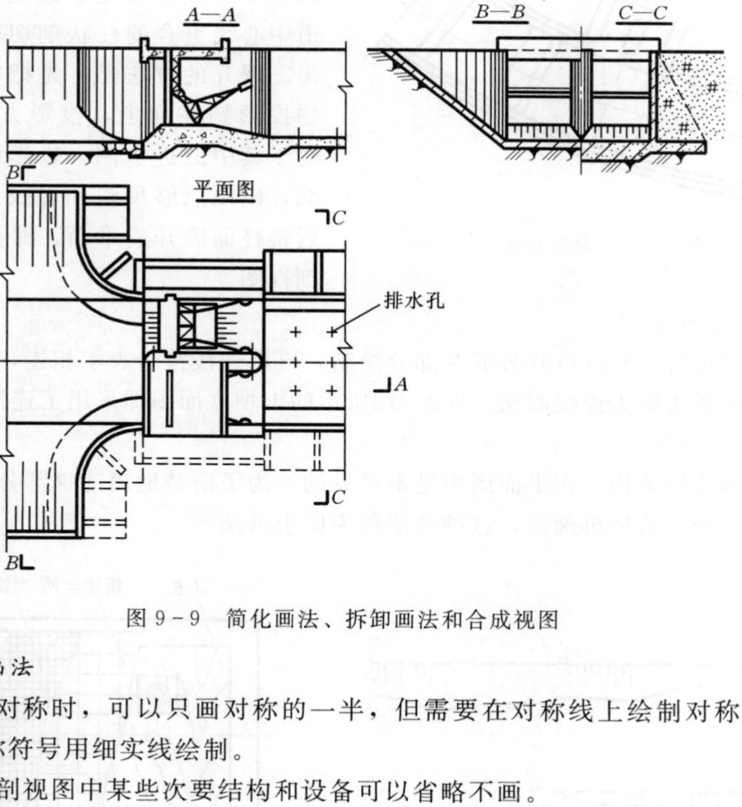

图 9-9　简化画法、拆卸画法和合成视图

（二）省略画法

（1）当图形对称时，可以只画对称的一半，但需要在对称线上绘制对称符号。如图 9-10所示，对称符号用细实线绘制。

（2）视图和剖视图中某些次要结构和设备可以省略不画。

（三）简化画法

（1）图样中的某些设备可以简化绘制，如发电机、桥式起重机等。

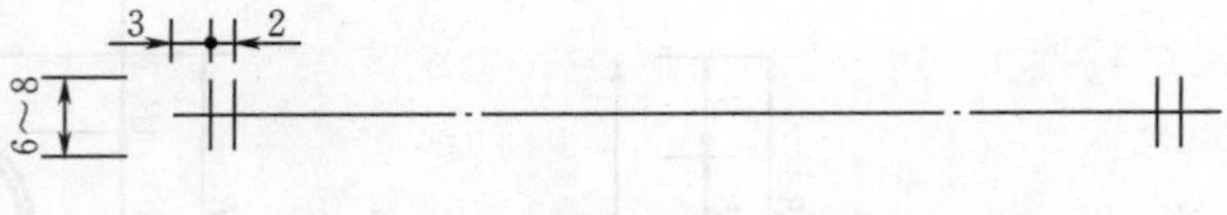

图 9-10 对称符号的画法

(2) 对于图样中的一些相同细小结构，当其呈规律分布时，可以简化绘制，如图9-9所示，排水孔的画法。

(四) 拆卸画法

当视图、剖视图中所要表达的结构被另外的结构遮挡时，可假想将这些结构拆掉，然后再进行投影，如图 9-9 的平面图，为了表达闸墩、岸墙的顶面轮廓及弧形闸门，假想将其上部的桥面板及胸墙等拆去后画图，即为拆卸画法。

(五) 展开画法

当构件或建筑物的轴线（或中心线）为曲线时，可将曲线展开成直线后，绘制成视图、剖视图或剖面图。这时应在图名后注写“展开”二字，或写成展视图。如图 9-11 所示渠道，其剖视图系采用与渠道中心线重合的柱状剖切面剖切后展开而得。展开的方法是：先把柱面后面的建筑物投影到柱面上，投影方向一般为径向。对于其中的进水闸，投影线平行于闸的轴线，以便能够反映闸墩及闸孔的宽度，然后将柱面展开成平面，即得 A—A（展开）剖视图。

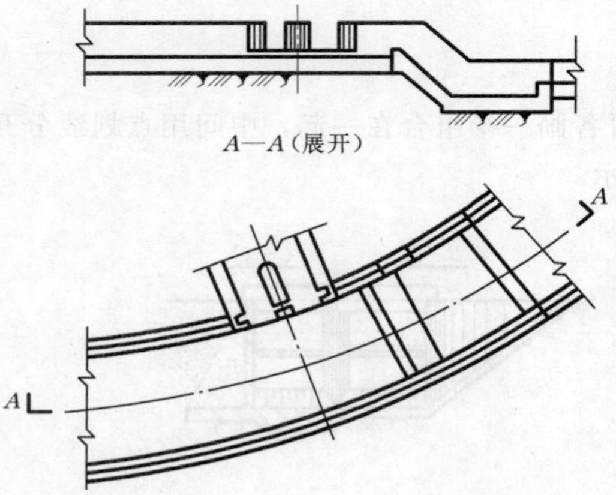

图 9-11 展开画法

(六) 连接画法

当图形较长时，允许将其分成两部分绘制，再用连接符号表示相连，并用大写拉丁字母编号，这种画法称为连接画法。图9-12所示的土坝立面图即采用了连接画法。

(七) 掀土画法

被土层覆盖的结构，在平面图中是不可见的。为了清楚地表达这部分结构，可假想将覆盖的土层掀开，然后再画图，这种画法称为掀土画法。

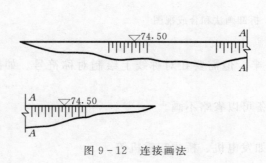

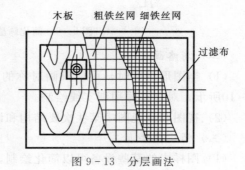

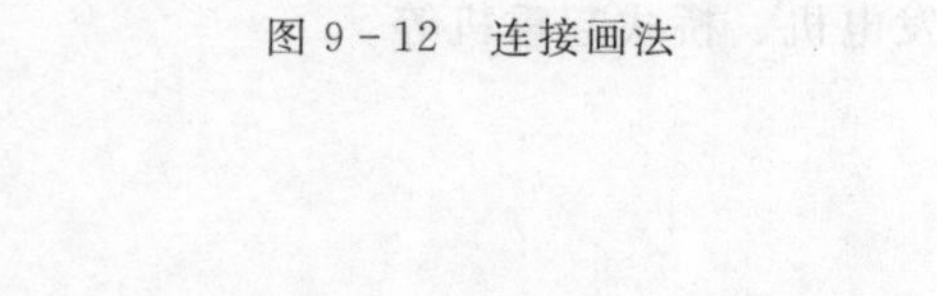

图 9-12 连接画法

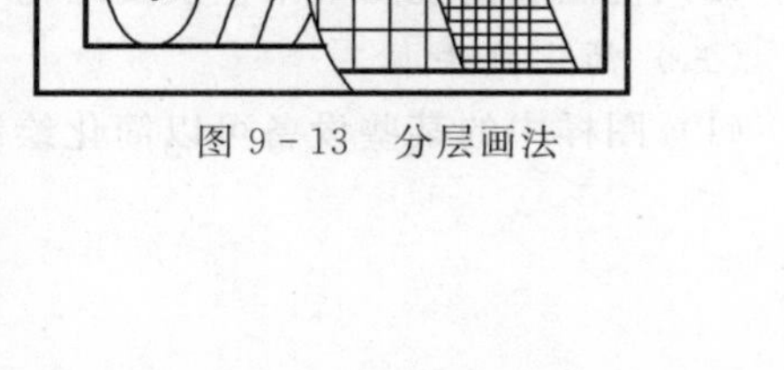

图 9-13 分层画法

（八）分层画法

当建筑物有几层结构时，可按其结构层次分层绘图，将相邻层用波浪线作为分界线，并用文字标注各层的名称，如图 9-13 所示，这种画法称为分层画法。

（九）缝线的画法

建筑物中有各种缝线，如沉陷缝、施工缝和材料分界线等。虽然缝线两边的表面在同一平面内，但这些缝线在画图时仍用粗实线表示。

第三节　常见曲面的表示方法

水工建筑物中常见的曲面有柱面、锥面、渐变面和扭面等。为了使图样表达得更清楚，往往在这些表面上画出一系列的素线或示坡线，以增强立体感，便于读图。

一、柱面

在水工图中，常在柱面上加绘素线。这种素线应根据其正投影特征画出。拟定圆柱轴线平行于正面，若选择均匀分布在圆柱面上的素线，则正面投影中，素线的间距是疏密不匀的：越靠近轮廓素线越稠密，越靠近轴线，素线越稀疏，如图 9-14（a）所示。

有些建筑物上常常采用斜椭圆柱面，其投影如图 9-14（b）所示。图 9-14（c）表示一个闸墩，其左端为斜椭圆柱面的一半，右端为正圆柱面的一半。

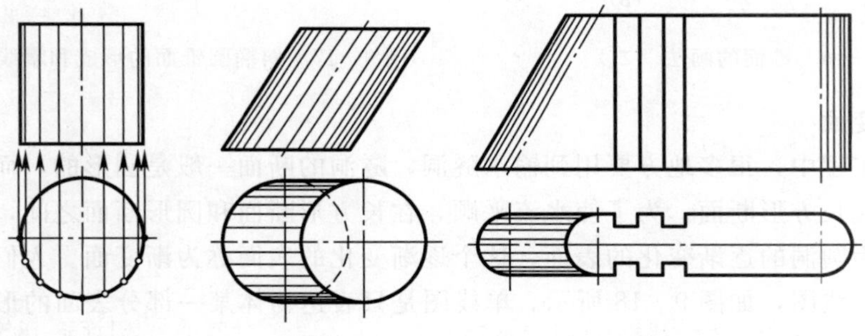

图 9-14　柱面素线的画法

（a）正圆柱面；（b）斜椭圆柱面；（c）闸墩

二、锥面

在圆锥面上加绘示坡线或素线时，其示坡线或素线一定要经过圆锥顶点的投影，如图 9-15、图 9-16 所示。

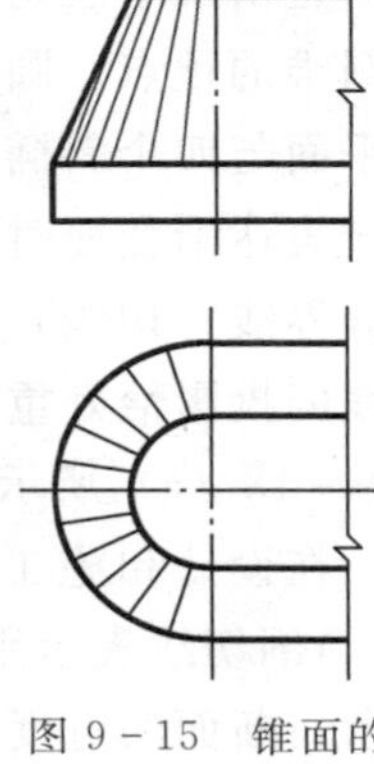

图 9-15　锥面的画法（一）

工程上还常常采用斜椭圆锥面，如图 9-17 所示，o_1 为底圆周中心，s 为圆锥顶点，锥顶点与圆心连线 so_1 倾斜于底面。

图 9-17 的正视图和左视图都是三角形（包括被截去的顶部），其两腰是斜椭圆锥轮廓素线的投影，三角形的底边是斜椭圆锥底面的投影，具有积聚性。俯视图是一个圆以及与圆相切的相交两直线（包括被截去的顶部），圆周反映斜椭圆锥底面的实形，相交两直线是俯视方向的轮廓素线的投影。

若用平行于斜椭圆锥底面的平面 p 截断斜椭圆锥，则截交线为一个圆，俯视图上反映截交线圆的实形。为了求得截交线的投影，可先在正视图上找到截平面与椭圆锥轮廓素线投影的交点 a' 和 b'，$a'b'$ 就是截交线圆的正面投影（该投影积聚成一直线），$a'b'$ 之长等于截交线圆的直径。$a'b'$ 与斜椭圆锥圆心连线 $s'o'_1$ 的交点 o' 就是截交线圆的圆心的正面投影。用高平齐的关系，可以在左视图上作出截交线圆的侧面投影（投影积聚成一直线）。用长对正的关系，可以在俯视图上作出截交线圆的实形，如图 9－17 所示。

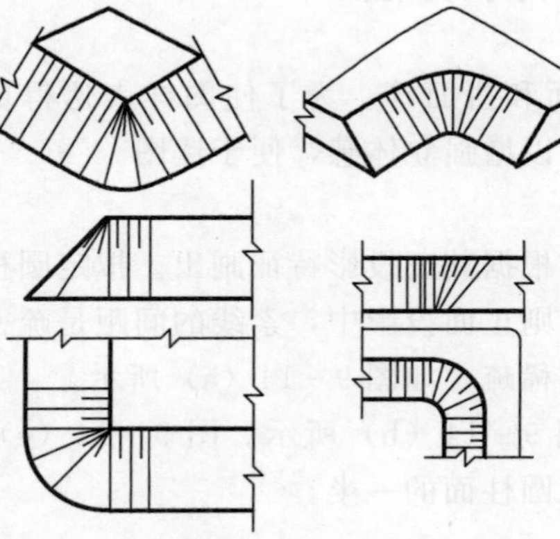

(a) (b)

图 9－16 锥面的画法（二）

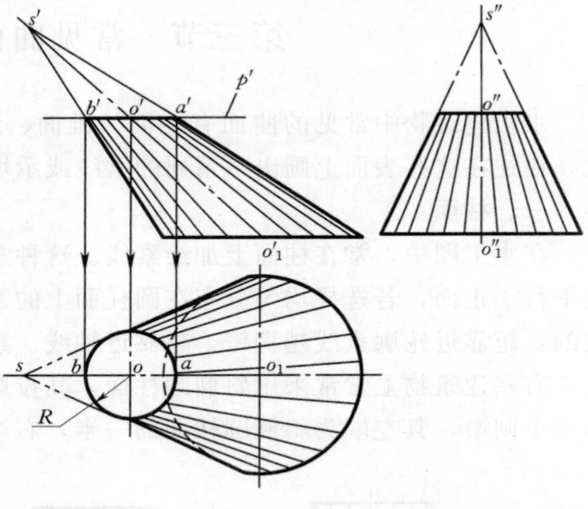

图 9－17 斜椭圆锥面的形成和素线的画法

三、渐变面

在水利工程中，很多地方要用到输水隧洞，隧洞的断面一般是圆形的，而安装闸门的部分却需做成长方形断面。为了使水流平顺，在长方形断面和圆形断面之间，要有一个使方洞逐渐变为圆洞的逐渐变化的表面，这个逐渐变化的表面称为渐变面。人们把渐变面的内表面画成单线图，如图 9－18 所示。单线图是只表达物体某一部分表面的形状大小而无厚度的图样。

图 9－18（a）是上述渐变面的三视图；图 9－18（b）为渐变面的立体图。渐变面的表面是由四个三角形平面和四个部分的斜椭圆锥面所组成。长方形的四个顶点就是四个斜椭圆锥的顶点，圆周的四段圆弧就是斜椭圆锥的底圆（底圆平面平行于侧面）。四个三角形平面与四个斜椭圆锥面平滑相切。

表达渐变面时，图上除了画出表面的轮廓形状外，还要用细实线画出平面与斜椭圆锥面分界线（切线）的投影。分界线在主视图和俯视图上的投影是与斜椭圆锥的圆心与顶点连线的投影恰好重合。为了更形象地表示渐变面，三个视图的锥面部分还需画出素线，如图 9－18（a）所示。

在设计和施工中，还要求作出渐变面任意位置的剖面图。图 9－18（a）正视图中 A—A 剖切线表示用一个平行于侧面的剖切平面截断渐变面。断面的高为 H，如正视图中所示；断面的宽度为 Y，如俯视图中所示。剖面图的基本形状是一个高为 H，宽为 Y 的长方形。因为剖切平面截断四个斜椭圆锥面，所以剖面图的四个角不是直角而是圆弧。圆弧的圆心位置就在截平面与圆心连线的交点上，因此，圆弧的半径可由 $A—A$ 截断素线处量得，其值为 R，如图 9-18（a）中的正视图所示。将四个角圆弧画出后，即得 $A—A$ 剖面图，如图 9-18（c）所示。必须注意，不要把此图看成是一个面，而应把它看作是一个封闭的线框。断面的高度 H 和圆弧的半径 R 的大小是随 $A—A$ 剖切线的位置而定，越靠近圆形，H 越小，R 越大。

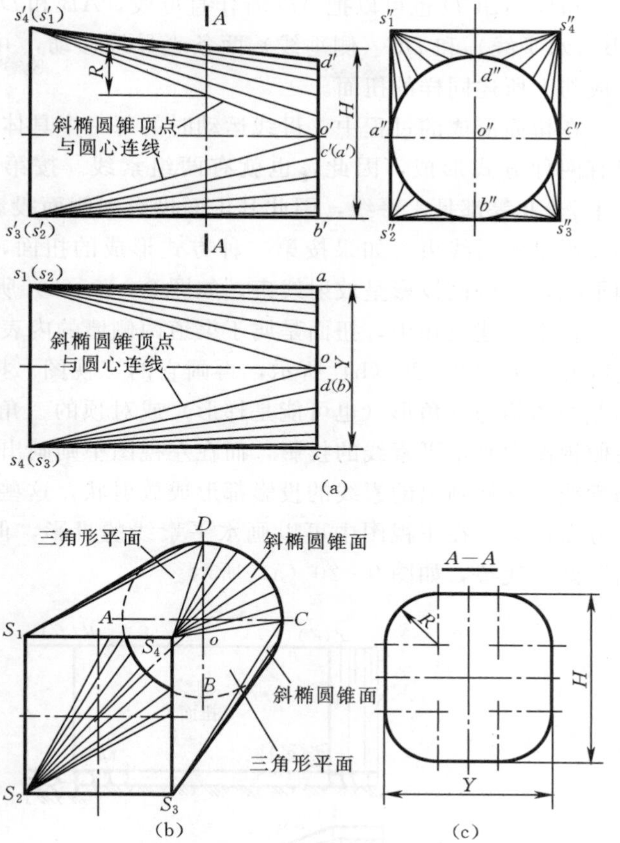

图 9-18 渐变面的画法

（a）三视图；（b）立体图；（c）剖面图

四、扭面

某些水工建筑物（如水闸、渡槽等）的过水部分的断面是矩形，而渠道的断面一般为梯形，为了使水流平顺，由梯形断面变为矩形断面需要一个过渡段，即在倾斜面和铅垂面之间，要有一个过渡面来连接，这个过渡面一般用扭面，如图 9-19（a）所示。

扭面 $ABCD$ 可看作是由一条直母线 AB，沿着两条交叉直导线

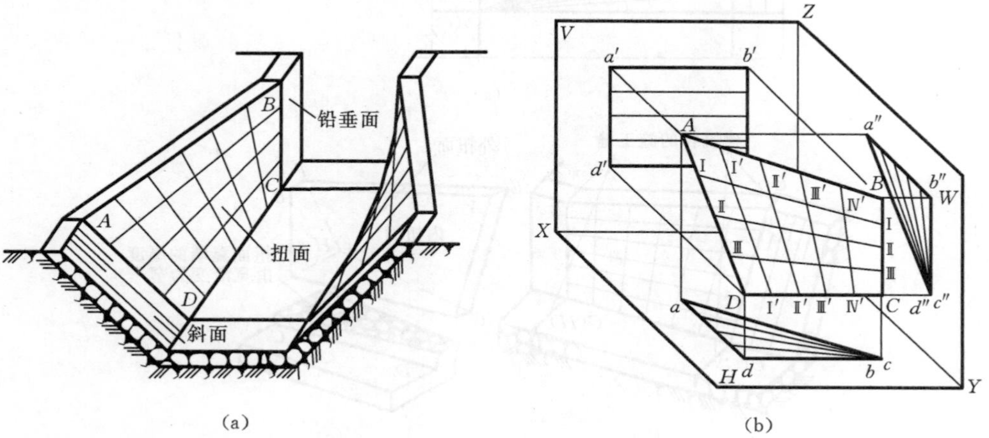

图 9-19 扭面的应用和形成

AD（侧平线）和 BC（铅垂线）移动，并始终平行于一个导平面 H（水平面），这样形成的曲面称扭面，又称双曲抛物面，如图 9-19（b）所示。

扭面 $ABCD$ 也可以把 AD 看作直母线，AB 和 DC 为两条交叉直导线，使母线 AD 沿 AB（水平线）和 DC（侧垂线）两条直导线移动，并始终平行于导平面 W，这样也可以形成与上所述同样的扭面。

在扭面形成的过程中，母线运动时的每一个具体位置称为扭面的素线。同一个扭面可以有两种方式形成，因此，也就有两组素线。按第一种方式形成的扭面，其素线 AB、ⅠⅠ、ⅡⅡ等都是水平线，因此其正面投影和侧面投影均为水平方向的直线，而素线的水平投影呈放射线束。如果按第二种方式形成的扭面，则素线 AD、Ⅰ′Ⅰ′、Ⅱ′Ⅱ′等均为侧平线，其侧面投影呈放射线束，如图 9－19（b）所示。

在水工建筑物中，扭面是属于渠道两侧墙的内表面。要表达扭面，可将渠道沿对称面处剖开，如图 9－20（b）所示，再画它的三视图。扭面的正视图为一长方形，其俯视图和左视图均为三角形（也可能是梯形）或对顶的三角形。在三角形内应画出素线的投影，在俯视图中画水平素线的投影，而在左视图中则画出侧平素线的投影，这是两组不同方向的素线。这样画出的素线的投影都形成放射状，这些素线的投影可等分两端的导线画出，使分布均匀。在正视图中可以画水平素线的投影，但按工程习惯，不画素线而注出“扭面”两字代替，如图 9－20（a）所示。

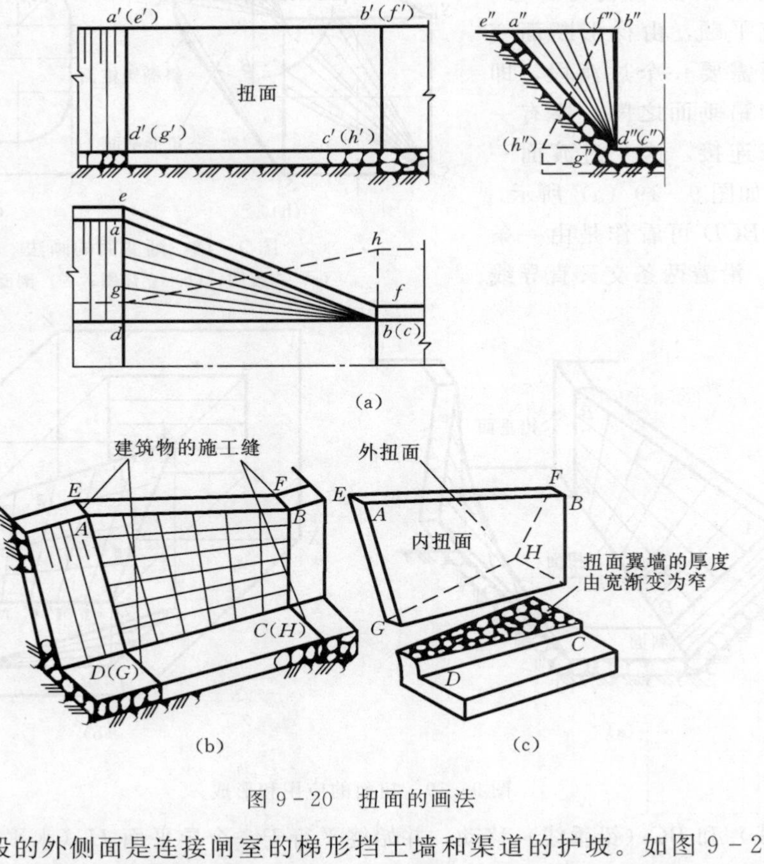

图 9－20　扭面的画法

扭面过渡段的外侧面是连接闸室的梯形挡土墙和渠道的护坡。如图 9－20（c）所示外侧面的左端与渠道护坡斜面连接，右端则与挡土墙斜面连接，所以扭面过渡段外侧面左端边线是一条向外倾斜的直线 EG，右端边线则是一条向内倾斜的直线 FH，它们是两条交叉直线。同样道理，外侧面上下两条边线亦为两条交叉直线。因此，扭面过渡段的外侧面也是一个扭面（外扭面）。如图 9－20（a）所示的俯视图中，外侧面上下边线的投影为两条相交线段 ef 和 gh（虚线）；左右两端边线的投影为两条垂直方向的线段 eg、fh（虚线）。这些边线的投影形成对顶的两个三角形线框。外扭面在左视图中的投影同样也形成对顶的两个三角形，在正视图中则与内扭面重合。

五、坡面

水工建筑物中经常会遇到斜坡面，如渠道、堤坝的边坡。水工图中常在斜坡面上要加画示坡线。示坡线的方向应平行于斜坡面上对水平面的最大斜度线（即坡度线）或垂直于斜坡面上的水平线。它是用一系列长、短相间且间隔相等的细实线表示。画示坡线时注意间距要均匀，长短要整齐，不论长线或短线都应与斜坡面较高的轮廓线相接触。图 9－21（a）为渠道边坡示坡线的正确画法，图 9－21（b）为错误画法。圆锥面上示坡线的画法如图 9－16 所示，示坡线应过锥顶画出。坝坡面上示坡线的画法如图 9－22 所示。

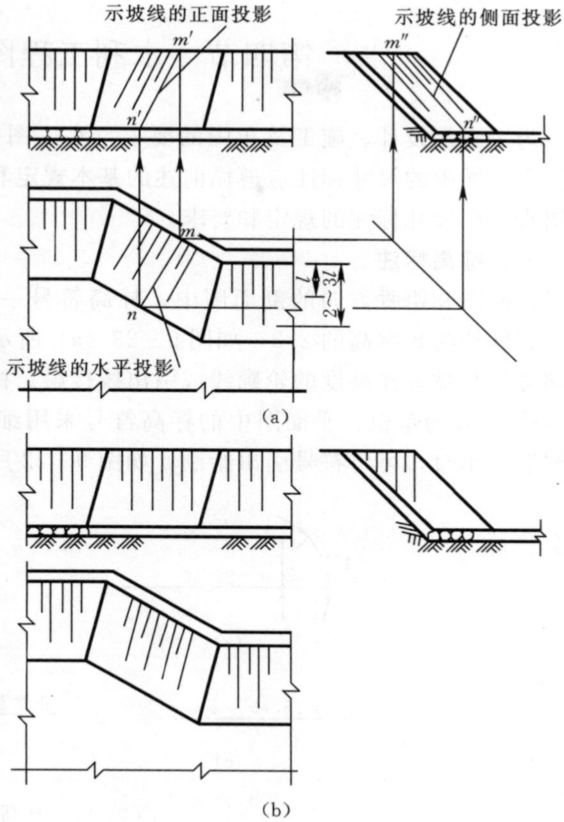

图 9－21　渠道边坡示坡线的画法
（a）正确画法；（b）错误画法

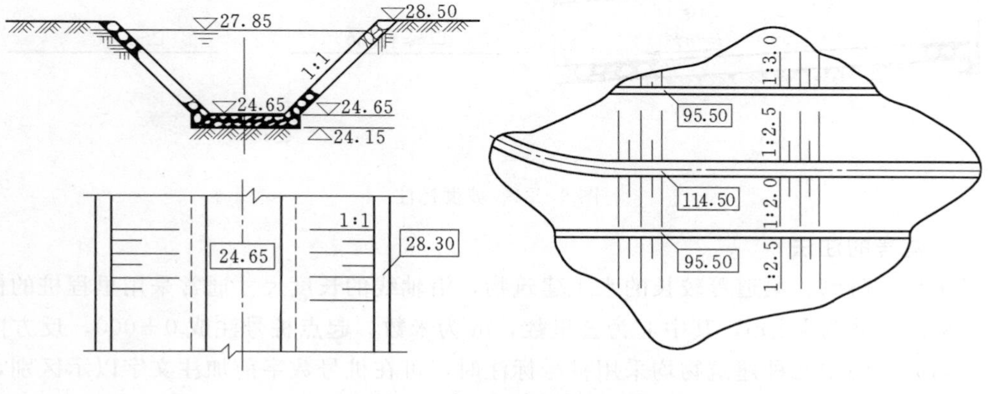

图 9－22　标高、平面坡度标注

第四节 水利工程图的尺寸标注

为了满足设计、施工及布图的要求，水工图中的结构或建筑物必须有合理的尺寸标注。水工图中的尺寸标注应遵循前述的基本规定和方法，另外还有它自己的特点，本节将介绍水工图尺寸标注的规定和要求。

一、标高标注

立面图和铅垂方向的剖面图中，标高符号一般采用细实线绘制的45°等腰直角三角形，高度约为数字高的2/3，如图9-23（a）所示。标高符号的尖端指向下或指向上，但尖端必须与被标注高度的轮廓线或引出线接触。标高数字注写在标高符号的右边，标高数字一律以m为单位。平面图中的标高符号采用细实线画出矩形框如图9-23（b）所示，当图形较小时，可将符号引出绘制，如图9-22所示。

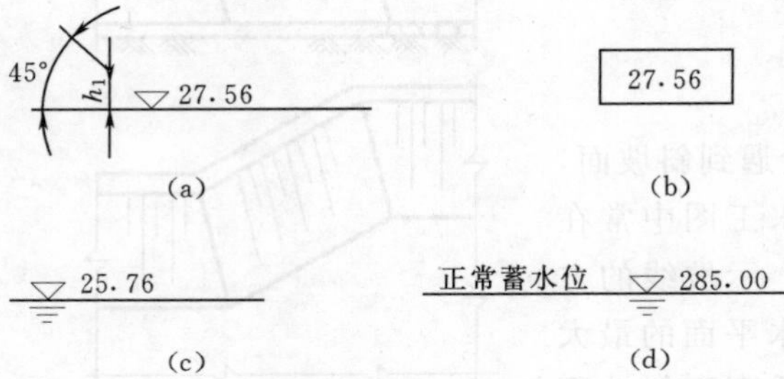

图9-23 标高符号

水面标高（简称水位）还需在三角形所在位置的水面线以下绘三条细实线，如图9-23（c）所示。特殊水位用文字注明，如图9-23（d）中标出“正常蓄水位”。

二、坡度的注法

坡度的标注形式一般采用1：n表示，当坡度较缓时，坡度可用百分数表示，如$i=n\%$，如图9-24（a）所示。管路的坡度表示法，如图9-24（b）所示。

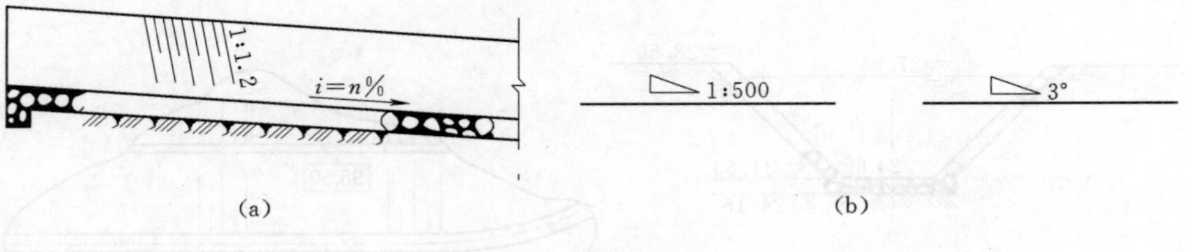

图9-24 坡度标注

三、桩号的注法

对于坝、隧洞、渠道等较长的水工建筑物，沿轴线的长度尺寸通常采用里程桩的标注方法，标注形式为k±m，其中k为公里数，m为米数。起点桩号注成0+000，反方向用“-”。当同一图中几种建筑物均采用桩号标注时，可在桩号数字前加注文字以示区别，如图9-25所示。

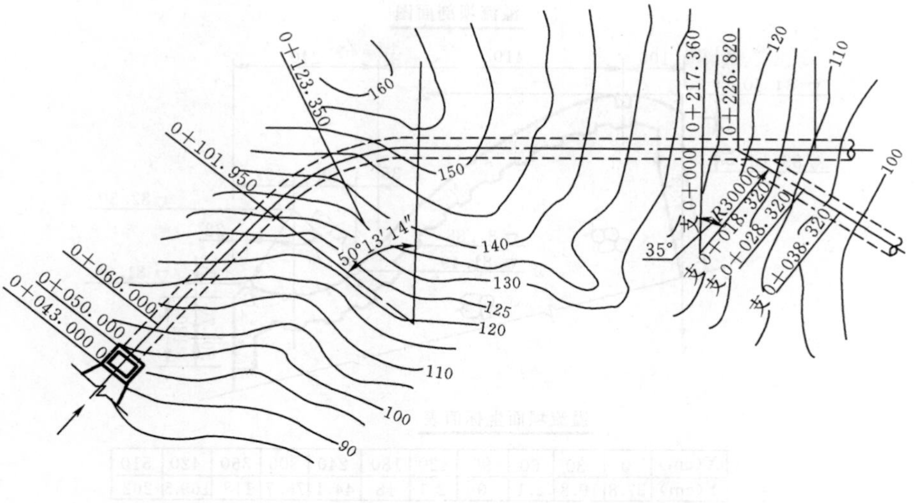

图 9－25　桩号的标注方法

四、非圆曲线尺寸的注法

标注非圆曲线的尺寸时，一般用非圆曲线上各点的坐标值表示。当画出坐标系时，可用极坐标表示，如图 9－26 所示；也可用直角坐标表示，如图 9－27 所示。当不画出坐标系时，可按图 9－28 的形式标注。

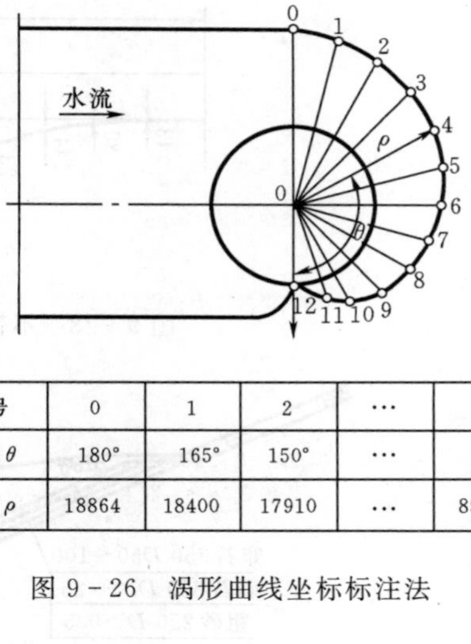

点号	0	1	2	…	12
极角 θ	180°	165°	150°	…	0°
极径 ρ	18864	18400	17910	…	8500

图 9－26　涡形曲线坐标标注法

五、简化标注法

水工图尺寸标注有多种简化标注法，这里只介绍多层结构及均布构件的尺寸标注法。

(1) 多层结构的尺寸标注法，用引出线引出多层结构的尺寸，引出线必须垂直通过被引的各层，文字说明和尺寸数字应按结构的层次注写，如图 9－29 所示。

(2) 均匀分布的相同构件或构造，可只绘制或标注其中一部分构件或构造，但需用数字表示出相同构件或构造的数量，如图 9－30、图 9－31 所示。

六、封闭尺寸链和重复尺寸

水工建筑物的施工是分段进行的，水工图中不仅要标注出全部分段的尺寸，还应标注出总体尺寸，这样就必然形成封闭尺寸链。当建筑物几个视图分别画在不同的图纸上时，为便于读图和施工，允许标注适当的重复尺寸。所以在水工图上既标注标高又标注高度是很常见的。因此，水工图中根据需要允许标注封闭尺寸链和必要的重复尺寸。

溢流坝剖面图

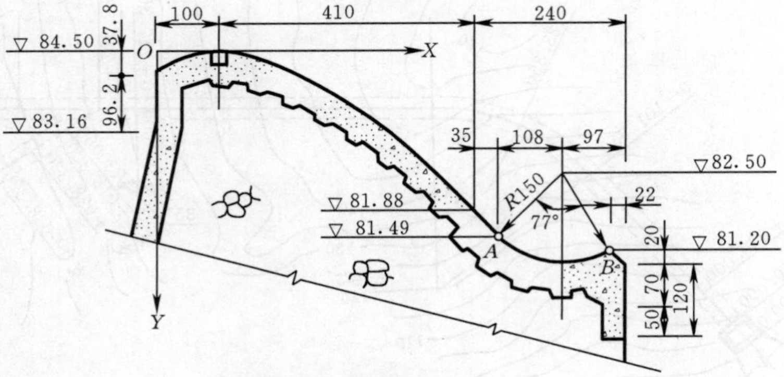

溢流坝面坐标值表

X(cm)	0	30	60	90	120	180	240	300	360	420	510
Y(cm)	37.8	10.8	2.1	0	2.1	18	44.1	76.7	118	169.5	262

图 9－27　圆弧及非圆曲线的尺寸标注法

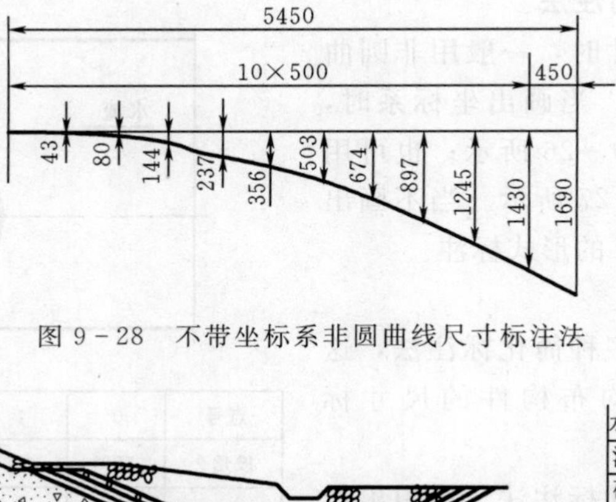

图 9－28　不带坐标系非圆曲线尺寸标注法

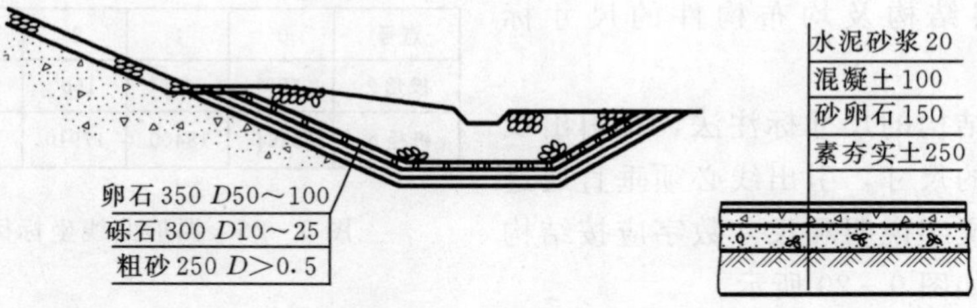

图 9－29　多层结构尺寸标注法

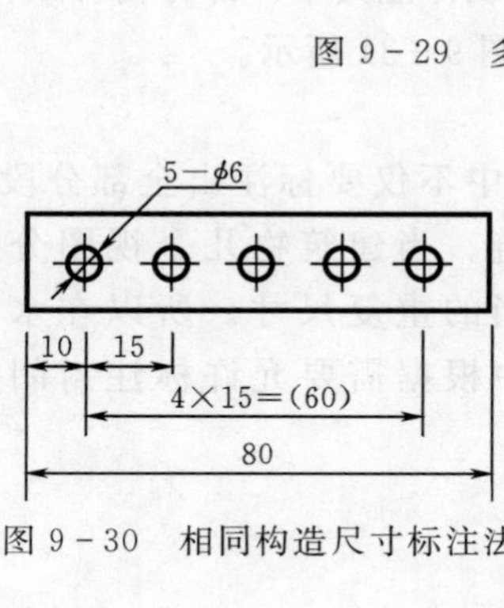

图 9－30　相同构造尺寸标注法

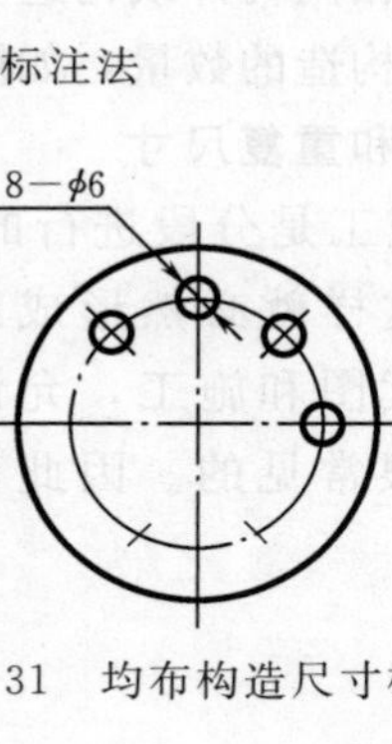

图 9－31　均布构造尺寸标注法

第五节 水利工程图的识读

一、识读水工图的目的和要求

读图的目的是为了了解工程设计的意图以便根据设计的要求进行施工和验收。因此，读图必须达到下列基本要求：

(1) 了解水利枢纽所在地的地形、地理方位和河流的情况以及组成枢纽各建筑物的名称，作用和相对位置。

(2) 了解各建筑物的形状、大小、详细结构、使用材料及施工的要求和方法。

二、读图的步骤和方法

识读水工图的顺序一般是由枢纽布置图看到建筑结构图；先看主要结构后看次要结构。在看建筑物结构图时要遵循由总体到局部，由局部到细部结构，然后再由细部回到总体，这样经过几次反复，直到全部看懂。读图一般可按下述四个步骤进行。

(1) 概括了解，了解各个视图的名称、作用。识读任何工程图样都要从标题栏开始，从标题栏和图样上的有关说明中了解建筑物的名称、作用、制图的比例、尺寸的单位以及施工要求等内容。

(2) 分析视图，了解各个视图的名称、作用及其相互关系。为了表明建筑物的形状、大小、结构和使用的材料，图样上都配置一定数量的视图、剖视图和剖面图。由视图的名称和比例可以知道视图的作用，视图的投影方向以及实物的大小。

水工图中的视图的配置是比较灵活的，所以在读图时应先了解各个视图的相互关系，以及各种视图的作用。如找出剖视和剖面图剖切平面的位置、表达细部结构的详图；看清视图中采用的特殊表达方法、尺寸标注法等。通过对各种视图的分析，可以了解整个视图的表达方案，从而在读图中及时找到各个视图之间的对应关系。

(3) 分析形体，将建筑物分为几个主要组成部分，读懂各组成部分的形状、大小、结构和使用的材料。

将建筑物分哪几个主要组成部分，应根据这些组成部分的作用和特点来划分。可以沿水流方向分建筑物为几段；也可以沿高程方向分建筑物为几层；还可以按地理位置或结构分建筑物为上、下游，左、右岸，以及外部、内部等。读图时需灵活运用这几种方法。

了解各主要组成部分的形体，应采用对线条、找投影、分线框、识体形的方法。一般是以形体分析法为主，以线面分析法为辅进行读图。

分析形体应以一两个视图（平面图、立面图）为主，结合其他的视图和有关的尺寸、材料、符号读懂图上每一条图线、每一个符号、每一个尺寸以及每一种示意图例的意义和作用。

(4) 综合整理，了解各组成部分的相互位置，综合整理整个建筑物的形状、大小、结构和使用的材料。

识读整套水利工程图可从枢纽布置图入手，结合建筑物结构图、细部详图，采用上述的读图步骤和方法，逐步地读懂全套图纸，从而对整个工程建立起完整而清楚的概念。

读图中应注意将几个视图或几张图纸联系起来同时阅读，孤立地读一个视图或一张图纸，往往是不易也不能读懂工程图样的。

三、水工图识读举例

【例 9-1】 识读砌石坝设计图，如图 9-2（a）～图 9-2（c）所示。

砌石坝的结构型式有多种，图 9-2 所示为浆砌石重力坝，而且做成既能挡水又能泄水的一个整体的水工建筑物。由于它主要是依靠砌石自身重量来维持坝体的抗滑稳定，所以它又称为砌石重力坝。这种坝型具有较大的重量，是一种大体积的挡水建筑物。

1. 组成部分及其作用

该砌石坝坝顶长 140.0m，沿坝顶长可将其分为左、中、右三段。中段为溢流段，主要用于泄洪，为空腹填渣重力坝，采用这种结构主要是为了减小扬压力和节省工程量。该段长 59.0m，溢流段净宽 50.0m，用闸墩分隔成五孔，每孔设 10.0m×9.0m 的弧形钢闸门，用于挡水和泄水，闸墩顶部靠下游一端设有交通桥与左右两段非溢流坝顶相连。闸墩顶部靠上游一端设有排架，在排架顶部设有工作桥安装闸门启闭机，供工作人员操作启闭弧形闸门之用。溢流段左右两侧设有导水墙，用来控制溢流范围。在高程 123.60m 处设有两个底孔，用于施工导流和坝体检修时放空库水。

左、右两端为非溢流段，主要用于挡水，均为实体重力坝。这两段内均设有廊道通向溢流段内的空腹。在坝轴线桩号 0＋114，高程 161.50m 处，设有直径为 1m 的涵管，用来引库水灌溉。

2. 视图及表达方法

该砌石坝设计图由平面布置图、下游立面图、*A*—*A* 剖视图和非溢流坝标准剖面图等四个图形来表达。

（1）平面布置图。如图 9-2（a）所示的平面布置图，该图是将整个砌石坝的平面图画在地形图上，按水流方向自上向下布置。不仅表明了所在地区的地形、河流、水流方向、地理方位以及砌石坝各组成部分长度与宽度方向的相互位置关系，还表明了坝轴线的长度、顶面宽度、主要部位的高程和坝顶面及上、下游坡面与地面的交线等；另外还可以看出发电引水隧洞、灌溉涵管和通向坝顶的公路均位于河流的右岸。图中对弧形闸门以及闸门启闭机等附属设备都采用了省略画法。

（2）下游立面图。如图 9-2（b）所示的下游立面图，是视向逆水流方向观察坝身所得的图形。它表明了砌石坝及各组成部分下游立面的外形轮廓和相互位置关系，各主要部位都注有高程。还表明了下游坝坡面与岩石基面的交线和原地面线等，对坝轴线各段的长度、溢流坝段闸孔分隔的情况以及导流底孔、廊道孔和挑流板下部直墙圆拱支承结构的形状特征都反映得较清楚。

（3）溢流坝 *A*—*A* 剖视图。如图 9-2（c）所示，其是由剖切平面与坝轴线垂直剖切而得，它详细表明溢流坝段内部构造的形状、尺寸和材料。图中表明了溢流面顶部为曲线段，中间是直线段，下部接半径为 12.5m 的反弧段，做成挑流式消能。上游迎水面是坡度为 1：0.15 用混凝土浇成的防渗面板，在高程 131.50m 处有灌浆平台，坝基设有用于防渗的灌浆帷幕，它采用了折断画法，为了汇集坝体和坝基渗水，还设有圆拱矩形廊道。图中可以看出空腹段前腿（靠上游一端）底厚 20.10m，后腿（靠下游一端）底厚 14.00m，顶部由不同半径和不同中心角的两个圆弧构成，腹腔内填石渣，在高程 122.00m 处向上浇 1.50m 厚混凝土穿孔透水板，它与前后腿连接成整体。在图形上部还表明了交通桥、工作桥的位置、桥面的宽度和高程，对弧形闸门采用示意图例画法。

(4) 非溢流坝段剖面图。如图 9-2 (c) 所示，该剖面图表达六个不同高程处的断面形状，只要将图中的字母代之以断面尺寸表中相应的数字即得。它表明非溢流坝段为实体重力坝，坝顶为钢筋混凝土路面。上游迎水面的结构与溢流坝段相同，灌浆帷幕采用折断画法，下游面在高程 175.00m 以下斜面坡度为 1：0.6，用浆砌块石筑成。

【例 9-2】 识读进水闸结构图。

水闸的作用：水闸建造于河道或渠道中，安装有可以启闭的闸门。开启闸门即开闸放水；关闭闸门则可挡水，抬高上游水位；调节闸门开启的大小，可以控制过闸的水流量。因此，水闸的作用可以概括为：控制水位、调节流量。

水闸的组成部分：图 9-32 所示为某水闸的立体示意图。

水闸由上游连接段、闸室段、下游连接段三部分组成，现结合图 9-32 将水闸各部分的结构及作用介绍如下：

(1) 闸室。水闸中闸墩所在的部位为闸室。闸室是水闸的主体，闸门即位于其中。

1) 组成。闸室由底板、闸墩、岸墙、胸墙、闸门、交通桥、工作桥、便桥等组成。

2) 作用。闸室是水闸直接起控制水位、调节流量作用的部分。

(2) 上游连接段。图 9-32 中闸室以左的部分为上游连接段。

1) 组成。上游连接段由上游护坡、上游护底、铺盖、上游翼墙等组成。

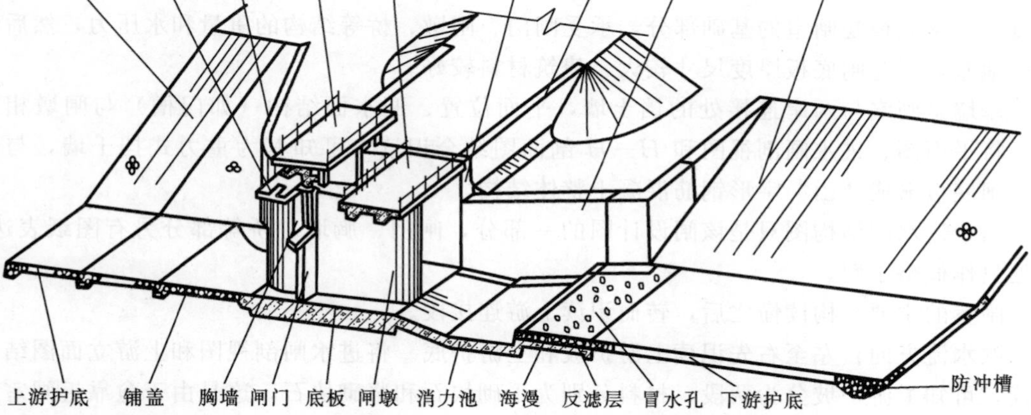

图 9-32 水闸的立体示意图

2) 作用。上游连接段的作用主要有三点：一是引导水流平稳进入闸室（顺流）；二是防止水流冲刷河床（防冲）；三是降低渗透水流对水闸的不利影响（防渗）。

(3) 下游连接段。图 9-32 中闸室以右的部分称为下游连接段。

1) 组成。下游连接段由下游翼墙、消力池、护坡、海漫、下游护底及防冲槽等组成。

2) 作用。下游连接段的主要作用是消除出闸水流的能量，防止其对下游河床的冲刷，即防冲消能。图 9-32 海漫部分设置排水孔是为了排出渗透水。为了使排出的渗透水不带走海漫下部的土粒，在排水孔下面铺设粗砂、小石子等进行过滤，称为反滤层。

读图（图 9-3）：

(1) 概括了解。阅读图名和说明，建筑物名称为“进水闸”，是渠道的渠首建筑物，作用是调节进入渠道的灌溉水流量，由上游连接段、闸室、下游连接段三部分组成。图中尺寸高程以米（m）计，其余均以厘米（cm）为单位。

(2) 分析视图。为表达进水闸的主要结构，共选用平面图、进水闸剖视图、上下游立面图和七个剖面图。其中前三个图形表达进水闸的总体结构，剖面图的剖切位置标注于平面图中，它们分别表达上下游翼墙、一字形挡土墙、岸墙、闸墩的剖面形状、材料以及岸墙与底板的连接关系。

平面图采用了省略画法，只画出了以进水闸轴线为界的左岸边。闸室部分采用了拆卸画法，略去交通桥、工作桥、便桥和胸墙。

进水闸剖视图系沿闸孔中心水流方向剖切，故为纵剖视图。上下游立面图为合成视图。

(3) 分析形体。分析了视图表达的总体情况之后，读图就进入分析形体的关键阶段。对于进水闸，宜从水闸的主体部分闸室开始进行分析识读。

首先从平面图中找出闸墩的视图。借助于闸墩的结构特点，即闸墩上有闸门槽、闸墩两端利于分水的曲面形状，先确定闸墩的俯视图。结合 $H—H$ 剖面图并参照岸墙的正视图，可想象出闸墩的形状是两端为半圆头的长方体，其上有两个闸门槽，偏上游端的是检修门槽，另一个为主门槽，闸墩顶面左高右低，分别是便桥、工作桥和交通桥的基础。闸墩长 1200cm、宽 100cm，材料为钢筋混凝土。

闸墩下部为闸底板，进水闸剖视图中闸室最下部的矩形线框为其正视图。结合阅读 $H—H$ 剖面图可知，闸底板结构形式为平底板，长 1200cm、厚 160cm，建筑材料为钢筋混凝土。闸底板是闸室的基础部分，承受闸门、闸墩、桥等结构的重量和水压力，然后传递给地基，因此闸底板厚度尺寸较大，建筑材料较好。

岸墙是闸室与两岸连接处的挡土墙，平面位置、迎水面结构（如门槽）与闸墩相对应。将平面图、进水闸剖视图和 $H—H$ 剖面图结合识读，可知其为重力式挡土墙，与闸墩，闸底板形成“山”字形钢筋混凝土整体结构。

由于进水闸结构图只是该闸设计图的一部分，闸门、胸墙、桥等部分另有图纸表达，此处只作概略了解。

闸室的主要结构读懂之后，转而识读上游连接段。

顺水流方向自左至右先识读上游护坡和上游护底。将进水闸剖视图和上游立面图结合识读，可知上游护坡分为两段，材料分别为干砌块石和浆砌块石，这是由于愈靠近闸室水流愈湍急，冲刷愈剧烈的缘故。护坡两段各长 600cm。护底左端砌筑梯形齿墙以防滑，块石厚 40cm，下垫黄砂层厚 10cm。

与闸室底板相连的铺盖，长 800cm、厚 40cm，材料为钢筋混凝土。上游翼墙分为两节，其平面布置形式：第一节为圆弧形，第二节为“八”字形。结合剖面 $A—A$、$D—D$，可知上游翼墙为重力式挡土墙，主体材料为浆砌块石。进水闸剖视图表明，上游翼墙与上游河道坡面有交线（截交线），交线由直线段和平面曲线两部分组成，分别为“八”字形翼墙和圆弧形翼墙与坡面的交线。圆弧形翼墙的柱面部分画有柱面素线。

采用相同的方法，也可以读懂下游连接段各组成部分，请读者自行分析识读。

(4) 综合整理。最后，将读图的成果对照总体图进行综合归纳，想象出进水闸的整体形状。

进水闸为两孔闸，每孔净宽 400cm、总宽 900cm，设计引水位 7.54m，灌溉水位 7.39m。

上游连接段有干砌块石和浆砌块石护坡、护底，钢筋混凝土铺盖和两节上游翼墙。

闸室为平底板，与闸墩及岸墙的连接为“山”字形整体结构，闸门为升降式闸门，门高 450cm，门顶以上有钢筋混凝土固定式胸墙，闸室上部有交通桥、工作桥、便桥各一座，均为钢筋混凝土结构。

下游连接段中下游翼墙平面布置形式为“反翼墙”式，分三节，均为浆砌块石重力式挡土墙；与闸底板相连的为消力池，长 1200cm、深 100cm，以产生淹没式水跃，消除出闸水流大部分能量；下游护坡、海漫、下游护底分别用浆砌块石、干砌块石护砌，长度分别为 600cm 和 2000cm；海漫部分设排水孔，下铺反滤层；下游护底末端与天然河床连接处有防冲槽。

在读懂进水闸主要部分的形状、结构、尺寸和材料之后，可进一步思考：“进水闸结构图”对进水闸哪些部分尚未表达或表达不全，还需要增加哪些视图，现有的视图表达是否得当，有无更好的表达方案？深入的思考有助于加深对工程图样的理解。

【例 9-3】　识读水库枢纽设计图。

该设计图分为水库枢纽布置图（图 9-33）和土坝设计图（图 9-34）两部分，现分别

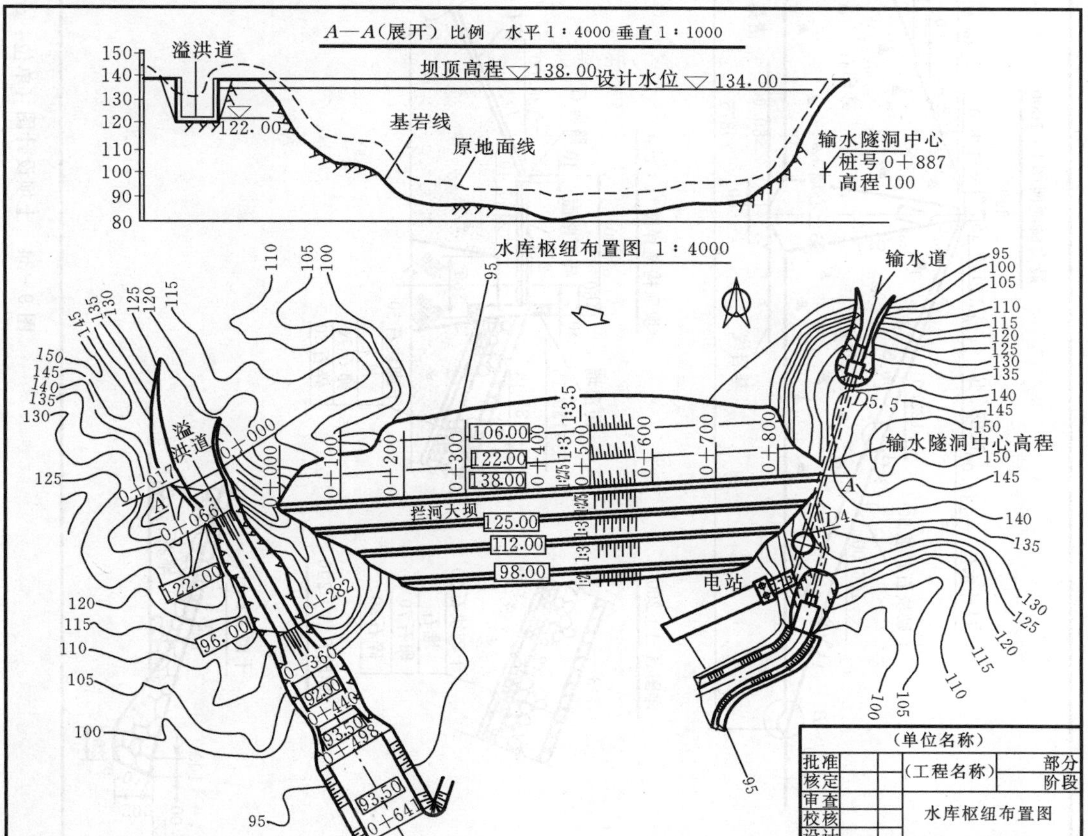

图 9-33　某水库枢纽布置图（单位：m）

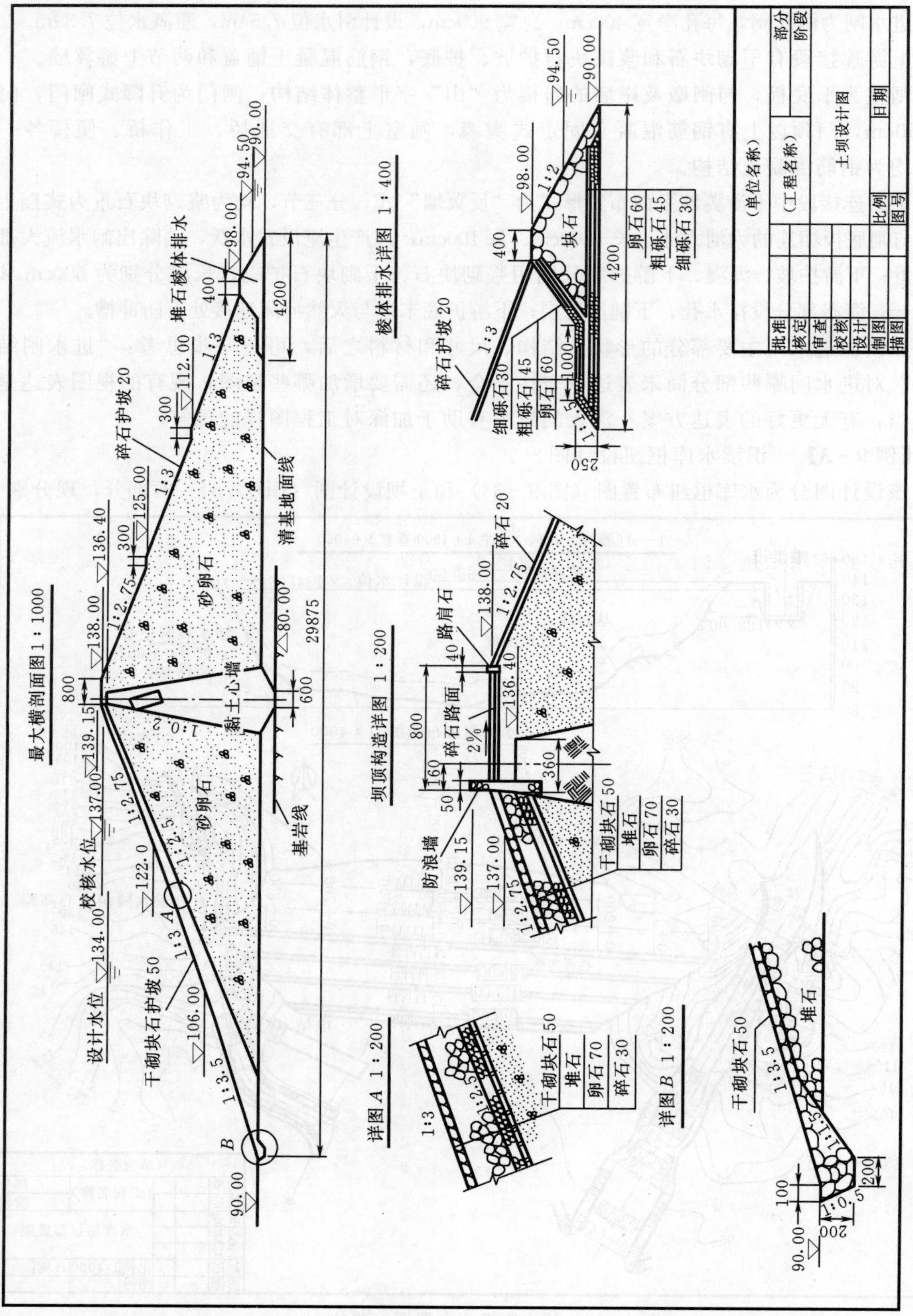

图9-34 土坝设计图（单位：cm）

识读。

1. 水库枢纽布置图

水库枢纽的组成：水库枢纽指挡水坝、输水涵洞、溢洪道等组成的建筑物群体。其中坝起挡水作用，其上游蓄水成水库。输水涵洞是引水建筑物，当水库下游需用水时，可开启涵洞闸门引水库水进入下游渠道。图 9-33 所示水库枢纽布置图中的拦河大坝为土坝，从结构看是黏土心墙坝，溢洪道修建在大坝西边山凹处，输水道布置在大坝的东边，经过隧洞把水引向下游供发电和灌溉用。

视图及表达方法：枢纽布置图是在地形图上画出土坝、输水道等建筑物的平面图。它主要表达了工程所在区域的地形、水流方向、地理方位、各建筑物在平面上的形状大小及其相对位置，以及这些建筑物与地面相交的情况等。

A—*A* 剖视图是沿坝轴线和溢洪道顶部作的展开剖视，主要表达河槽与溢洪道的剖面形状，采用了纵横两种不同的比例画出，在右下角表示出输水隧洞中心的高程和位置。

2. 土坝设计图（图 9-34）

组成部分及其作用：土坝由坝身、心墙棱体排水和护坡四部分组成，主要用于挡水。该坝身成梯形断面，用砂卵石材料堆筑，为了防渗，在坝体内筑有黏土心墙。上、下游坡面为防止风浪、冰凌冲击以及雨水冲刷而设置的保护层称为护坡。下游坝脚设有棱体排水，其主要作用是排除由上游渗透到下游的水。为防止带走土粒和堵塞排水棱体，设有反滤层。

视图及表达方法：土坝设计图有坝身最大横剖面图，坝顶构造详图、上游护坡 *A*、*B* 详图和下游坝脚棱体排水详图等。

最大横剖面图是在河槽位置垂直于坝轴线剖切而得，它表达了坝顶高程为 138.00m、宽 8m，上游护坡为 1∶2.75、1∶3 和 1∶3.5，下游护坡为 1∶2.75 和 1∶3，并在 125.00m 和 112.00m 高程处设有 3m 宽的马道。剖面图上还表达了心墙、护坡和棱体排水的位置。上游面标注了一些特征水位。

坝顶详图表明坝顶筑有碎石路面且靠上游面一边砌有块石防浪墙，其下部与黏土心墙相连。靠下游面一边砌有路肩石，黏土心墙顶部高程为 136.40m、宽 3.6m。

由上游护坡详图 *A* 可以看出护坡分为干砌块石、堆石、卵石和碎石四层。详图 *B* 则表示上游坝脚防滑槽的尺寸。棱体排水详图表达了堆石棱体和反滤层的结构及尺寸。

【例 9-4】　识读浆砌块石矩形渡槽设计图（图 9-4）。

渡槽的作用及结构：渡槽是一种交叉建筑物，输送水流横跨过道路、河流，并不对其正常交通构成干扰。渡槽由槽身、进口段、出口段和支承结构等部分组成。槽身是渡槽的主体，直接起输送水流的作用。支承结构是渡槽的承重部分。进口段与出口段的作用主要是平顺水流。

读图：图 9-4 所示为一浆砌块石矩形渡槽的部分图样，由纵剖视图、平面图、槽身剖面图和 *A*—*A* 剖视图等组成。纵剖视图和平面图表达渡槽的整体结构，槽身剖面图系垂直于槽身长度方向中心线剖切所得，表达进口段的立面外形和槽身端面形状。

读图时，按渡槽的组成部分将各视图结合识读。根据槽身剖面图可知，槽身过水断面为矩形，由侧壁和底板组成，建筑材料均为浆砌块石，槽宽为 80cm。平面图表明，进出

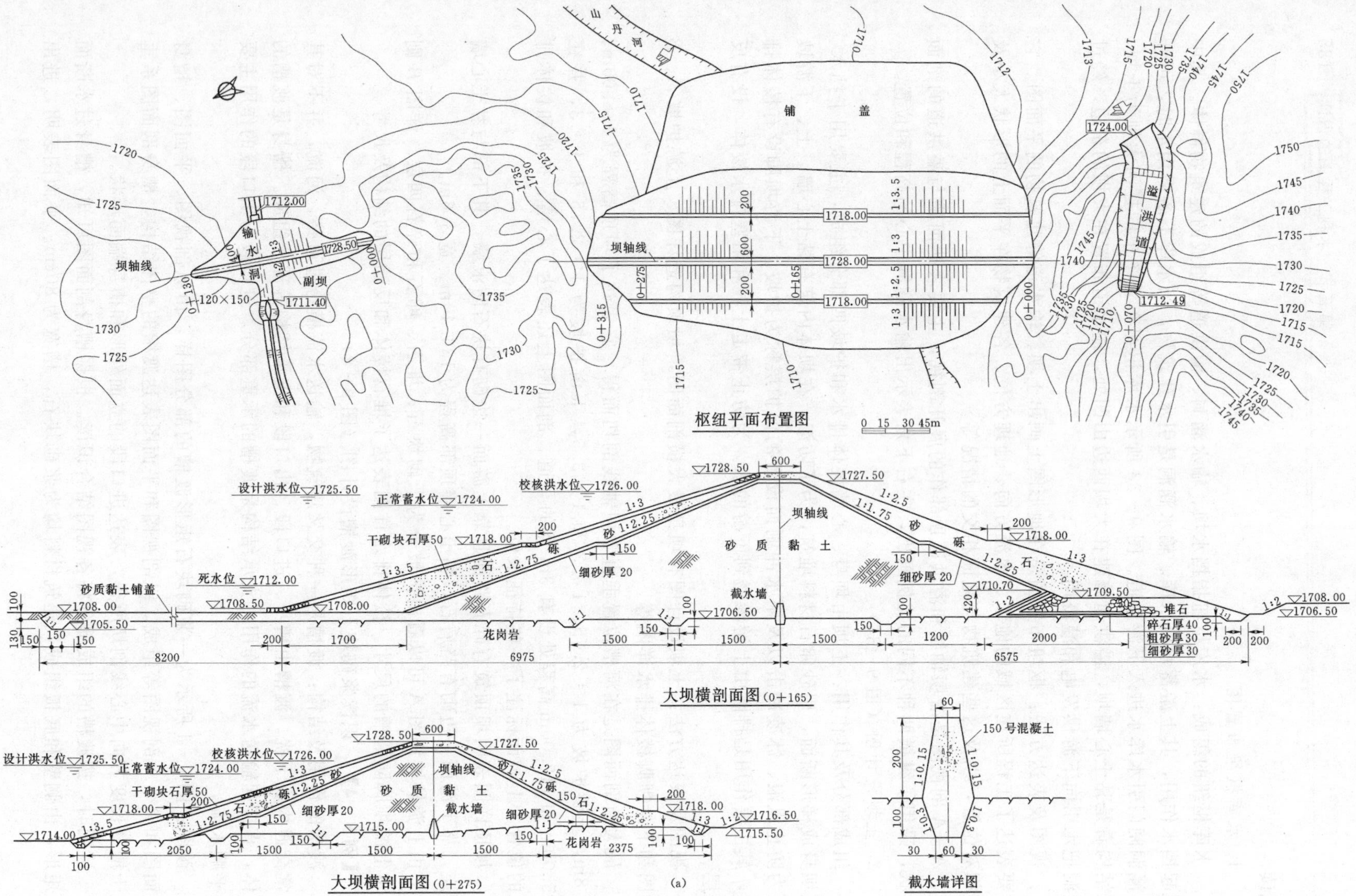

图 9-35(一)　某水库枢纽图(单位：cm)

(a) 土坝设计图

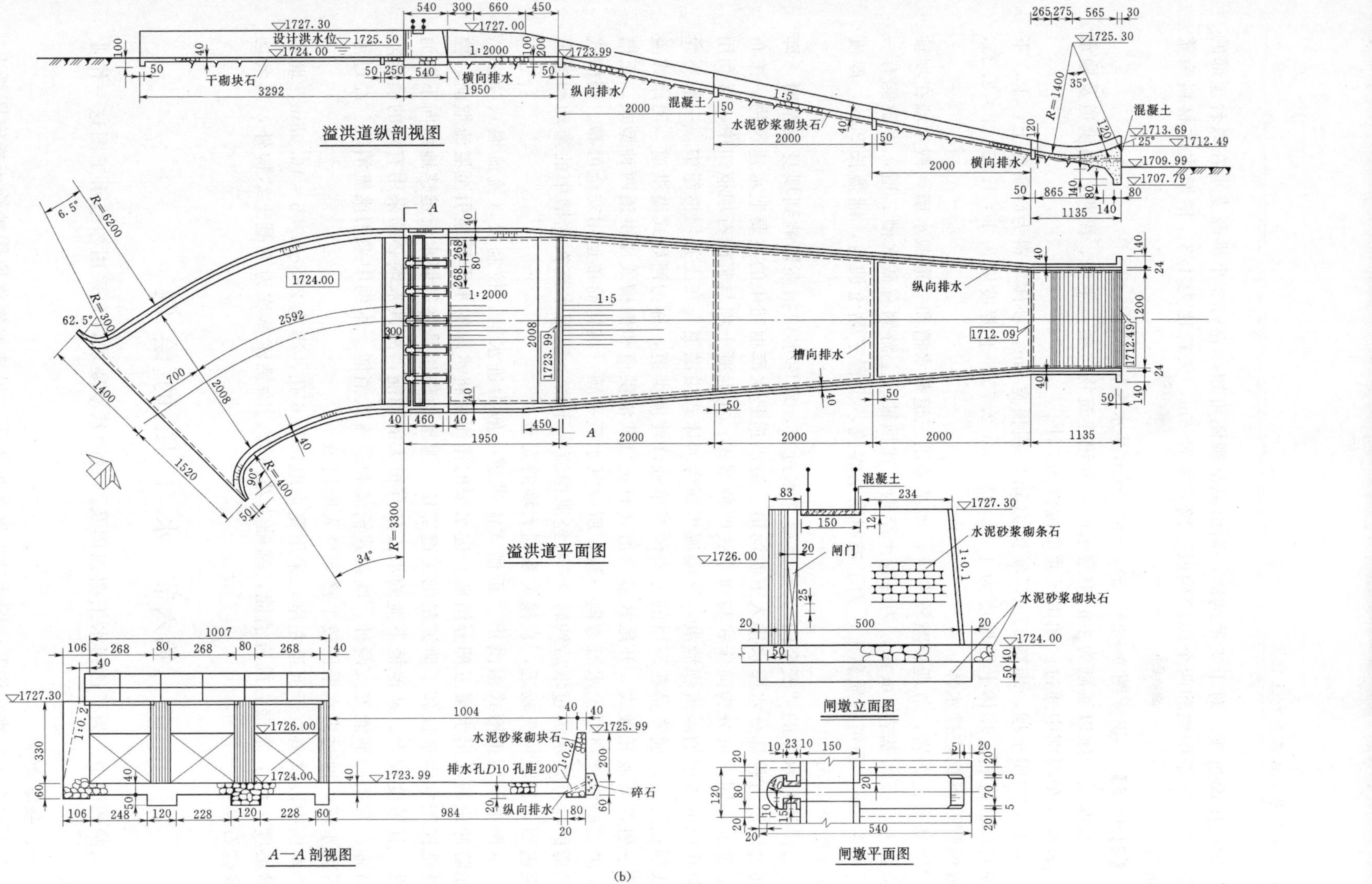

图 9-35(二)　某水库枢纽图（单位：cm）

(b) 溢洪道设计图

口段均以扭面过渡。对于支承结构，则由纵剖视图可知，它有 3 个拱圈支承在墩台顶部的五角石上，两个中墩和两个边墩构成三跨，跨径 6m，矢跨比为 1/3。槽墩主体材料为浆砌块石。

【例 9-5】 识读图 9-35（a）、（b）所示某水库枢纽图。

该水库是一座以灌溉为主的中型水库，枢纽建筑物包括：主坝、副坝、溢洪道及输水洞，输水洞在副坝中通过。图中尺寸单位以 cm 计。

主坝为均质土坝，坝高 22m，坝长 315m，坝顶宽 6m。坝体填料为砂质黏土，上、下游坝壳填砂砾石，坝体上游坡度为 1：2.25、1：2.75；下游坡度为 1：1.75、1：2.25，下游坝脚设褥垫式排水体。

坝基为花岗岩，节理裂隙较发育，坝基采用三道截水槽和一道截水墙，截水墙在坝轴线位置上，嵌入基岩 1m 深，为混凝土结构。在坝轴线上游侧有截水槽二道，下游侧有一道，槽深 1m，回填砂质黏土。为了控制坝基渗流，设置了黏土铺盖，铺盖长 80m，厚度由 1m 增至 1.5m。

溢洪道是水库的“安全门”，当上游来水过多，水库水位抬高影响到坝身安全时，即需通过溢洪道将部分水库水排入下游河道。溢洪道是水库枢纽中的主要泄水建筑物。按布置位置的不同，可分为河床式与河岸式两种型式。在混凝土坝与浆砌石坝枢纽中，常利用布置在原河床中的溢流坝泄洪，该溢流坝即为河床式溢洪道。在土石坝枢纽中，一般不允许从坝顶溢流，通常是在河岸的适当位置单独修建溢洪道，称为河岸式溢洪道。河岸式溢洪道一般都做成开敞式。开敞式溢洪道又有正槽式溢洪道和侧槽式溢洪道两种型式。正槽式溢洪道的泄槽与堰上水流方向一致，所以其水流平顺，结构简单运用安全可靠。侧槽式溢洪道的特点是水流过堰后约转 90°弯经泄槽流入下游，因而水流在侧槽中的紊动和撞击都很强烈，且距坝头较近，直接关系到大坝的安全。

本例中采用正槽式溢洪道。正槽式溢洪道一般由进水渠、控制段（流流堰）、泄槽、消能防冲设施及出水渠五部分组成。进水渠的作用是将水库的水平顺地引至溢流堰前。控制段是控制水库水位和下泄流量的关键部位。泄槽的作用是将过堰水流迅速地泄向下游消能段，其坡度较大。从泄槽下泄的水流具有很大的动能，故其末端必须采用有效的消能防冲措施，常用的消能方式两种：底流式消能和挑流式消能。本例中采用挑流消能。经过消能后的水流，通过出水渠比较平稳地导入原河道。

本例中溢洪道位于河道左岸，采用宽顶堰，共 6 孔，净宽 268cm×6＝16.08m，堰后陡槽坡度 1：5，末端为挑流消能，基础为花岗岩，除挑流鼻坎为混凝土结构外，其余均为浆砌石结构。

第六节 水工图的绘制

在制图课中，为了达到水工图识读及绘制的基本要求，常采用抄绘水工图这一作业形式。

一、基本要求

在不改变建筑物结构及原图表达方案的前提下，另选比例将原图抄绘于指定图纸上，或再补画少量视图。

二、抄绘与读图的关系

正确抄绘的基础是读图，只有认真识读原图，了解建筑物的主要结构，并弄清各视图间的对应关系，抄绘结果的正确性才有保证。同时还应看到，抄绘的过程又是深入读图的过程。抄绘过程中遇到的每根线、每个尺寸的位置、画法及注写，常涉及一些概念问题，其中有的正是此前读图时忽略或遗漏的问题。因此，为了做到正确抄绘，要求读者深入读图、深刻理解。总而言之，抄绘水工图决非“图样放大”，也不仅仅是绘图技能训练、视图表达方案的观摩，更是培养、提高水工图识读能力的一种有效方法。

三、画图步骤

（1）根据设计资料及不同设计、施工阶段对图样的要求，分析、确定需表达的内容。

（2）选择最佳视图的表达方案。

（3）选择画图所采用的比例，注意按制图标准的规定选用，在表达清楚的前提下，尽量选用较小比例。

（4）布置视图，使各视图在图纸上的位置适中。

1）估算各视图所占范围。

2）各视图尽量按投影关系配置。

（5）画底稿。

1）画各视图的作图基准线，如轴线、中心线、主要轮廓线。

2）画图顺序为：先主要部分，后次要部分，最后细部结构。先画特征明显的视图，再画其他视图，注意投影规律的应用。

3）标注尺寸。

4）画建筑材料图例。

5）注写文字说明，填写标题栏。

（6）检查、校对，确定无误或改错后描深图线。

第七节　钢筋混凝土结构图

混凝土是由水泥、砂、石子按一定比例配合，经搅拌、浇筑、凝固、养护而制成的建筑材料。混凝土是一种抗压能力较强的人造石材。虽然它承受压力的能力很高，但是承受拉力的能力很低，一般抗拉能力只有抗压能力的1/8～1/15。因此，为了扩大混凝土的使用范围，提高混凝土承受拉力的能力，就在混凝土的受拉区配置一定数量的钢筋，使其与混凝土结合成为一个整体。这种用钢筋和混凝土两种材料组合成的共同受力的结构，就是钢筋混凝土结构。用来表示这类结构物的外形和结构物内部钢筋配置情况的图样，称为钢筋混凝土结构图（简称配筋图）。钢筋混凝土结构图的重要内容就是表达钢筋在构件中的分布情况。

钢筋混凝土构件的制作，可以在施工现场直接浇筑，也可以在工程现场以外的工厂（场）预制好运到现场安装（称为预制构件）。如果在制作时通过对钢筋的张拉，预加给混凝土一定的压力，以提高构件的抗裂性能，则成为预应力钢筋混凝土。

一、钢筋的基本知识

（一）钢筋的等级

工程上使用的钢筋多由普通碳素钢及某些低合金钢热轧而成。按其成分不同而分成不同的等级，在结构图中分别用不同的直径符号表示，见表9-3。

表9-3 **钢筋等级和符号**

钢筋种类	符号	钢筋种类	符号
Ⅰ级钢筋（3号钢）	ф	冷拉Ⅰ级钢筋	$ф^l$
Ⅱ级钢筋（16Mn）	ф̲	冷拉Ⅱ级钢筋	$ф̲^l$
Ⅲ级钢筋（$25Mn_2Si$）	ф̳	冷拉Ⅲ级钢筋	$ф̳^l$
Ⅳ级钢筋（$44Mn_2Si$，$45Si_2Ti$，$40Si_2V$，45MnSiV）	Ф̳	冷拉Ⅳ级钢筋	$Ф̳^l$
Ⅴ级钢筋（热处理$44Mn_2Si$，45MnSiV）	$Ф̳^t$	5号钢筋（5号钢）	ф

Ⅰ级钢筋制成光面，俗称光圆钢筋。Ⅱ、Ⅲ、Ⅳ级钢筋表面制成人字纹或螺纹，俗称螺纹钢筋。

（二）钢筋种类和作用

配置在混凝土构件中的钢筋，按其在结构中所起的作用可分为下列五种，如图9-36所示。

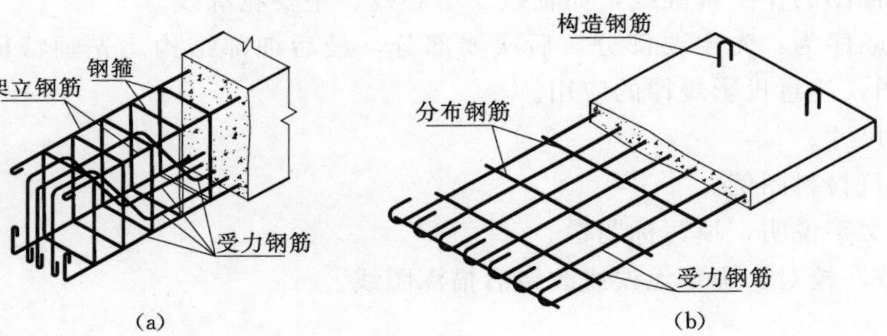

图9-36 钢筋种类

（a）矩形梁 （b）板

（1）受力钢筋：也称主筋，在构件中主要用来承受外力。

（2）架立钢筋：主要用来固定钢箍及受力钢筋的位置，一般用于钢筋混凝土梁中。

（3）分布钢筋：这种钢筋用在板式结构中，与受力钢筋垂直，主要用来将构件中所受的外力分布在较广的范围内，以改善受力情况，并能保证受力钢筋处在正确的位置。

（4）箍筋：又称钢箍，主要用来固定受力钢筋的位置，也承受一部分外力，多用于梁和柱内。

（5）构造钢筋：因构造要求或者施工安装需要而配置的钢筋，如系筋、预埋锚固筋、为吊装用的吊钩等。

（三）钢筋的弯钩和弯起

（1）钢筋的弯钩：为了保证钢筋与混凝土之间有足够的黏结力，规范规定受力的光面钢筋末端必须做成弯钩，弯钩的形式与尺寸如图 9－37 所示。

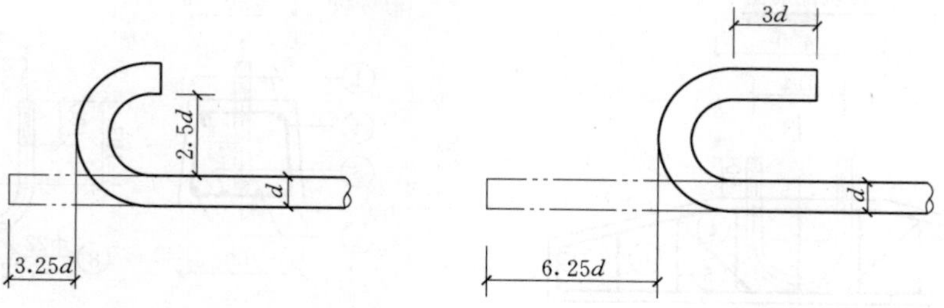

图 9－37　钢筋弯钩形式

(2) 钢筋的弯起：根据构件受力需要，常需在构件中设置弯起钢筋，即将靠近构件下部的受力钢筋弯起，如图 9－36（a）所示梁中的弯起钢筋的弯起角一般为 45°或 60°，钢筋在弯转处应做成圆弧段。

（四）钢筋的保护层

为了防止钢筋锈蚀，保证钢筋与混凝土有良好的黏结力，钢筋必须全部包在混凝土中，因此，钢筋表面到构件表面必须留有一定厚度的混凝土层，这一混凝土层称为钢筋的保护层。保护层还可起防火作用及增加混凝土对钢筋的握裹力。根据钢筋混凝土结构设计规范规定来确定各种构件保护层的厚度，各种结构保护层的厚度，一般为 20～60mm。

使用较小比例画图时，保护层的厚度允许估计画出。

二、配筋图的表示法

（一）配筋图的内容

在配筋图上必须把构件的外形及钢筋的布置情况等表示清楚，以供下料、绑扎钢筋骨架之用。因此，一张完整的配筋图主要包括：钢筋布置图，钢筋成型图及钢筋明细表等内容。

（二）配筋图的一般规定

(1) 绘制配筋图时，一般不画出混凝土的材料符号。为了突出构件中钢筋的布置情况，构件的外形轮廓用细实线表示，钢筋用粗实线表示，钢筋的断面用小圆点表示，如图 9－38 所示。

(2) 钢筋的编号。构件中的各种钢筋要给予编号，以便于识别。规格、直径、形状尺寸完全相同的钢筋，为同类型钢筋，不论根数多少，只用一个编号。上述各项中有一项不相同的则为不同类型钢筋，应分别编号。编号时，应按照先主筋后分布筋，逐一按顺序编号，并将号码填写在直径为 6mm 左右的圆圈内，引线引到相应的钢筋上，如图 9－38 所示。

(3) 钢筋直径、根数、间距的标注方法见图 9－39，如⑤$\underline{20\ \phi\ 6}$。其中：

“⑤”——表示编号为“5”的钢筋；

“20”——表示钢筋的根数共为 20 根；

“ф 6”——“ф”表示钢筋种类为Ⅰ级钢筋的光面圆钢筋；“6”表示钢筋直径为 6mm。

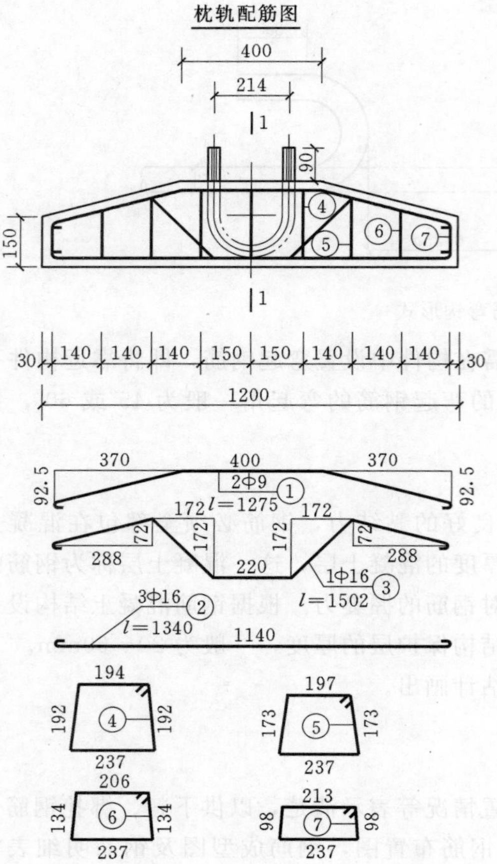

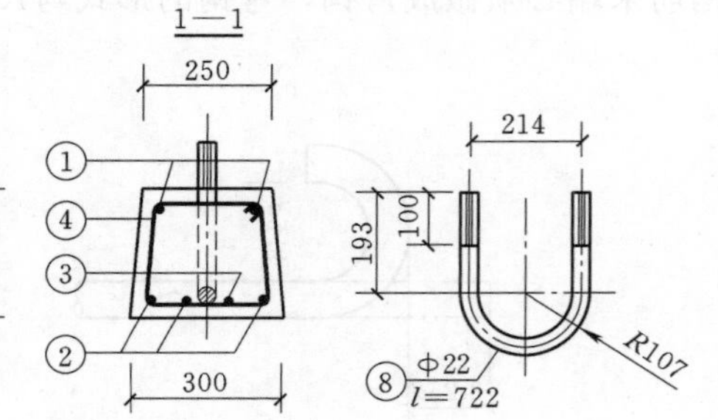

枕轨平面图

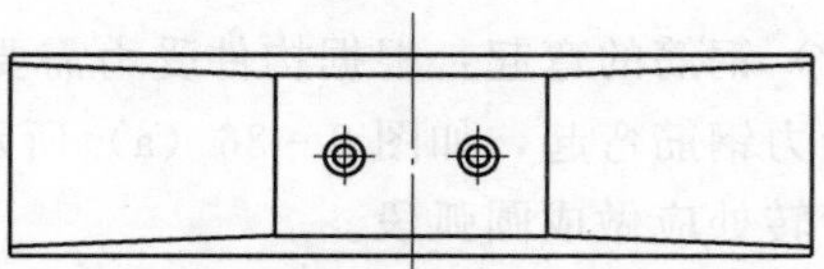

钢筋表

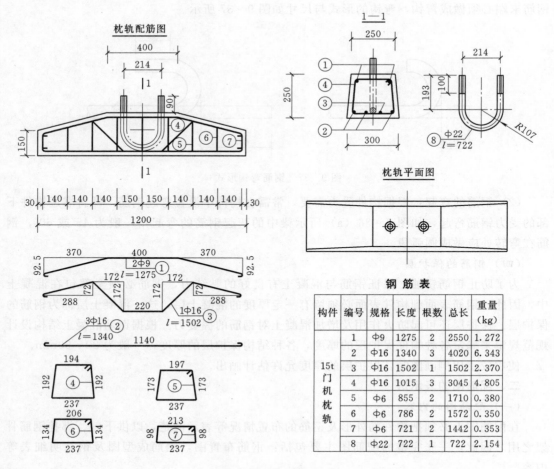

构件	编号	规格	长度	根数	总长	重量(kg)
15t门机枕轨	1	Φ9	1275	2	2550	1.272
	2	Φ16	1340	3	4020	6.343
	3	Φ16	1502	1	1502	2.370
	4	Φ16	1015	3	3045	4.805
	5	Φ6	855	2	1710	0.380
	6	Φ6	786	2	1572	0.350
	7	Φ6	721	2	1442	0.353
	8	Φ22	722	1	722	2.154

图 9－38　枕轨结构图

图 9－39 中的"5@200"为等间距的简化标注方法。其中：

"5"——表示有 5 个间距；

"@200"——@是等间距的符号；"200"表示两相邻钢筋中心间距为 200mm。

(4) 钢筋成型图的尺寸注法。在配筋图中，除了一组视图和剖面图表示形状和相互位置外，还应详细表明每根钢筋加工成型后的大样，因此，需要画出每根钢筋的成型图，如图 9－38 所示。

在钢筋成型图上，必须逐段标注出尺寸，不画尺寸线和尺寸界线。弯起钢筋的倾斜部分的尺寸常用直角三角形两直角边长的方法注出，如图 9－38 所示。钢筋的弯钩有标准尺寸（图 9－37），图上不注出，在钢筋表中另作计算。

为了简化作图，目前在水工钢筋混凝土结构图中都将成型图缩小，示意地画在钢筋表的简图一栏内，如图 9－39 中钢筋表所示。

钢筋成型图中，箍筋的尺寸一般指内皮尺寸，如图 9－40（a）所示；弯起钢筋的弯起高度一般指外皮尺寸，如图 9－40（b）所示。

(5) 钢筋表。在配筋图中还需附有钢筋表，其格式如图 9－39 所示，在钢筋表中详细列出了构件中所有钢筋的编号、简图、规格、直径、长度及根数等。它主要用作钢筋下料及加工成型，同时也用来计算钢筋用量。

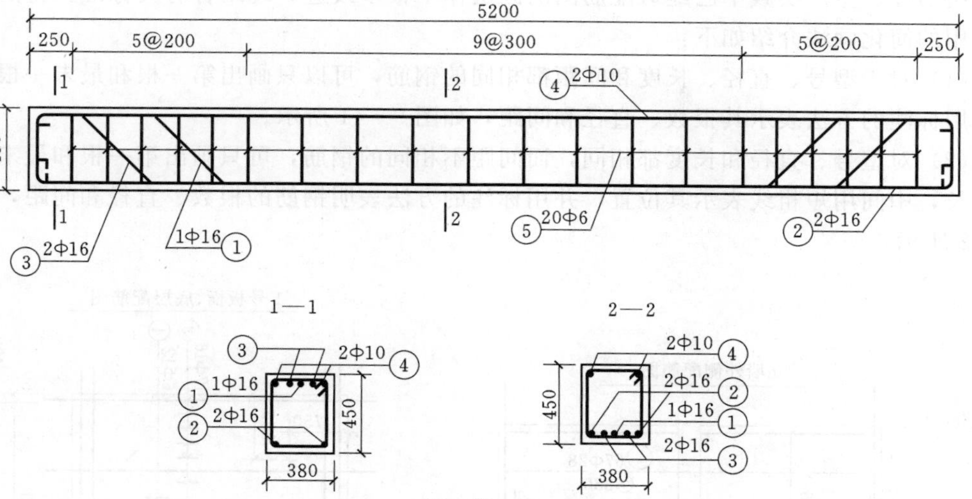

钢　筋　表

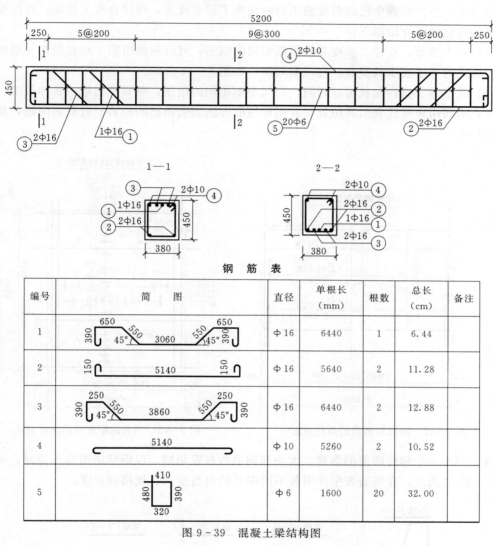

编号	简　图	直径	单根长（mm）	根数	总长（cm）	备注
1	650　550　3060　550　650；390　45°　45°　390	Φ16	6440	1	6.44	
2	150　5140　150	Φ16	5640	2	11.28	
3	250　550　3860　550　250；390　45°　45°　390	Φ16	6440	2	12.88	
4	5140	Φ10	5260	2	10.52	
5	410　480　390　320	Φ6	1600	20	32.00	

图 9-39　混凝土梁结构图

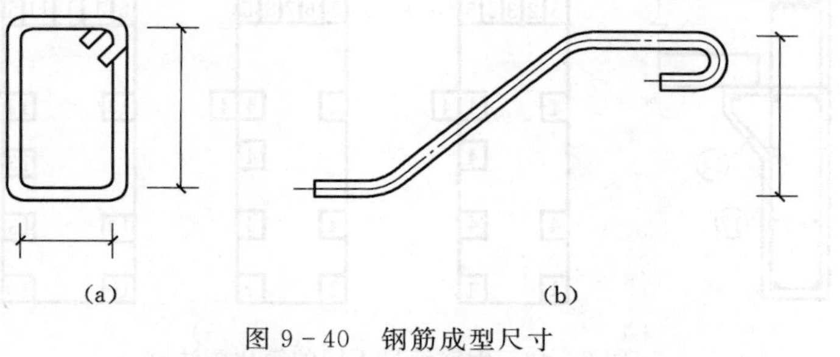

图 9-40　钢筋成型尺寸

(a) 箍筋尺寸；(b) 弯起钢筋尺寸

三、配筋图的简化画法

配筋图是水工建筑设计图纸中的主要组成部分。为了提高绘图效率和图面质量，使图样简明易读，生产实践中已经对配筋图的画法作了很多改进，现结合有关标准，将配筋图的常用的简化画法介绍如下：

（1）对于型号、直径、长度和间距都相同的钢筋，可以只画出第一根和最末一根的全长，用标注的方法表示其根数、直径和间距，如图 9－41 所示。

（2）对型号、直径和长度都相同，而间距不相同的钢筋，可只画出第一根和最末一根的全长，中间用短粗线表示其位置，并用标注的方法表明钢筋的根数、直径和间距，如图 9－42 所示。

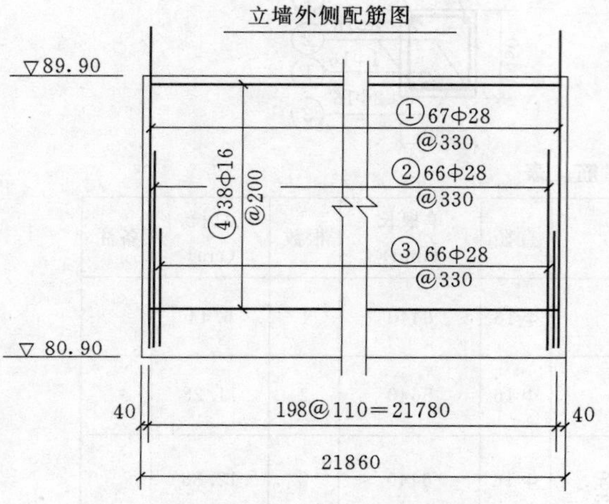

图 9－41 等间距钢筋的简化画法

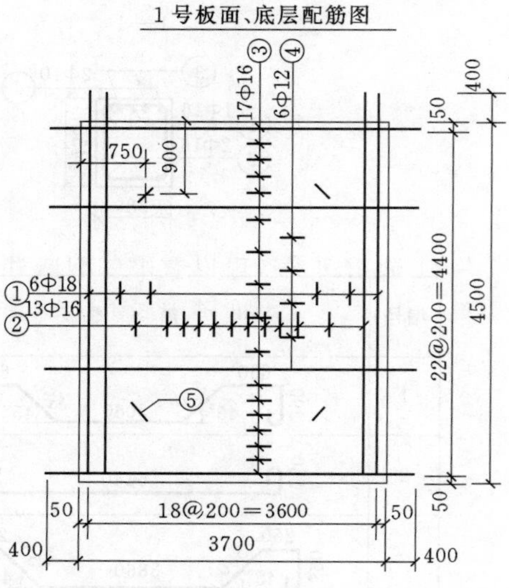

图 9－42 不等间距钢筋的简化画法

（3）当若干个构件断面的形状、大小和钢筋的布置相同，仅钢筋的编号不同时，可采用图 9－43 的画法，在钢筋表中注明各不同编号的钢筋型式、规格和长度。

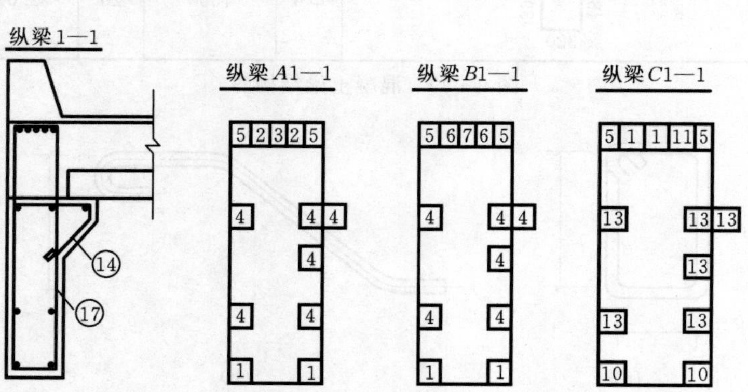

图 9－43 钢筋编号不同的简化画法

(4) 当钢筋的形式和直径都相同，仅其长度呈有规律的变化时，这组钢筋允许只编一个号，而在钢筋表中注明其变化规律。

四、配筋图的阅读

阅读水利工程图的方法同样适用于阅读配筋图。必须根据配筋图的图示特点及尺寸注法的规定来阅读配筋图，才能弄清楚每一类型钢筋的位置、规格、直径、数量以及整个钢筋骨架的构造情况。

现以图 9-39 所示钢筋混凝土矩形梁为例，说明识读配筋图的方法和步骤。

1. 概括了解

梁的外形及钢筋布置由钢筋布置图表示，在图的下方钢筋表的简图中画出各种钢筋的成型图，并列出各种钢筋的直径、单根长、根数及总长。矩形梁的尺寸宽 380mm，高 450mm，长为 5200mm。

2. 弄清楚各种钢筋的形状、直径数量和位置

2—2 剖面图表达梁的底部有五根受力钢筋，中间一根为①号钢筋，两侧自里向外分别为③号和②号钢筋各两根，其直径均为 16mm。梁顶部两角各有一根④号架立钢筋，直径为 10mm。从直径符号可知这四种编号的钢筋均为Ⅰ级钢筋。

1—1 剖面图中，可以看出梁的底部只有两根钢筋，而顶部却有五根钢筋。对照立面图不难看出，2—2 剖面图中底部①、③号的三根钢筋分别在两端向上弯起，由于 1—1 剖面图的剖切位置在梁端，故底部是两根而顶部是五根钢筋。

立面图上画的⑤号钢筋为钢箍，是直径为 6mm 的Ⅰ级钢筋，共有 20 根，靠梁的两端的钢箍间距为 200mm，梁中间的钢箍间距为 300mm。

各种钢筋的详细形状和尺寸可看钢筋成型图。各种钢筋的用量可看钢筋明细表。

3. 检查核对

由读图所得的各种钢筋的形状、直径、根数、单根长与钢筋成型图和钢筋明细表逐个逐根进行核对是否相符。

第十章 房屋建筑图简介

第一节 房屋建筑图绘制的有关规定

一、房屋的组成及作用

房屋是人们生活、生产、工作、学习、娱乐的空间和场所。房屋按照使用性质不同可以有多种分类，本章以民用建筑为主，了解民用建筑的构造组成。虽然各种房屋的使用要求、空间组合、外形处理、结构形式和规模大小等各有不同，但基本上都是由基础、墙、柱、楼面、屋面、门窗、楼梯以及台阶、散水、阳台、走廊、天沟、雨水管、勒脚、踢脚板等组成，如图 10－1 所示。

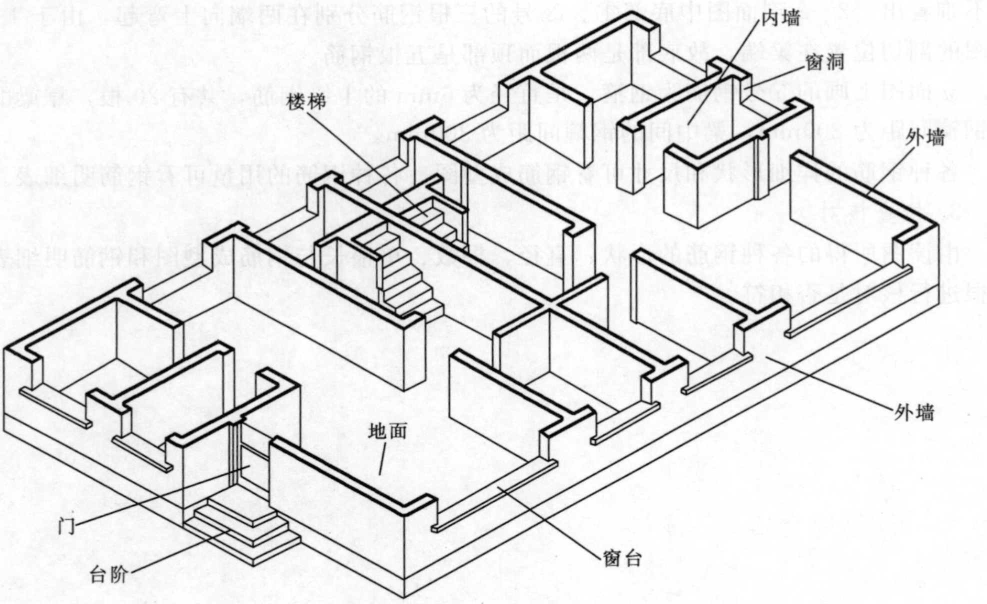

图 10－1 房屋各组成部分（一）

1. 基础

基础是房屋最下部埋在土壤中的扩大部分，基础承受建筑物的全部荷载，并把它均匀传给地基（地基是基础下面承受荷载的那部分土层）。基础应具有足够的承载能力和刚度，并能抵御地下各种不良因素的侵袭。

2. 墙和柱

墙和柱是房屋的垂直承重构件，它承受楼地面和屋顶传来的荷载，并把这些荷载传给基础。同时，墙体还是分隔、围护构件。外墙阻隔风霜、雨雪、寒暑对室内的影响，内墙起着分隔房间的作用。墙体按承重与否分为承重墙和非承重墙，按位置不同分为内墙和外墙，按方向分为横墙和纵墙。因此，墙体应具有足够的承载能力、稳定性、良好的热功性能、防火、隔声、防水、耐久性能。

3. 楼面与地面

楼面与地面是房屋水平承重和分隔构件。楼面指二层或二层以上的楼板或楼盖。地面又称为底层地坪，它们承受着房间的家具、设备和人员的重量。楼板层应具有足够的承载能力和刚度，并具有防火、防水、隔声能力。

4. 楼梯

楼梯是楼房建筑中的垂直交通设施，供人们平时上下楼，紧急状态下起安全疏散作用。因此在宽度、坡度、数量、位置、布局等有严格的要求。

5. 屋顶

屋顶也称屋盖，是房屋的顶部围护和承重构件。它一般由承重层、防水层和保温（隔热）层三大部分组成，主要抵御风、霜、雨、雪的侵蚀，承受外部荷载以及自身重量。

6. 门和窗

门和窗是房屋的围护构件。门主要供人们出入通行，窗主要供室内采光、通风、眺望、观景之用。同时，窗还具有分隔和围护的作用。

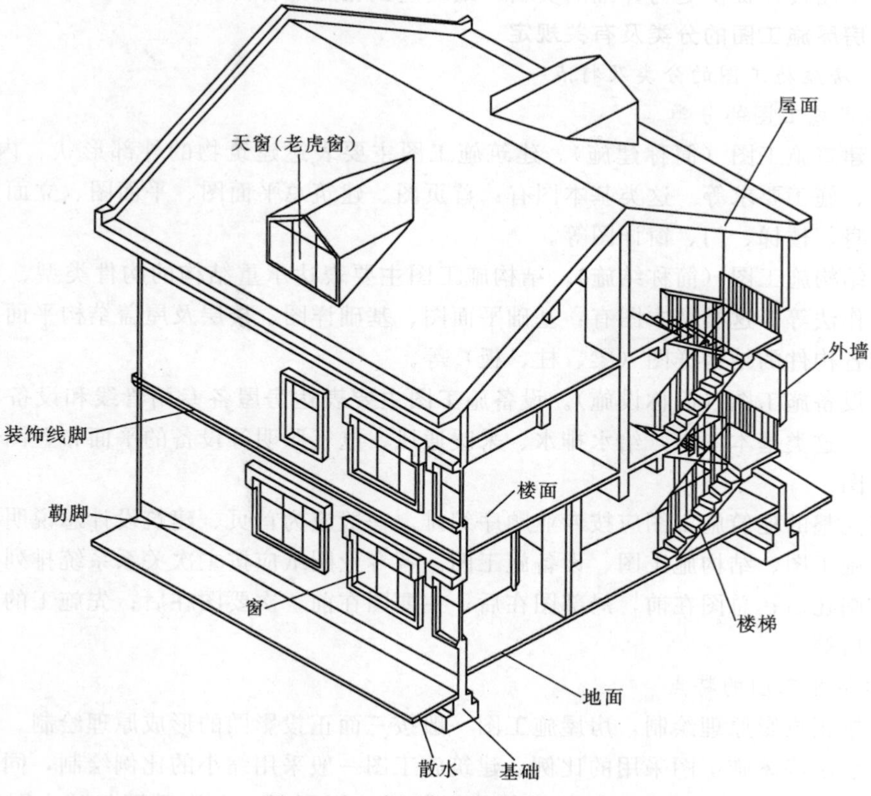

图 10-2　房屋各组成部分（二）

此外，屋面、天沟、雨水管、散水等起着排水的作用；台阶、门、走廊、楼梯起着沟通房屋内外、上下交通的作用；墙裙、勒脚、踢脚板等起着保护墙身的作用，雨篷、阳台、花池、花格等也都在房屋中起到装饰作用。如图 10-2 所示。

二、房屋的设计阶段

房屋的建造一般需经过设计和施工两个过程，而设计工作一般又分为两个阶段，即初步设计阶段和施工图设计阶段。

1. 初步设计阶段

初步设计的主要任务是根据建设单位提出的设计任务和要求，进行调查研究、搜集资料，提出设计方案。内容包括：简略的总平面布置图及房屋的平、立、剖面图；设计方案的技术经济指标；设计概算和设计说明等。方案设计报业主征求意见，并报规划、消防部门审批。

2. 施工图设计阶段

施工图设计的主要任务是满足工程施工各项具体技术要求，提供一切准确可靠的施工依据。内容包括：指导工程施工的所有专业施工图、详图、说明书、计算书及整个工程的施工预算书等。

对于大型的、技术复杂的工程项目也有采用三个设计阶段的，即在初步设计基础上，增加一个技术设计阶段，以初步统一协调建筑、结构、设备和电气各工种间的主要技术问题，为施工图设计提供更为详细的资料，最终达到相互配合协调。

三、房屋施工图的分类及有关规定

（一）房屋施工图的分类及特点

1. 房屋施工图的分类

（1）建筑施工图（简称建施）。建筑施工图主要表达建筑物的外部形状、内部布置、装饰构造、施工要求等。这类基本图有：首页图、建筑总平面图、平面图、立面图、剖面图以及墙身、楼梯、门、窗详图等。

（2）结构施工图（简称结施）。结构施工图主要表达承重结构的构件类型、布置情况以及构造作法等。这类基本图有：基础平面图、基础详图、楼层及屋盖结构平面图、楼梯结构图和各构件的结构详图（梁、柱、板）等。

（3）设备施工图（简称设施）。设备施工图主要表达房屋各专用管线和设备布置及构造等情况。这类基本图有：给水排水、采暖通风、电气照明等设备的平面布置图、系统图和施工详图。

一套完整的建筑施工图应按专业顺序编排。一般应为首页、建筑设计总说明、总平面图、建筑施工图、结构施工图、设备施工图。各专业图纸应按主次关系系统排列，基本图在前，详图在后；总图在前，局部图在后；主要图在前，次要图在后；先施工的在前，后施工的在后等。

2. 房屋施工图的特点

（1）按正投影原理绘制，房屋施工图一般按三面正投影图的形成原理绘制。

（2）绘制房屋施工图采用的比例，建筑施工图一般采用缩小的比例绘制，同一图纸上的图形最好采用相同的比例。绘制构件或局部构造详图时，允许采用与基本图不同的比例，但在图样的下方，图名的右侧应注明比例大小，以便对照阅读。

（3）房屋施工图图例、符号应严格按照国家标准绘制。由于房屋建筑是由多种建筑材料和繁多的构配件组成，为了作图方便，便于识图，国家制定了《房屋建筑制图统一标准》、《建筑制图标准》等，这些标准规定了一系列图例、符号，以表示建筑材料、建筑构配件等。

（二）房屋施工图的有关规定

在本书第一章中叙述了制图的标准，现在进一步说明房屋建筑图中的几项规定。

1. 图线

绘图时，首先按所绘图样选用的比例选定基本线宽 b，然后再确定其他线型的宽度，建筑工程图中的线型有实线、虚线、单点画线、双点画线、折断线和波浪线，其中有些线型还分为粗、中、细三种。

2. 定位轴线及编号

（1）定位轴线。房屋施工图中定位轴线是用来确定建筑物主要承重构件的位置及其标志尺寸的基准线，是施工放线的主要依据。

（2）定位轴线的编号。平面图上的定位轴线的编号宜标注在图样的下方或左侧。横向的定位轴线的编号应用阿拉伯数字，从左向右依次注写，纵向定位轴线的编号应用大写的英文字母，从下向上依次注写，其中字母 I、O、Z 禁用，避免与阿拉伯数字中的 1、0、2 混淆。如图 10－3 所示。

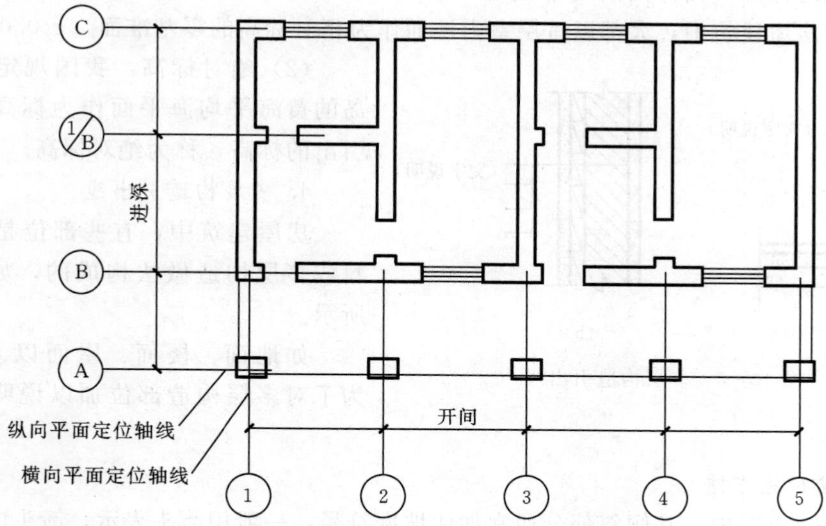

图 10－3　定位轴线的编号

（3）定位轴线的画法。定位轴线应用细单点画线绘制，轴线末端画细实线圆圈，直径为 8～10mm。凡承重的墙、柱子、大梁、屋架等构件，都要画出定位轴线并对轴线进行编号，以确定其位置。对于非承重的分隔墙、次要构件等，有时用附加轴线（分轴线）表示其位置，也可注明它们与附近轴线的相关尺寸以确定其位置。

3. 标高

建筑物各部分的竖向高度要用标高符号标出。图样标高符号按图 10－4（b）所示形式用细实线画出。短横线是需标注高度的界线，长横线之上或之下注出标高数字，如图 10－4（c）、（d）所示。

总平面图上的标高符号，宜用涂黑的三角形表示，具体画法见图 10－4（a）。

标高数字应以米（m）为单位，注写到小数点后第三位。在数字后面不注写单位，如图 10－4 所示。

零点标高应注写成±0.000，低于零点的负数标高前应加注“－”号，高于零点的正数标高前不注“＋”，如图 10－4 所示。

当图样的同一位置需表示几个不同的标高时，标高数字可按图 10－4（e）的形式注写。

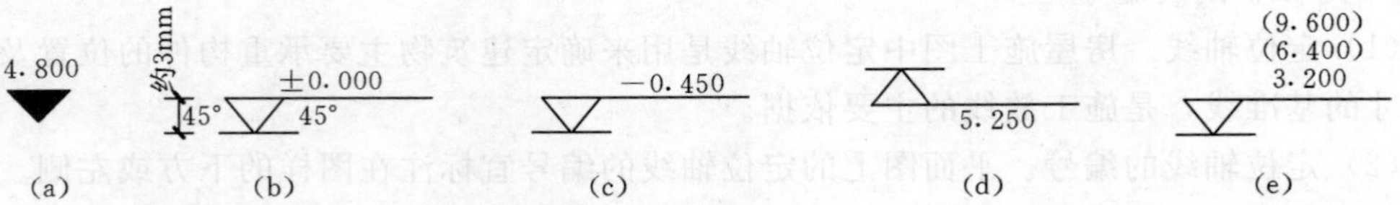

图 10－4　标高符号和数字的注写

（a）总平面图标高；（b）零点标高；（c）负数标高；（d）正数标高；（e）一个标高符号标注多个标高数字

（1）相对标高。凡标高的基准面是根据工程需要，自行选定而引出的，称为相对标高。在一般房屋建筑中，大都以首层室内地面作为相对标高的零基准面（±0.000）。

（2）绝对标高。我国规定凡是以青岛的黄海平均海平面作为标高基准面而引出的标高，称为绝对标高。

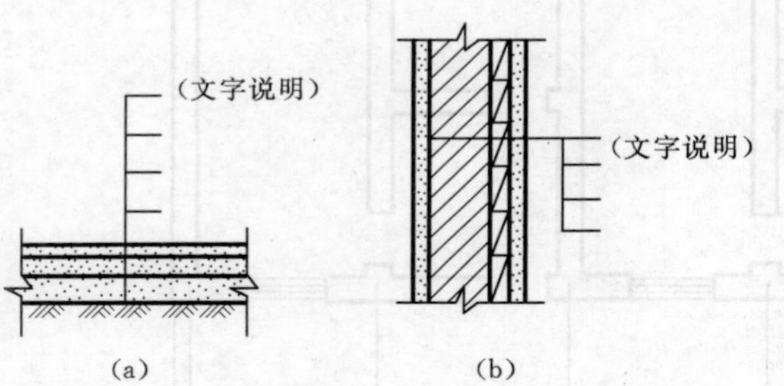

图 10－5　多层构造引出线

4. 多层构造引出线

房屋建筑中，有些部位是由多层材料或多层构造做法构成的，如图 10－5 所示。

如地面、楼面、屋面以及墙体等，为了对多层构造部位加以说明，可以用引出线表示。

5. 坡度标注方法

在房屋施工图中，其倾斜部分通常加注坡度符号，一般用箭头表示，箭头应指向下坡方向。坡度大小用数字注写在箭头上方，如图 10－6 所示。

6. 连接符号

对于较长的构件，其长度方向的形状相同或按一定规律变化时，可断开绘制，断开处用连接符号表示。连接符号为细实线，如图 10－7 所示。

7. 指北针

在总平面图和首层平面图上，一般都画指北针，以指明建筑物的朝向。指北针形状如

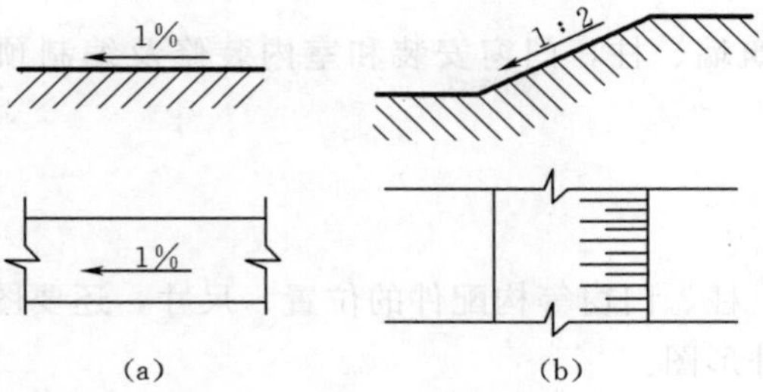

图 10－6　坡度标注方法

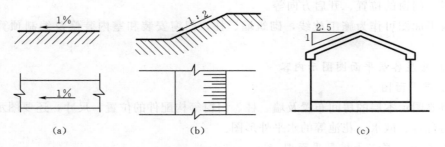

图 10－8 所示。圆的直径宜为 24mm，用细实线绘制。指针尾端的宽度 3mm，需用较大直径绘制指北针时，指针尾部宽度宜为圆的直径的 1/8，指针涂成黑色，针尖指向北方，并注“北”或“N”字。

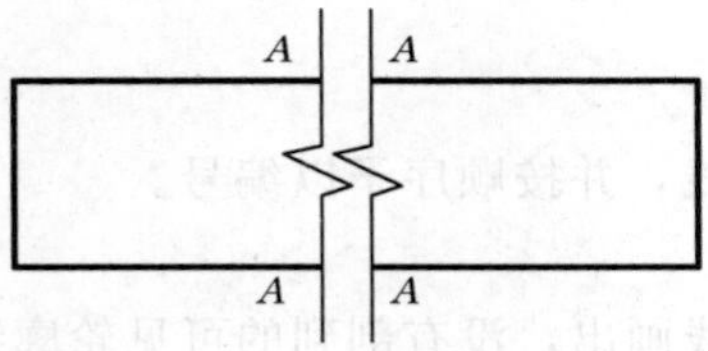

图 10－7　连接符号

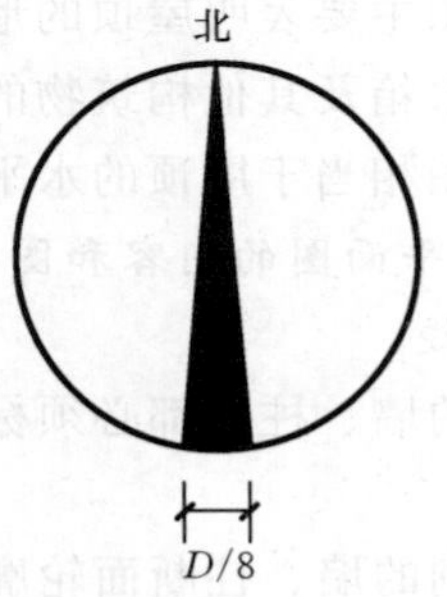

图 10－8　指北针

第二节　房屋建筑的平、立、剖面图

一、房屋的平面图

（一）房屋平面图的形成

假想用一个水平的剖切平面沿房屋窗台以上的部位剖开，移去上部后向下投影所得的水平投影图，称为建筑平面图，如图 10－9 所示。

建筑平面图实质上是房屋各层的水平剖面图。

平面图虽然是房屋的水平剖面图，但按习惯不必标注其剖切位置，也不称为剖面图。

（二）房屋平面图的作用

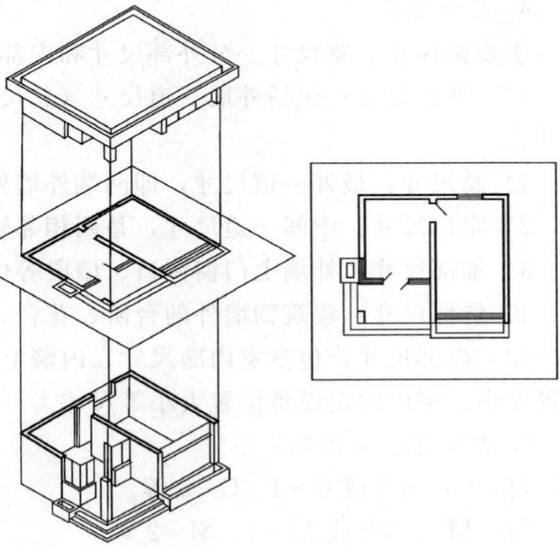

图 10－9　平面图的形成

主要反映房屋的平面形状、大小和房间布置，墙（或柱）的位置、厚度和材料，门窗的位置、开启方向等。

建筑平面图可作为施工放线，砌筑墙、柱，门窗安装和室内装修及编制预算的重要依据。

（三）房屋各层平面图图示内容

1. 底层平面图

不但要图示本层的房间布置及墙、柱、门窗等构配件的位置、尺寸，还要图示与本建筑有关的台阶、散水、花池等的水平外形图。

2. 二层或二层以上楼层平面图

不但要图示本层的房间布置及墙、柱、门窗等构配件的位置、尺寸，还要图示下面一层的雨篷、阳台等构件水平外形图。中间各层如果房间的数量、大小和布置都一样时，可用一个平面图表示，称为标准层平面图。

3. 屋顶平面图

屋顶平面图主要表明屋顶的形状，屋面的排水方向、坡度，以及檐沟、女儿墙、落水口、上人孔、水箱及其他构筑物的位置和索引符号等。

屋顶平面图相当于屋顶的水平投影图，比较简单，常用1∶200的比例绘制。

（四）房屋平面图的内容和图示方法

1. 定位轴线

凡是承重的墙、柱，都必须标注定位轴线，并按顺序予以编号。

2. 图线

凡被剖切到的墙、柱断面轮廓线用粗实线画出，没有剖到的可见轮廓线和门的开启线用中实线画出。尺寸线、尺寸界线、引出线、图例线、索引符号、标高符号等用细实线画出，轴线用细单点长画线画出。

3. 比例

平面图常用1∶50、1∶100、1∶200的比例绘制。

4. 尺寸标注

主要标注长、宽尺寸。分外部尺寸和内部尺寸。

(1) 外部尺寸：包括外墙三道尺寸（总尺寸、轴线间距定位尺寸、细部尺寸）及局部尺寸。

1) 总尺寸：最外一道尺寸，即两端外墙外侧之间的距离，也叫外包尺寸。

2) 定位尺寸：中间一道尺寸，是两相邻轴线间的距离，也叫轴线尺寸。

3) 细部尺寸：外墙上门窗洞口、墙段等位置大小尺寸。

4) 局部尺寸：建筑物墙外的台阶、花台、散水等位置大小尺寸。

(2) 内部尺寸：包括室内净尺寸、内墙上的门窗洞口、墙垛位置大小、内墙厚度、柱位置大小、室内固定设备位置大小等尺寸。

5. 常用图例及代号

窗：C1、C2或C－1、C－2等。

门：M1、M2或M－1、M－2等。

同一规格的门或窗均编一个号，以便统计列门窗表。也有用标准图集中的门窗代号标

注，如X－0924（西南J601全板镶板门900×2400）

由于平面图比例较小，故在平面图中，门、窗、楼梯、厕所、孔洞、检查口、坡道、污水池等构造与配件不按真实投影绘制而按规定的图例表示，见表10－1。

表10－1　　建筑构配件图例

图　例	名　称	图　例	名　称
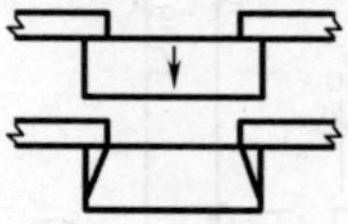	入口坡道	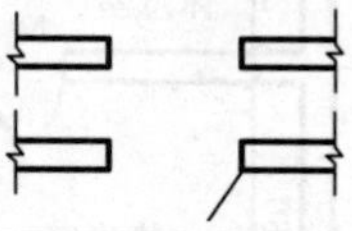	空门洞 单扇门
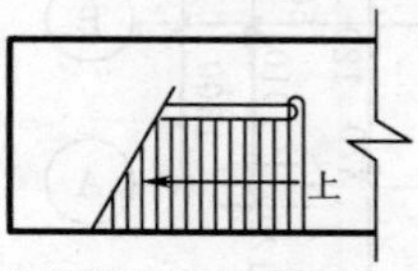	底层楼梯	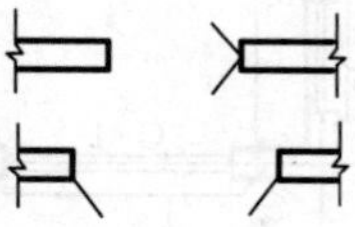	单扇双面弹簧门 双扇门
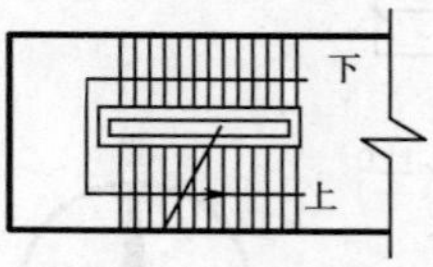	中间层楼梯	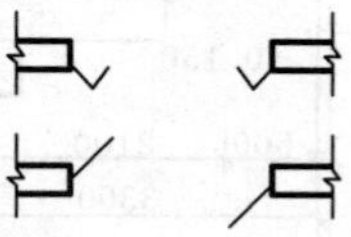	对开折门 双扇双面弹簧门
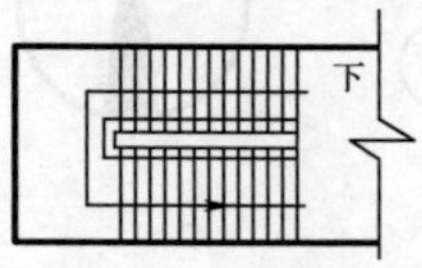	顶层楼梯	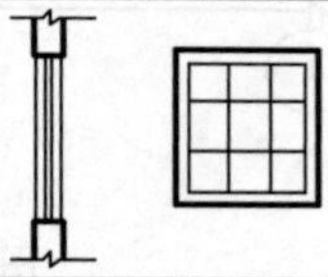	单层固定窗

6. 标高标注

标注相应楼层楼地面的相对标高（装修后的完成面标高），底层应标注室外地坪的标高。标高符号及标注方式见本章第一节图10－4所示。

7. 剖切符号、图名及指北针

每个平面图上应标注房间名称及其他符号、图名比例等。剖切符号、指北针只在底层平面图标注。平面图应标注房间名称或编号，编号是用宽度为0.25b的细实线作的直径为6mm的圆。若采用后者，应在同张图纸上列出房间名称。必要时还有表示详图的索引符号。

8. 抹灰层、楼地面、材料图例

比例大于1∶50时画抹灰层、楼地面、屋面的面层线，宜画出材料图例；比例等于1∶50时宜画楼地面、屋面的面层线，抹灰层面层线视需要而定；比例小于1∶50时不画抹灰层，宜画出楼地面、屋面的面层线。比例等于1∶100～200时可简化材料图例，例如钢筋混凝土材料可以涂黑，宜画出楼地面、屋面的面层线；比例小于1∶200时，不画材料图例。结合图10－10某传达室一层平面图，可看懂内容和图示方法。

（五）房屋平面图的识图

（1）了解图名、比例及文字说明。

（2）了解纵横定位轴线及编号。

（3）了解房屋的平面形状和总尺寸。

（4）了解房间的布置、用途及交通联系。

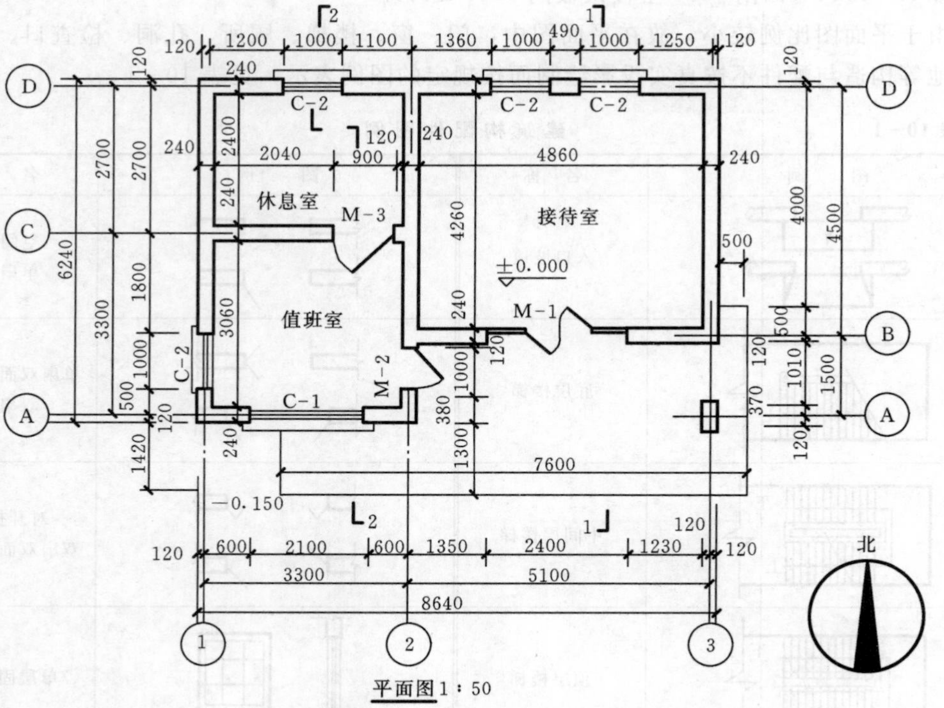

图 10-10 一层平面图

(5) 了解门窗的布置、数量及型号。

(6) 了解房屋的开间、进深、细部尺寸和室内外标高。

(7) 了解房屋细部构造和设备配置等情况。

(8) 了解剖切位置及索引符号。

二、房屋的立面图

(一) 房屋立面图的形成和图名

1. 立面图的形成

立面图可用直接正投影法将建筑各侧面投射到基本投影面而成。如图 10-11 所示，省略虚线不画。

2. 立面图图名

(1) 以建筑两端的首尾定位轴线命名，如①—⑦立面图。

(2) 以建筑各墙面的朝向命名，如北立面图。

(3) 以建筑墙面的特征命名。建筑的主要出入口所在墙面的立面图为正立面图，其余几个相应地称为背立面图、侧立面图。

(二) 用途

表达建筑的外部造型、装饰，如门窗位置及形式、雨篷、阳台、外墙面装饰及材料和做法等，是施工的重要依据。

(三) 内容及图示方法

绘出外墙面上所有的门窗、窗台、窗楣、雨篷、檐口、阳台、外墙饰面及底层出入口

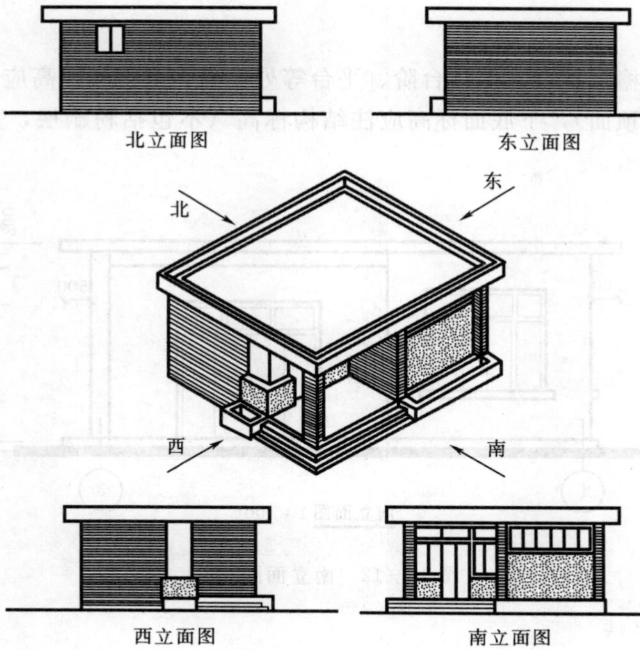

图 10-11　立面图的形成

处的台阶、花池等。

1. 比例

采用 1∶50、1∶100、1∶200 比例。一般和相应平面图相同。

2. 定位轴线

仅标注首尾定位轴线。

3. 图例

相同的构件和构造如门窗、阳台、墙面装修等可局部详细图示，其余简化画出。如相同的门窗可只画一个详细代表图例，其余的只画轮廓线。

4. 线型

(1) 粗实线 b：立面图的外轮廓线。

(2) 中实线 $0.5b$：突出墙面的雨篷、阳台、门窗洞口、窗台、窗楣、台阶、柱、花池等投影。

(3) 细实线 $0.25b$：其余如门窗、墙面等分格线、落水管、材料符号引出线及说明引出线等。

(4) 特粗实线 $1.4b$：地坪线，两端适当超出立面图外轮廓。新标准中无要求，非强制性，习惯上均用。

5. 尺寸标注

外部三道尺寸即高度方向的总尺寸、定位尺寸（两层之间楼地面的垂直距离即层高）、细部尺寸（楼地面、阳台、檐口、女儿墙、台阶、平台等部位）。立面图一般不标注水平方向的尺寸。

6. 标高标注

楼地面、阳台、檐口、女儿墙、台阶、平台等处标高。上顶面标高应注建筑标高（包括粉刷层，如女儿墙顶面），下底面标高应注结构标高（不包括粉刷层，如雨篷、门窗洞口），如图10－12所示。

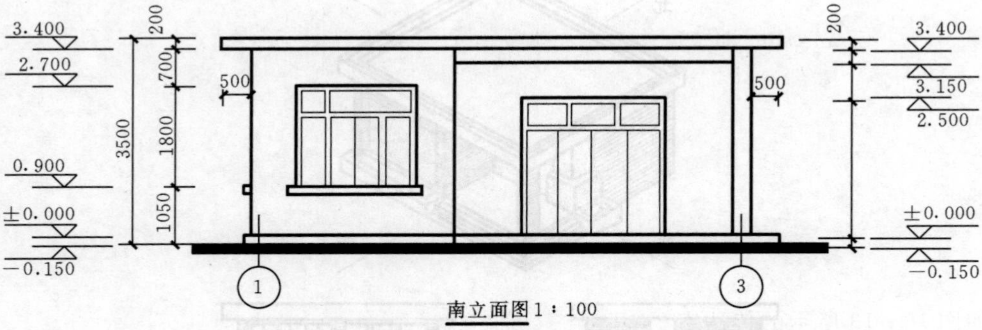

图10－12 南立面图

（四）立面图的识读

（1）了解图名及比例。

（2）了解立面图与平面图的对应关系。

（3）了解房屋的外貌特征。

（4）了解房屋的竖向标高和尺寸。

（5）了解房屋外墙面的装修做法。

三、房屋的剖面图

（一）房屋剖面图的形成

假想用一个或多个垂直于外墙轴线的铅垂剖切平面将房屋剖开，移去靠近观察者的部分，对留下部分所作的正投影图称为建筑剖面图。

选择能反映建筑物全貌、构造特征及具有代表性的部位剖开，如通过楼梯间梯段、门、窗洞口剖切建筑物，剖面图的图名与底层平面图的剖切位置标注相对应。

（二）房屋剖面图的用途

表达建筑内部的结构形式、沿高度方向的分层情况、构造做法、门窗洞口、层高等。

（三）房屋剖面图的内容

被剖切的及沿投影方向可见的内外墙身、楼梯、屋面板、楼板、门窗、过梁及台阶等。

（四）房屋剖面图的图示方法

1. 比例

一般采用比例为：1∶50、1∶100、 1∶200。一般与相应平面图、立面图相同。

2. 定位轴线

被剖切到的墙、柱及剖面图两端的定位轴线。以便与平面图对照。

3. 图例与线型

线型及抹灰层、楼地面、材料图例与以前要求相同。室外地坪线用粗实线表示，剖切到的墙身、楼板、楼梯段、平台板轮廓用粗实线表示，其余可见轮廓用中粗线表示，较小的建筑构配件与装修面层等用细实线表示，尺寸线、引出线、标高符号、索引符号等按规定用细实线表示。

4. 尺寸标注

被剖切到的墙、柱的轴线间距。图形外部标注高度方向的三道尺寸，即总高尺寸、定位尺寸（层高）、细部尺寸，以及墙段、洞口等高度尺寸。

5. 标高标注

室外地坪、楼地面、阳台、檐口、女儿墙、台阶、平台等处的标高。

6. 图名

标注与在±0.000 平面图上剖切符号一致的剖面图名称。

如图 10－13 所示的传达室 2—2 剖面图。结合传达室的平面图、立面图、2—2 剖面图图样，对应投影关系，综合理解设计意图。

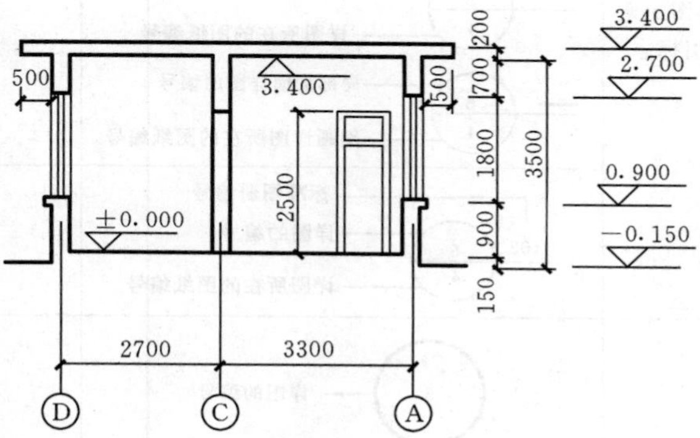

图 10－13 传达室 2—2 剖面图

（五）剖面图的识读

（1）了解图名、比例及文字说明。

（2）了解剖面图剖切位置及投影方向、定位轴线及编号。

（3）了解房屋的分层情况和总尺寸。

（4）了解房屋的墙身、地面、楼面、屋面和楼梯的构造和装饰材料。

（5）了解门窗的高度。

（6）了解房屋的标高和高度：地面、楼面、屋面和楼梯和室内外标高和高度尺寸。

（7）了解房屋顶结构形式、细部构造。

（8）了解剖面图的线型。

（9）了解剖面图的投影，结合平面图、对照立面图。

第三节 房屋建筑详图

一、建筑详图

（一）建筑详图的形成

由于画平面、立面、剖面图时所用的比例较小，房屋上许多细部的构造无法表示清楚，为了满足施工的需要，必须分别将这些部位的形状、尺寸、材料、做法等用较大的比例详细画出图样，这种图样称为建筑详图，简称详图。

（二）建筑详图比例

比例较大（1∶1、1∶2、1∶5、1∶10、1∶20、1∶50）、尺寸齐全、文字说明详尽。

（三）详图的索引符号与详图符号

为了便于查找和对照阅读，可以通过详图的索引符号与详图符号来反映基本图与详图的对应关系，详见表 10－2。

表 10－2　索引符号与详图符号

名称	符　　号	说　　明
详图的索引标志	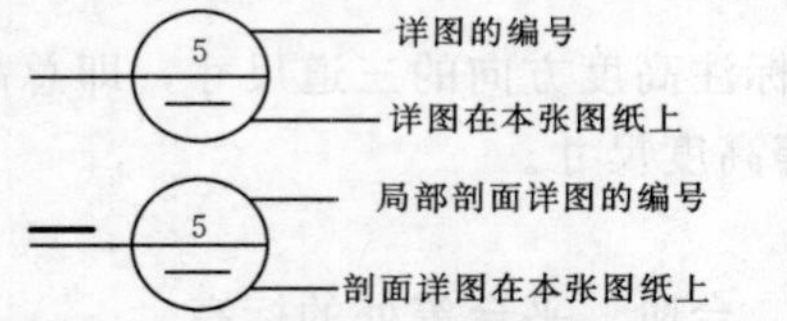	细实线单圆直径应为 10mm 详图在本张图纸上
	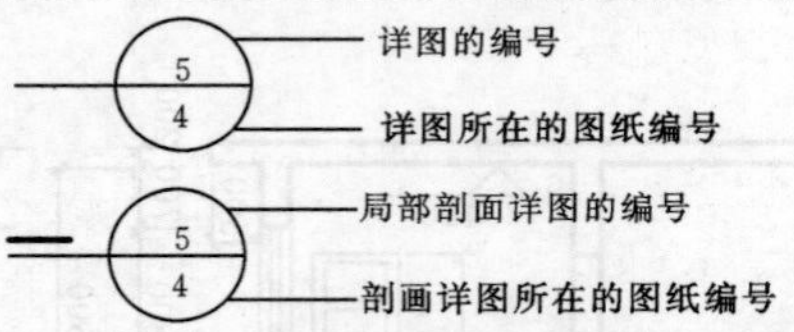	详图不在本张图纸上
	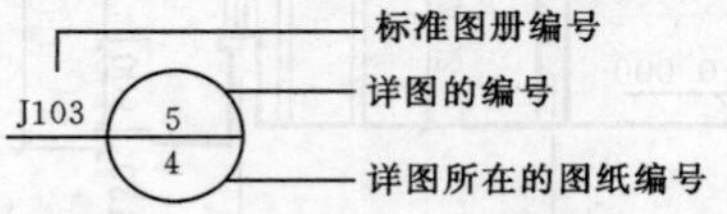	标准详图
详图的标志		粗实线单圆直径应为 14mm 被索引的在本张图纸上
	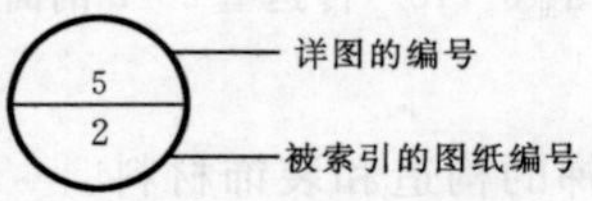	被索引的不在本张图纸上
对称符号		对称符号应用细实线绘制，平行线长度应为 6～10mm，平行线间距宜为 2～3mm，平行线在对称线的两侧应相等

1. 索引符号

索引符号是用线宽为 0.25b 的细实线所作的直径为 $\phi10$ 的圆，且圆中有一条水平方向的直径为 0.25b 的细实线，见表 10－2。当索引出的详图与被索引的图在同一张图纸内时，在上半圆中用阿拉伯数字注出该详图的编号，在下半圆中间画一水平细实线；当索引出的详图与被索引的图不在同一张图纸内时，在下半圆中用阿拉伯数字注出该详图所在图纸的编号；当索引出的详图采用标准图集时，在圆的水平延长线上加注标准图集的编号，当索引出的是局部剖切详图时，应在被剖切的位置绘制剖切线，然后再用引出线引出索引符号，引出线所在的一侧表示剖切详图剖切后的投影方向。

2. 详图符号

详图符号是用线宽为 b 的粗实线所作的直径为 $\phi14$ 的圆，圆中的直线为线宽为 0.25b 的水平细实线。当索引出的详图与被索引的图样在同一张图纸内时，圆中用阿拉伯数字注出该详图的编号；当索引出的详图与被索引的图不在同一张图纸内时，可用细实线在详图符号内画一水平直径，在上半圆中用阿拉伯数字注出该详图的编号，在下半圆中用阿拉伯数字注出该详图被索引图纸的编号。

一幢房屋施工图通常需绘制以下几种详图：外墙剖面详图、楼梯详图、厨房详图、门窗详图及室内外一些构配件的详图。由于各地区都编有标准图集，故在实际工程中，有的详图可以直接查阅标准图集。

3. 详图的主要内容

(1) 图名（或详图符号）、比例。

(2) 构配件各部分的构造连接方法及相对位置关系。

(3) 各部位、各细部的详细尺寸。

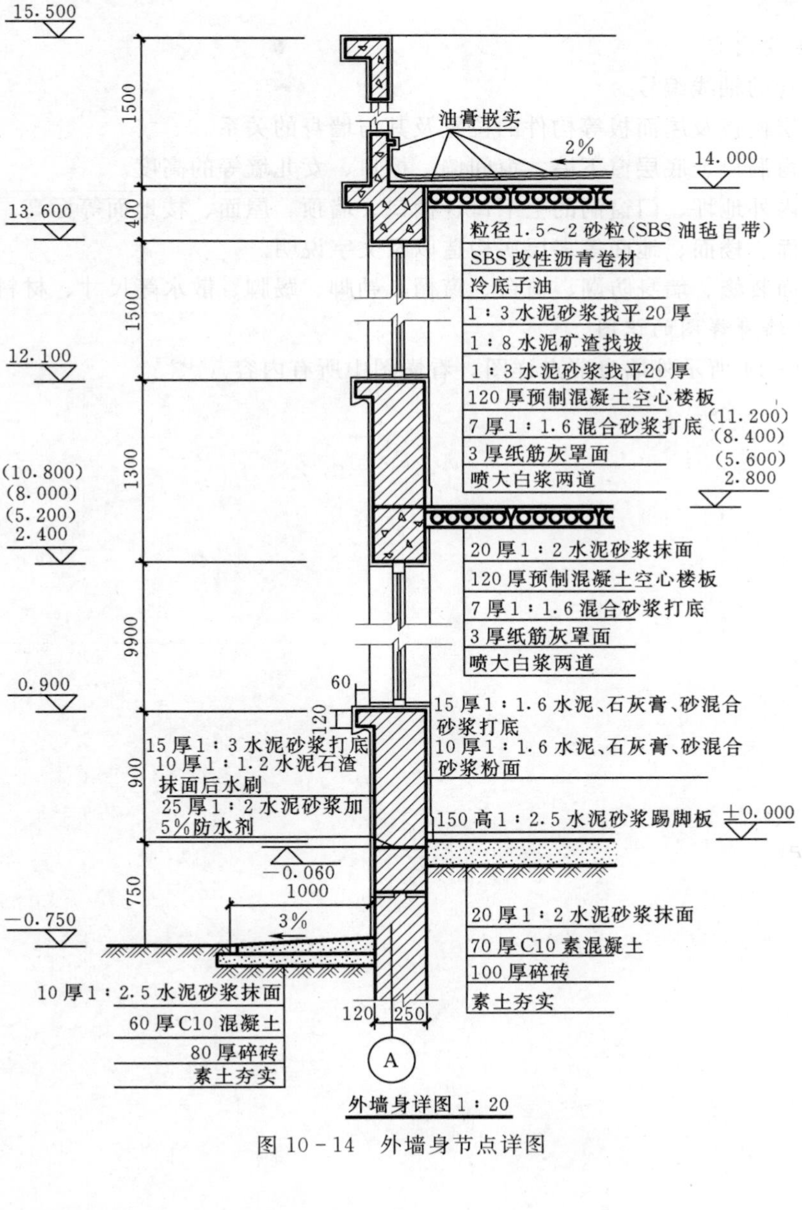

图10-14　外墙身节点详图

（4）构配件或节点所用的各种材料及其规格。

（5）有关施工要求、构造层次及制作方法说明等。

二、墙身节点详图

假想剖切面将房屋外墙从上到下剖切开，并用较大比例画出其剖面图，实际上就是房屋剖面图中墙体的局部放大。

（一）比例和线型

比例一般采用 1：20。线型同剖面图，剖切到的用粗实线，粉刷线则为细实线，断面轮廓线内应画上材料图例。为节省图幅，通常采用折断画法，往往在窗洞中间处断开，成为几个节点详图的组合。多层房屋中，若中间几层情况相同，也可以只画底层、顶层和一个中间层来表示。

（二）主要内容

（1）墙身的轴线编号。

（2）各层楼板及屋面板等构件的位置及其与墙身的关系。

（3）门窗洞口、底层窗下墙、窗间墙、檐口、女儿墙等的高度。

（4）室内外地坪、门窗洞的上下口、檐口、墙顶、屋面、楼地面等标高。

（5）屋面、楼面、地面等多层次构造以及文字说明。

（6）立面装修、墙身防潮、窗台、窗楣、勒脚、踢脚、散水等尺寸、材料和做法等。

（三）外墙身详图的识图

如图 10－14 所示外墙身节点详图，看懂图中所有内容。

参 考 文 献

[1] 中华人民共和国行业标准．水利水电工程制图标准．SL 73—95．北京：中国水利水电出版社，1996.

[2] 胡守忠，杨玉艳，王彦惠．画法几何及水利工程制图．北京：中国水利水电出版社，2005.

[3] 卢传贤．土木工程制图．北京：中国建筑工业出版社，2002.

[4] 程耀东．画法几何．兰州：甘肃教育出版社，2000.

[5] 朱兆平．水利工程制图．北京：中国水利水电出版社，2005.

[6] 邹葆华．水利工程制图．北京：中国水利水电出版社，1998.

[7] 柯昌胜，李玉笄．水利工程制图．北京：中国水利水电出版社，2005.

[8] 杨昌龄．工程制图．北京：水利电力出版社，1991.

[9] 胡建平．水利工程制图．北京：中国水利水电出版社，2007.

[10] 肇承琴．水利工程制图．郑州：黄河水利出版社，2001.

[11] 尹亚坤．水利工程制图．兰州：兰州大学出版社，2007.

[12] 邬琦姝，曹雪梅．建筑工程制图．北京：中国水利水电出版社，2008.

[13] 倪化秋，张俊，工程制图．北京：中国水利水电出版社，2009.

[14] 曾令宜．水利工程制图．郑州：黄河水利出版社，2000.

[15] 毛家华，莫章金．建筑工程制图与识图．北京：高等教育出版社，2000.

[16] 宋兆全．土木工程制图．武汉：武汉大学出版社，1999.

[17] 吴舒琛．建筑识图与构造．北京：高等教育出版社，2002.

[18] 丁宇明，张竞．土建工程制图习题集．北京：高等教育出版社，2007.